Aktuelle Forschung Medizintechnik – Latest Research in Medical Engineering

Editor-in-Chief:
Th. M. Buzug, Lübeck, Deutschland

Unter den Zukunftstechnologien mit hohem Innovationspotenzial ist die Medizintechnik in Wissenschaft und Wirtschaft hervorragend aufgestellt, erzielt überdurchschnittliche Wachstumsraten und gilt als krisensichere Branche. Wesentliche Trends der Medizintechnik sind die Computerisierung, Miniaturisierung und Molekularisierung. Die Computerisierung stellt beispielsweise die Grundlage für die medizinische Bildgebung, Bildverarbeitung und bildgeführte Chirurgie dar. Die Miniaturisierung spielt bei intelligenten Implantaten, der minimalinvasiven Chirurgie, aber auch bei der Entwicklung von neuen nanostrukturierten Materialien eine wichtige Rolle in der Medizin. Die Molekularisierung ist unter anderem in der regenerativen Medizin, aber auch im Rahmen der sogenannten molekularen Bildgebung ein entscheidender Aspekt. Disziplinen übergreifend sind daher Querschnittstechnologien wie die Nano- und Mikrosystemtechnik, optische Technologien und Softwaresysteme von großem Interesse.

Diese Schriftenreihe für herausragende Dissertationen und Habilitationsschriften aus dem Themengebiet Medizintechnik spannt den Bogen vom Klinikingenieurwesen und der Medizinischen Informatik bis hin zur Medizinischen Physik, Biomedizintechnik und Medizinischen Ingenieurwissenschaft.

Svitlana Ens

Bewegungsdetektion und -korrektur in der Transmissions-Computertomographie

Svitlana Ens
Lübeck, Deutschland

Dissertation Universität zu Lübeck, 2014

ISBN 978-3-658-07692-4   ISBN 978-3-658-07693-1 (eBook)
DOI 10.1007/978-3-658-07693-1

Die Deutsche Nationalbibliothek verzeichnet diese Publikation in der Deutschen Nationalbibliografie; detaillierte bibliografische Daten sind im Internet über http://dnb.d-nb.de abrufbar.

Springer Vieweg
© Springer Fachmedien Wiesbaden 2015

Gedruckt auf säurefreiem und chlorfrei gebleichtem Papier

Springer Fachmedien Wiesbaden ist Teil der Fachverlagsgruppe Springer Science+Business Media
(www.springer.com)

Vorwort des Reihenherausgebers

Das Werk Bewegungsdetektion und -korrektur in der Transmissions-Computertomographie von Dr. Svitlana Ens ist der 17. Band der Reihe exzellenter Dissertationen des Forschungsbereiches Medizintechnik im Springer Vieweg Verlag. Die Arbeit von Dr. Ens wurde durch einen hochrangigen wissenschaftlichen Beirat dieser Reihe ausgewählt. Springer Vieweg verfolgt mit dieser Reihe das Ziel, für den Bereich Medizintechnik eine Plattform für junge Wissenschaftlerinnen und Wissenschaftler zur Verfügung zu stellen, auf der ihre Ergebnisse schnell eine breite Öffentlichkeit erreichen.

Autorinnen und Autoren von Dissertationen mit exzellentem Ergebnis können sich bei Interesse an einer Veröffentlichung ihrer Arbeit in dieser Reihe direkt an den Herausgeber wenden:

Prof. Dr. Thorsten M. Buzug
Reihenherausgeber Medizintechnik

Institut für Medizintechnik
Universität zu Lübeck
Ratzeburger Allee 160
23562 Lübeck
Web: www.imt.uni-luebeck.de
Email: buzug@imt.uni-luebeck.de

Geleitwort

Das vorliegende Werk *Bewegungsdetektion und -korrektur in der Transmissions-Computertomographie* fasst die Forschungsarbeiten am Institut für Medizintechnik der Universität zu Lübeck im Bereich der Computertomographie zusammen. Es behandelt insbesondere die Methoden der Bildverbesserung bei CT-Aufnahmen mit inkonsistenten Projektionsdaten. Hierbei werden durch Bewegungen des zu untersuchenden Objektes Störungen in den rekonstruierten Bildern verursacht, die die medizinisch-diagnostische Beurteilung stark beeinträchtigen oder sogar unmöglich machen.

Die Computertomographie (CT) stellt das Verfahren dar, das als erstes axiale überlagerungsfreie Schnittbilder aus dem menschlichen Körper erzeugen konnte, ohne ihn dafür aufschneiden zu müssen. Diese neue Technik war in den siebziger Jahren des letzten Jahrhunderts ein enormer Schritt innerhalb der diagnostischen Möglichkeiten der Medizin. Artefakte in der CT sind Bildfehler die durch die Art der Rekonstruktion – das ist heute in der Praxis die gefilterte Rückprojektion (FBP) – oder durch den Einsatz spezieller Technologien oder Anordnungen bei der Messwerterfassung entstehen. Die Kenntnis der Ursachen von Artefakten ist die Voraussetzung für Gegenmaßnahmen. Diese Gegenmaßnahmen sind umso wichtiger, da es in der Natur der gefilterten Rückprojektion liegt, Artefakte über das gesamte Bild zu verschmieren.

Das Werk von Svitlana Ens behandelt die Problematik der Patientenbewegungen während einer CT-Akquisition. Es wird ausgeführt, dass insbesondere bei Dental-CT-Akquisition das Auftreten der Patientenbewegungen ein großes Problem darstellt. Dabei ist es so, dass Kopfbewegungen eines Patienten durch mehrere spezifische Aspekte der Dental-CTs wie Konstruktionsweise, lange Akquisitionszeit oder auch die aufrechte Position der Patienten während der Akquisition begünstigt werden. Ein Dental-CT weist eine Reihe von Eigenschaften auf, die dazu führen, dass die bekannten Methoden der Bewegungsdetektion und -korrektur nicht angewendet werden können.

Frau Ens entwickelte Verfahren, mit denen sowohl die Detektion der Bewegungspunkte als auch die Korrektur der Bewegungsartefakte trotz der besonderen Eigenschaften des verwendeten Dental-CTs möglich ist. Die vorgestellten Methoden können aber auch für die Detektion und Korrektur rigider Bewegungen bei anderen CT-Typen verwendet werden.

Die mathematische Ursache für die Bewegungsartefakte ist die Inkonsistenz der Projektionswerte aus unterschiedlichen Richtungen während einer Aufnahme. Artefakte verlaufen oft streifenartig durch das ganze Bild. Dies hat seine geometrische Ursache in der gefilterten Rückprojektion, die die fehlerhaften Werte über das gesamte Bild verschmiert. Wie oben bereits erwähnt kann die diagnostische Beurteilung dadurch erschwert werden bzw. in einigen Fällen nicht mehr durchführbar sein und im schlimmsten Fall zu einer Fehldiagnose führen. Aus diesem Grund besteht ein großes Interesse in der Reduktion der Bewegungsartefakte.

Prof. Dr. Thorsten M. Buzug
Institut für Medizintechnik
Universität zu Lübeck

Kurzfassung

In dieser Arbeit wurde die Problematik der Patientenbewegungen während einer CT-Akquisition behandelt. Insbesondere bei Dental-CT-Akquisition stellt das Auftreten der Patientenbewegungen ein großes Problem dar. Die Kopfbewegungen eines Patienten werden durch mehrere spezifische Aspekte der Dental-CTs wie Konstruktionsweise, lange Akquisitionszeit, aufrechte Position der Patienten während der Akquisition usw. begünstigt. Ein Dental-CT weist eine Reihe von Eigenschaften auf, die dazu führen, dass die bekannten Methoden der Bewegungsdetektion und -korrektur nicht angewendet werden können. Im Rahmen dieser Arbeit wurden eine Reihe von Verfahren entwickelt, mit denen sowohl die Detektion der Bewegungspunkte als auch die Korrektur der Bewegungsartefakte trotz der besonderen Eigenschaften des verwendeten Dental-CTs möglich ist. Die vorgestellten Methoden können aber auch für die Detektion und Korrektur rigider Bewegungen bei anderen CT-Typen verwendet werden.

In dieser Arbeit wurde die Bestimmung der Bewegungspunkte als Ausreißer der Distanzmaßwerte entwickelt. Mit der vorgestellte Vorgehensweise können sowohl abrupte als auch längere Bewegungen mit höherem Bewegungsinkrement detektiert werden. Außerdem wurde gezeigt, wie mit Hilfe eines Metallmarkers die Bewegungsdetektion mit hohem Zuverlässigkeitsgrad durchgeführt werden kann. Besonders im Fall von sonst schwer zu detektierenden langsamen Bewegungen sind die Detektionsergebnisse bei Verwendung eines Metallmarkers sehr gut. Zusätzlich wurde untersucht, ob die Ermittlung der stattgefundenen 2D-Bewegung zwischen den Projektionen, die den unterschiedlichen Objektpositionen entsprechen, mit Hilfe von Registrierung, Optische Fluss oder landmarkenbasierten Registrierung möglich ist. Durch den Vergleich der Projektionen der Bewegungsvektoren der 3D-Bewegungen mit den ermittelten planaren Bewegungen können viele Bewegungen ausgeschlossen werden, was sowohl die Geschwindigkeit der Korrektur als auch die Güte der Korrektur positiv beeinflusst.

Ein neuer Ansatz der Bewegungskorrektur wurde vorgestellt, bei welchem die Ermittlung der Bewegungsparameter durch Minimieren einer Funktion stattfindet, welche die Anzahl der Bewegungsartefakte einer Rekonstruktion widerspiegelt. In dieser Arbeit stand vor allem die Identifizierung der dafür verwendbaren Maße im Fokus. Durch Verwendung von drei Maße konnten gute Korrekturergebnisse erzielt werden (mehr als 20 wurden getestet). Zusätzlich wurde die Verwendung eines

Metallmarkers zur Bewegungskorrektur getestet. Dafür wurden mehrere referenzbasierten Metriken und referenzfreie Maße getestet.

Alle in dieser Arbeit entwickelten Methoden wurden an realen Daten getestet. Dabei wurden Akquisitionen eines Dental-CTs verwendet. Um die Aussagen über die Richtigkeit der ermittelten Bewegungspunkte und Bewegungsprojektion testen zu können, wurden ein Roboterarm und ein anthropomorphes Kopfphantom verwendet.

Inhaltsverzeichnis

1

Einleitung

Die Computertomographie (computerized tomography, CT) ist ein in der Medizintechnik seit vielen Jahren etabliertes Verfahren. Dabei wird Röntgenstrahlung verwendet, um Schichtbilder des zu untersuchenden Objektes zu erstellen. Seit der technischen Realisierung eines ersten Computertomographen in den 70er Jahren hat sich die Technologie, die 1979 mit einem Nobelpreis für Godfrey Hounsfield und Allan McLeod Cormack gewürdigt wurde, sprunghaft weiterentwickelt. Sowohl die technische Entwicklung, wie die Verwendung von mehrzeiligen Detektoren oder der Einsatz von spiralförmigen Trajektorien bei der Akquisition, als auch die Entwicklung von verbesserten Rekonstruktionsverfahren führten dazu, dass es heutzutage möglich ist, ein Volumen (mehrere Schichtbilder) in akzeptabler Zeit und guter Qualität zu erhalten. Die bekannteste Form der Tomographie, die in der klinischen Praxis für diagnostische Zwecke verwendet wird, ist die Ganzkörper-CT. In letzter Zeit ist weiterhin das Interesse im Bereich der nicht-invasiven Untersuchung von Kleintieren und der Materialprüfung und -analyse deutlich gestiegen. Solche Anwendungen benötigen eine höhere Auflösung als klinische CTs. Dies zeichnet ein Micro-CT (oft wird die Bezeichnung μCT verwendet) aus. Auch Dental-CTs haben höhere Auflösungen als klinische CTs. Sowohl Micro-CTs als auch Dental-CTs sind für spezielle Anwendungsgebiete ausgelegt und weisen damit besondere Eigenschaften auf.

Verschiedene physikalische Effekte können allerdings die Qualität der rekonstruierten Schichtbilder negativ beeinflussen. Die Störungen in den rekonstruierten Daten werden als Artefakte bezeichnet. Die Ursachen für die Entstehung der Bildartefakte sind vielfältig. In dieser Arbeit werden die Bildstörungen behandelt, die durch die Bewegung des zu untersuchenden Objektes entstehen. Dass es durch die Objektbewegung zu Artefakten in rekonstruierten Bilder kommt, liegt an der Art, wie die Daten akquiriert und zu einem Schichtbild rekonstruiert werden: Die Röntgenstrahlen durchdringen das Objekt und verlieren in Abhängigkeit von der Schwächungseigenschaft der durchdrungenen Materie unterschiedlich stark an Intensität. Die Schwächungsprofile werden auf der Austrittsseite gemessen. Dabei entsteht ein konventionelles Röntgenbild (genannt Projektion). Bei einer Projektion gehen die Informationen über die räumliche Verteilung der Schwächungseigenschaften entlang der Strahlen verloren. Die dreidimensionale Position der Schwächungskoeffizienten des Objektes wird auf die zweidimensionale Position auf dem Detektor abgebildet. Um verlorene Information wiederzugewinnen, werden mehrere Aufnahmen des Objekts aus unterschiedlichen Richtungen erstellt. Jedes Projektionsbild enthält die Information über die Verteilung der Schwächungskoeffizienten des Objektes in einer zum Detektor parallelen Fläche. Durch die Aufnahme der Projektionsbilder aus verschiedenen Richtungen können unterschiedliche Ortsinformationen gewonnen werden. So kann aus den mehreren Projektionsbildern die räumliche Verteilung der Schwächungskoeffizienten rekonstruiert werden. Wenn sich das zu untersuchende Objekt während der Aufnahme bewegt hat, enthalten die Projektionsbilder widersprüchliche Informationen über die Positionen der Schwächungskoeffizienten. Entsprechend führt die Verwendung solcher inkonsistenten Daten zu fehlerhaften Rekonstruktionen, die Bildstörungen (Bewegungsartefakte) aufweisen.

Wenn während der Rekonstruktion eine falsche Annahme über die Projektionsrichtungen getroffen wird, entstehen ebenfalls Artefakte, welche den durch die Bewegung des zu untersuchenden Objektes entstandenen ähnlich sind. Wenn z. B. vorausgesetzt wird, dass die Quelle und der Detektor sich auf einer kreisförmigen Trajektorie um das zu untersuchende Objekt bewegen, während die Umlaufsbahn des Quelle-Detektor-Systems aus Konstruktionsgründen von dieser Trajektorie abweicht. Wenn solche Abweichungen während der Rekonstruktion nicht berücksichtigt werden, stimmen die verwendeten Projektionsrichtungen nicht mit den tatsächlichen überein. Folglich wird die Information über die Verteilung von Schwächungskoeffizienten nicht adäquat verwendet. Es entstehen Artefakte in den rekonstruierten Bildern, die den durch die Bewegung des untersuchten Objektes ähnlich sind. Jede Bewegung des Objektes entspricht demnach der Veränderung der Positionen der Röntgenquelle und des Detektors. Bei einer Bewegung des Objektes kann also angenommen werden, dass die Position des Objektes während der Akquisition fest ist, die Position des Quelle-Detektor-Systems sich aber von der durch die CT-Geometrie festgelegten abweicht. Solche Sichtweise hat folgenden Vorteil: Wenn der korrekte Verlauf der Röntgenstrahlung durch das Objekt bekannt ist bzw. ermittelt wird, kann die Bewegungskorrektur durch die Rekonstruktion mit der Verwendung der korrekten Projektionsrichtungen durchgeführt werden. Obwohl dies nur bei rigiden Bewegungen des zu untersuchenden Objektes der Fall ist, bietet eine solche Betrachtungsweise vor allem bei den Akquisitionen der Dental- oder Micro-CTs eine schnelle Möglichkeit der Bewegungskorrektur, da gerade rigide Bewegungen bei diesen CT-Typen im Vordergrund stehen.

In den Rekonstruktionen, die mit Bewegungsartfakten behaftet sind, können relevante Strukturen verwischt oder von den anderen Strukturen überlagert sein. Die kleineren Bewegungen des zu untersuchenden Objektes führen zum Verlust von Schärfe der Schichtbilder. Die größeren Bewegungen können dagegen die Verwendbarkeit der Messdaten beschränken und dazu führen, dass solche bewegungsgestörten CT-Aufnahmen für diagnostische Zwecke nicht nutzbar sind.

Insbesondere bei Dental-CT-Akquisition stellt das Auftreten der Patientenbewegungen ein großes Problem dar. Selbst bei einem gesunden, kooperativen Patienten können kleine Bewegungen auftreten. Bei der Anwendung von Dental-CTs in der Gesichtschirurgie ist die Wahrscheinlichkeit für durch Schmerzen verursachte Bewegungen entsprechend höher. Die Kopfbewegungen eines Patienten werden durch mehrere spezifische Aspekte der Dental-CTs wie Konstruktionsweise, lange Akquisitionszeit, aufrechte Position der Patienten während der Akquisition usw. begünstigt (mehr dazu in Abschnitt 3.8). Zwar werden die Bewegungen durch die Verwendung einer Bissfixierung teilweise begrenzt, diese ist aber weder angenehm für die Patienten noch können dadurch die Bewegungen zuverlässig unterdrückt werden. Wenn Artefakte durch die Bewegung des Patienten oder des zu untersuchenden Objektes entstanden sind, wird typischerweise die Datenakquisition wiederholt. Insbesondere bei älteren Patienten, Kindern oder Patienten mit bestimmten Krankheiten kann nicht gewährleistet werden, dass während der wiederholten Aufnahme keine Bewegungen stattfinden werden. Durch die Verwendung der Bewegungskorrekturmethoden kann eine Verbesserung der Bildqualität erreicht werden, die weder die Erhöhung der vom Patienten aufgenommenen Dosis noch eine zusätzliche Arzt-Gerät-Interaktion in Anspruch nimmt.

Nachdem im Kapitel 2 die Grundlagen der Computertomographie und der Bildrekonstruktion beschrieben werden, wird im Kapitel 3 auf die Besonderheiten des verwendeten Dental-CT und auf die damit verbundenen, bei der Bildrekonstruktion zu berücksichtigten Aspekte eingegangen. Mehrere existierende Methoden der Bewegungsdetektion und -korrektur werden im Kapitel 4 vorgestellt und deren Verwendbarkeit für die Dental-CTs diskutiert. Da keine der Methoden den spezifischen Anforderungen des verwendeten Dental-CTs genügt wurden im Rahmen dieser Arbeit mehrere Methoden entwickelt, die sowohl die Besonderheiten des verwendeten Dental-CTs berücksichtigen als auch für die Korrektur der rigiden Objektbewegungen allgemeingültig sind.

Alle in dieser Arbeit entwickelten Methoden wurden an realen Daten getestet. Dabei wurden Akquisitionen eines Dental-CTs verwendet. Um die Aussagen über die Richtigkeit der ermittelten Bewegungspunkte und Bewegungsprojektion testen zu können, wurden ein Roboterarm und ein anthropomorphes Kopfphantom verwendet. Darüber wurde in [EBU$^+$09] berichtet. Es wurde eine Datenbank der Projektionen erstellt, die es erlaubt die Akquisitionen mit den vorbestimmten Bewegungspunkten und Bewegungsrichtungen und -stärken zu erschaffen (mehr dazu in Kapitel 5).

Alle in dieser Arbeit vorgeschlagenen Methoden bestehen aus zwei Schritten. Im ersten Schritt werden die Bewegungspunkte innerhalb einer Akquisition ermittelt (Kapitel 6). Die aufeinander folgenden Projektionen werden in der Reihenfolge ihrer Akquisition mit einander verglichen, um zu detektieren, zwischen welchen Projektionen sich die Position des Objektes verändert hat. Die Bewegung eines Objektes während der Akquisition einer Projektion kann wegen der sehr kurzen Akquisitionszeit vernachlässigt werden. Bei langen Bewegungen, die sich über mehrere Projektionen erstrecken, ist es wichtig, mindestens eine Bewegungsstelle zwischen zwei in die Bewegung involvierten Projektionen zu erkennen. Acht Distanzmaße wurden getestet, um die beste Detektionsrate zu erhalten. Die Bestimmung der Bewegungspunkte als Ausreißer der Distanzmaßwerte wurde ebenfalls in dieser Arbeit entwickelt und in [EB09] vorgestellt. Wenn die Bewegungspunkte bekannt sind, werden Projektionen nach der Position des Objektes in verschiedene Gruppen aufgeteilt, deren Projektionen der gleichen Position des Objektes entsprechen. Das hier entwickelte Verfahren für die Ermittlung der Bewegungspunkte kann auch für andere in der Literatur beschriebene Methoden der Bewegungskorrektur verwendet werden.

Zusätzlich wurde untersucht, ob durch die Ermittlung der stattgefundenen 2D-Bewegung zwischen den Projektionen, die den unterschiedlichen Objektpositionen entsprechen, einige Bewegungsarten bei der anschließenden Bewegungskorrektur ausgeschlossen werden können. Da die dadurch ermittelten Bewegungen lediglich die Projektionen der stattgefundenen Bewegung auf die Projektionsflächen sind, kann keine eindeutige Aussage über die 3D-Bewegung gemacht werden. Durch den Vergleich der Projektionen der Bewegungsvektoren der 3D-Bewegungen mit den ermittelten planaren Bewegungen können viele Bewegungen ausgeschlossen werden, was sowohl die Geschwindigkeit der Korrektur als auch die Güte der Korrektur (durch Vermeidung der Bestimmung eines lokalen Minimums der minimierenden Funktion) positiv beeinflusst. Wie im Abschnitt 6.2 gezeigt wird, liefert sowohl die Registrierung der Projektionen als auch der optische Fluss verwendbare Informationen über die Bewegungsprojektion.

Im zweiten Schritt wird die korrekte Projektionsrichtung, welche dem tatsächlichen Strahlenverlauf durch das Objekt und nicht der festgelegten Geometrie entspricht, durch Minimierung einer Funktion, die für eine Rekonstruktion ohne Bewegungsartefakte ein Minimum aufweist, ermittelt. Da die Verwendung der gemessenen Projektionen als Referenz bei dem verwendeten Dental-CT aus mehreren Gründen nicht möglich ist, wie im Abschnitt 7.1 gezeigt wird, können die auf der Nutzung von Vorwärtsprojektion basierenden Methoden des Stands der Wissenschaft in deren ursprünglicher Form nicht verwendet werden. Im Abschnitt 7.1 wurden aber mehrere Modifikationen solcher Methoden vorgestellt, die auf der gleichen Idee basieren, aber die Verwendung eines Metallmarkers vorsehen. Während die gängigen, auf der Verwendung von Markern basierenden Bewegungskorrekturmethoden vier und mehr Metallmarker benötigen, kann mit den hier beschriebenen Methoden eine sehr gute Bewegungsdetektion (Abschnitt 6.3) und Korrektur (Abschnitte 7.1 und 7.2) durch die Verwendung eines einzigen Metallmarkers erreicht werden.

Da die Verwendung eines Metallmarkers eine zusätzliche Arzt-Patient-Interaktion benötigt und zu Metallartefakten in rekonstruierten Bildern führt, steht vor allem die referenzfreie Beurteilung der Rekonstruktionsqualität (in Hinsicht auf die Anzahl der Bewegungsartefakte) im Fokus dieser Arbeit (Abschnitt 7.3). Mehr als 35 referenzfreie Maße wurden auf deren Anwendbarkeit für die Beurteilung der Stärke der Bewegungsartefakte und damit deren Verwendbarkeit für die Bewegungskorrektur getestet. Die ersten Ergebnisse wurden bereits in [EJHB10] vorgestellt. Die Maße wurden sowohl auf die Schichtbilder selber als auch deren Gradienten angewendet. Zwar ist diese Methode zeitaufwändiger, als die vorgeschlagenen auf der Verwendung eines Metallmarkers basierenden Methoden, aber sie ist schneller als die Methoden des Stands der Wissenschaft, welche Vorwärtsprojektionen des Volumens verwenden. Es wurde gezeigt, dass die vorgeschlagene Methode zur Bewegungskorrektur verwendet werden kann und auch ohne besondere Optimierung, wobei auf manche mögliche Verbesserungen im Abschnitt 8.2 hingewiesen wurde, gute Ergebnisse liefert.

2

Grundlagen der Computertomographie

Die Aufgabe der Bildrekonstruktion in der Computertomographie stellt ein so genanntes inverses Problem dar: Aus den Messungen eines durch Materie geschwächten Röntgenstrahls (Wirkung) soll auf den örtlichen Verlauf der Röntgen-Absorption (Ursache) geschlossen werden [Lou89, Nat01, NW01]. Die physikalischen Grundlagen der Computertomographie basieren auf der Wechselwirkung von Röntgenstrahlung und Materie. Da der Schwerpunkt der Arbeit in der Reduzierung von Artefakten liegt, die nicht durch die Physik des röntgentomographischen Aufnahmeverfahrens bedingt sind, wird auf die physikalischen und technischen Grundlagen der Röntgentechnik nicht eingegangen. Diese können den Standardwerken wie [Hal95, BS96a, BS96b] entnommen werden. Auch die Beschreibung der mathematischen Rekonstruktionsmethoden ist im Folgenden auf die wesentlichen Punkte und die für diese Arbeit relevanten Algorithmen beschränkt. Eine ausführliche Darstellung der Rekonstruktionsalgorithmen ist z. B. in [KS88, Nat01] zu finden.

Dank dem großen Durchdringungsvermögen der Röntgenstrahlen und deren materialspezifischen Abschwächung, entsteht beim Durchstrahlen eines Objektes aus einer Richtung ein Schattenbild der inneren Strukturen. Auf Grundlage eines Bildes kann jedoch nichts über die räumliche Verteilung der Abschwächungen gesagt werden, da nur die Summen der Schwächungskoeffizienten zur Verfügung stehen. Durch die Betrachtung eines Objektes von allen Seiten kann aber die Information über die dreidimensionale Verteilung der Strukturen gewonnen werden. Dies entspricht der Erstellung mehrerer Gleichungen, die die verschiedenen Kombinationen der gesuchten Schwächungskoeffizienten enthalten. Bei ausreichender Anzahl solcher

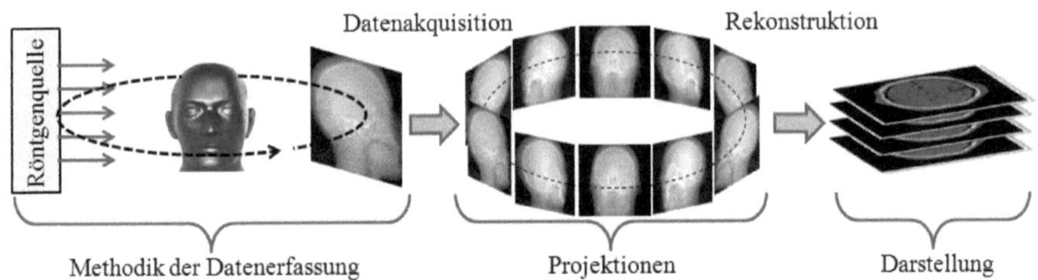

Abbildung 2.1: Schematische Darstellung der Datenerfassung und der Lösung des inversen Problems.

Gleichungen aus unterschiedlichen Blickwinkeln kann das Gleichungssystem mit den Unbekannten Schwächungskoeffizienten μ_k gelöst werden.

Die Idee ist also, Röntgenbilder des gleichen Objektes aus mehreren Richtungen zu erstellen, die für die Wiederherstellung der räumlichen Verteilung der Objektstrukturen verwendet werden können. Dafür werden die Röntgenquelle und der Detektor um das zu untersuchende Objekt auf einer, meist kreisförmigen Trajektorie rotiert. In den äquidistanten Winkelabschnitten $\Delta\gamma$ werden die einzelnen Messungen der detektierten Intensitäten I_{γ_i} durchgeführt, wobei γ_i die Winkelposition des Quelle-Detektor-Systems auf deren Bewegungsbahn bezeichnet. Für die Rotation mit dem Winkelinkrement $\Delta\gamma$ gilt $\gamma_i = \gamma_1 + (i-1)\Delta\gamma$, $i = 1, 2, \ldots, n$. Damit werden die Schwächungskoeffizienten des Objektes entlang der Strahlen auf die Detektorfläche projiziert. Entsprechend werden die zu einem Aufnahmewinkel zugehörigen Messdaten als Projektionen bezeichnet. In Abbildung 2.1 ist diese Methodik der Datenerfassung schematisch dargestellt. Die dargestellten Projektionsdaten wurden aus verschiedenen um das Objekt verteilten Projektionsrichtungen gemessen.

Aus den Projektionssummen $\{p_{\gamma_1}, p_{\gamma_2}, \ldots, p_{\gamma_i}, \ldots\}$ kann durch unterschiedliche Vorgehensweisen eine Lösung des inversen Problems bestimmt und dadurch die räumliche Verteilung der Schwächungskoeffizienten rekonstruiert werden (weitere Einzelheiten werden im Abschnitt über tomographische Rekonstruktionen beschrieben). Die Schwächungskoeffizienten werden in der Computertomographie meist in sogenannte CT-Zahlen umgerechnet und als Grauwerte kodiert, um die visuelle Darstellung des untersuchten Objektes zu ermöglichen. Der Wertebereich der CT-Zahlen umfasst 4096 Graustufen (-1024 HU bis +3071 HU). Das menschliche Auge ist jedoch nur in der Lage, etwa 40 bis maximal 100 Graustufen zu differenzieren. Deshalb bedient man sich bei der CT der so genannten Fensterung. Je nach Art der Anwendung wird ein Wertebereich der CT-Zahlen (Fenster) ausgewählt, dem der ganze Graustufenbereich des Bildes zugeordnet wird. Werte, die oberhalb des Fensters liegen, werden weiß dargestellt, Werte die unterhalb des Fensters liegen schwarz. Auf diese Weise erhält man eine Kontrastanhebung, die umso stärker ist, je enger das Fenster ist.

In der Regel setzt sich eine 3D-Rekonstruktion aus Einzelschnitten zusammen, die quer durch das Objekt verlaufen (Schnittbildverfahren). So kann für jedes Volumenelement des Objektes (sog. Voxel, dies entspricht einem dreidimensionalen Pixel) der Absorptionsgrad μ_k dargestellt werden. Die Bestimmung der Absorptionskoeffizienten ist ein im Sinne von Hadamard schlecht gestelltes Problem [Lou89]. Die Lösung hängt nicht stetig von den Eingangsdaten ab, und damit ist die Stabilitätsbedingung verletzt. Außerdem tragen Messfehler dazu bei, dass die Existenz und die Eindeutigkeit einer Lösung nicht gewährleistet werden kann. Ausführliche theoretische Hintergründe und Methoden zur Handhabung schlecht gestellter Probleme sind in [Vog02, Tik95] näher beschrieben.

Die bekannten Rekonstruktionsverfahren können in drei primäre Gruppen unterteilt werden: algebraische, statistische und analytische Verfahren. Ein Überblick über die verschiedenen algebraischen und statistischen Rekonstruktionsalgorithmen ist unter anderem in [NW01, Buz08, Zen10, JW01, LC84, Bru02, Tof96] zu finden. Die durch Verwendung von algebraischen und statistischen Rekonstruktionsverfahren entstehenden Schichtbilder weisen in der Regel eine bessere Qualität auf, als bei der Verwendung von analytischen Verfahren. Ein Nachteil dieser Methoden ist ihre Zeit- und Speicherintensität. Aufgrund der steigenden Leistungsfähigkeit der Computer ist es inzwischen jedoch möglich, diese Verfahren für 2D-Rekonstruktionen in der Praxis zu verwenden. Allerdings sind die analytische Verfahren nach wie vor die meist verwendeten Methoden in der Computertomographie. Als weiterführende Literatur können die Arbeiten [SOM+06, Man92] empfohlen werden. Da die vorliegende Arbeit auf der Anwendung der analytischen Rekonstruktion basiert, wird im Folgenden auf diese Rekonstruktionsart detailliert eingegangen.

2.1 Parallelstrahlgeometrie

Die ersten CTs bestanden aus einer Röntgenquelle, die einen eng fokussierten Strahl erzeugt, und einem, auf der gegenüberliegenden Seite befindlichen, einzelnen Detektor. Die Quelle und der Detektor wurden parallel zueinander linear verschoben. Diese Art der CTs ist wichtig für die vorliegende Arbeit, da sie die Grundlage für die Rekonstruktionsverfahren bildet. Aufgrund der erzeugten, parallel zueinander verlaufenden Strahlen wird diese Art der Datenakquisition *Parallelstrahlgeometrie* genannt. In Abbildung 2.2 ist diese Vorgehensweise an einem Beispiel verdeutlicht. Durch die Verschiebung der Röntgenquelle werden mehrere parallele Strahlen erzeugt, deren Verlauf eine Ebene des Objektes definiert. Um die Wege der Strahlen und die Geometrie der Datenakquisition beschreiben zu können, werden im Folgenden zwei Koordinatensysteme definiert. Das zu untersuchende Objekt ist bezüglich eines

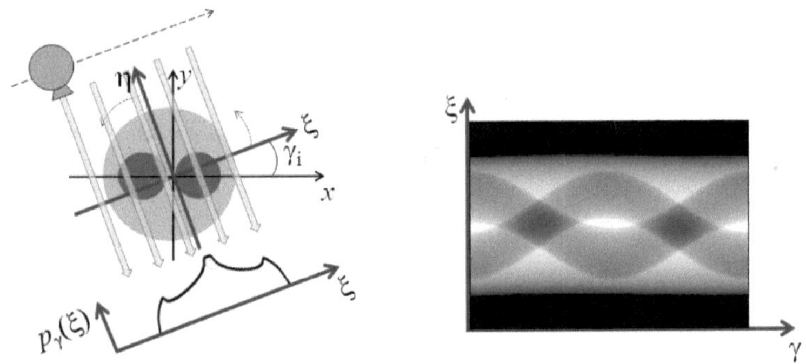

Abbildung 2.2: Links ist eine Schicht des Objektes mit dem Objekt- und Quelle-Detektor-Koordinatensystem zu sehen. Bei Rotation γ_i des Quelle-Detektor-Systems entsteht nach dem sequenziellen Verschieben der Quelle und des Detektors eine 1D-Projektion $p_\gamma(\xi)$, die aus den Projektionssummen der parallel verlaufenden Strahlen besteht. Die Radontransformation der Parallelstrahlgeometrie ist rechts dargestellt, wobei $0 \leq \gamma \leq 360$ gilt.

festen Objekt-Koordinatensystems (x,y) definiert, das auch *Weltkoordinatensystem* genannt wird. Dessen Position und Orientierung ändert sich während des Akquisitionsprozesses nicht. Das so genannte Quelle-Detektor-System (η, ξ) ist fest mit Röntgenquelle und Detektor verbundenen und rotiert zusammen mit der Quelle und dem Detektor um das Objekt. Für jeden Drehwinkel γ_i, der ein Winkel zwischen dem Weltkoordinatensystem (x,y) und dem rotierenden Koordinatensystem (η, ξ) bezeichnet und *Projektionswinkel* genannt wird, werden alle Projektionsintegrale (bei der diskreten Betrachtungsweise Projektionssummen) entlang der Strahlenwege gemessen und bilden eine 1D-Projektion $p_{\gamma_i}(\xi)$, wobei ξ die entsprechende Verschiebung des Detektors ist. $p_{\gamma_i}(\xi)$ entspricht einer 1D- Röntgenaufnahme von einer Schicht des Objektes. Durch die Drehung von Quelle und Detektor entsteht eine Reihe von Projektionen $p_\gamma(\xi) = \{p_{\gamma_1}(\xi), p_{\gamma_2}(\xi), p_{\gamma_3}(\xi), \ldots\}$. Da bei der Drehung des Quelle-Detektor-Systems um $180°$ die einzelnen diskreten Röntgenstrahlen auf dem gleichen Weg das Objekt durchdringen (wenn keine zusätzliche Verschiebung des Detektorelements stattfindet [Buz04]), gilt $p_\gamma(\xi) = p_{\gamma+180°}(\xi)$. Durch Fortsetzung der Rotation über $180°$ kann keine neue Information gewonnen werden. Die Projektionen $p_\gamma(\xi)$ für alle γ_i ergeben die zweidimensionale (2D) *Radontransformierte der Parallelstrahlgeometrie* des Objektes. Der so genannte Radonraum wird somit durch die Basisvektoren ξ und γ aufgespannt. Typischerweise wird die Radontransformierte eines Objektes im Radonraum wie in Abbildung 2.2 rechts abgebildet dargestellt. Ein Punkt des Objektes außerhalb des Drehzentrums wird so auf den

Detektor projiziert, dass seine Position im Radonraum mit variierenden Winkeln eine Sinuskurve beschreibt. Aus diesem Grund wird eine solche Darstellung der Radontransformierten auch als *Sinogramm* bezeichnet.

Die ursprüngliche Verteilung der Schwächungskoeffizienten $f(x,y)$ kann aus den fouriertransformierten Projektionen in Polarkoordinaten durch die doppelte Integration gewonnen werden:

$$f(x,y) = \int_0^\pi \int_0^\infty P_\gamma(q) e^{2\pi i q \xi} |q| \, dq \, d\gamma \qquad (2.1)$$

Die Multiplikation des Spektrums $P_\gamma(q)$ mit $|q|$ stellt dabei eine Hochpassfilterung der Projektionen dar. Dadurch werden die Kanten der Ursprungsfunktion gestärkt und die Mittelung, die durch Integration entlang eines Strahls stattfindet, wird ausgeglichen. Gleichung 2.1 liefert somit eine genaue Anleitung, wie aus den gemessenen Projektionen $p_\gamma(\xi)$ bzw. deren Fouriertransformierten $P_\gamma(q)$ die ursprüngliche Funktion $f(x,y)$ gewonnen werden kann. Die meisten Rekonstruktionsimplementierungen heutiger CTs verfolgen diese Vorgehensweise.

Die Multiplikation mit dem Hochpassfilter im Frequenzbereich kann durch die Faltung im Ortsbereich ersetzt werden. So dass gilt

$$f(x,y) = \int_0^\pi \left\{ \int_0^\infty P_\gamma(q) e^{2\pi i q \xi} |q| \, dq \right\} d\gamma = \int_0^\pi h_\gamma(\xi) \, d\gamma, \qquad (2.2)$$

wobei

$$h_\gamma(\xi) = p_\gamma(\xi) * g(\xi)$$

und

$$g(\xi) = \int_0^\infty |q| e^{2\pi i q \xi} \, dq.$$

Durch die Diskretisierung der Projektionen, ist das Spektrum einer Projektion periodisch und die Anwendung der Gewichtungsfunktion nur im Intervall $[-Q, Q]$ und bei der räumlichen Abtastrate von $\Delta\xi = (2Q)^{-1}$ sinnvoll. Deswegen wurde von G. N. Ramachandran und A. V. Lakshminarayanan [RL71] vorgeschlagen, die Hochpassfilter durch eine Rechteckfunktion zu begrenzen

$$G(q) = |q| rect(q). \qquad (2.3)$$

So wird verhindert, dass die stärksten Frequenzen, die vor allem das Rauschen enthalten, mit $|q|$ verstärkt werden. Eine Filterung mit der Ramachandran- und der

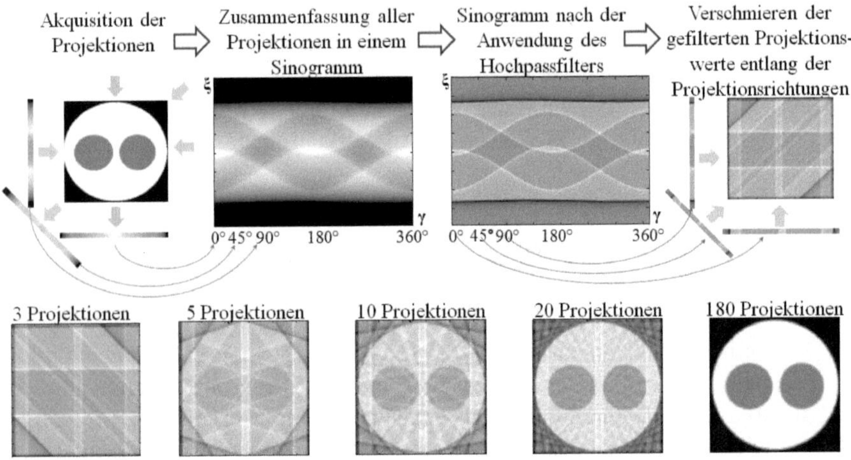

Abbildung 2.3: Es ist eine schematische Darstellung der Entstehung eines Sinnogramms und Rekonstruktion eines Objektes aus den Projektionsdaten durch die Verwendung der gefilterten Rückprojektion dargestellt. In der unteren Reihe wurde die Abhängigkeit zwischen der Anzahl verwendeter Projektionen und der Rekonstruktionsqualität verdeutlicht.

Lakshminarayanan-Funktion $G(q)$ entspricht einer Faltung im Raumbereich mit der inversen Fouriertransformierten $g(\xi)$, $G(q) \circ\!\!-\!\!\bullet g(\xi)$. Da letztere hochfrequente Schwingungen aufweist, entstehen in Regionen mit starken Kontrastunterschieden oszillierende Intensitätswerte. Da die Überschwinger im Ortsbereich durch die scharfe Begrenzung im Frequenzraum entstehen, können die Artefakte durch die Verwendung eines abgeflacht auslaufenden Fensters im Frequenzraum reduziert werden. Filter wie z. B. Hamming oder Shepp and Logan Filter adressieren dieses Problem. Der theoretischer Hintergrund und die anwendungsorientierte Sichtweise über die Verwendung von weichen Funktionen können [NW01, Bru02, Buz08] entnommen werden.

In Abbildung 2.3 wurden die einzelnen Schritte des Rekonstruktionsverfahrens zusammengefasst. Dabei entspricht die Verteilung der Projektionswerte entlang der Projektionsrichtung einem Integrationsschritt. Zur Verdeutlichung der Entstehung der rekonstruierten Bilder, sind in der unteren Reihe die Rekonstruktionsergebnisse bei Verwendung unterschiedlicher Anzahl der Projektionen dargestellt. Gerade bei den Beispielen mit wenigen Projektionen sind die einzelnen Integrationsschritte (Verschmieren der Projektionswerte) und die dadurch erreichte Entstehung einer Rekonstruktion deutlich zu erkennen.

Die vorgestellte Methode stellt ein Standardverfahren der Bildrekonstruktion für die Computertomographie dar und wird oft mit dem englischen Namen *Filtered Back Projection* (FBP) bezeichnet. Der Vorteil von FBP ist die Möglichkeit der effizienten Implementierung. Im Gegensatz zu den algebraischen Verfahren, weisen solche Methoden eine für den Einsatz in der klinischen Praxis akzeptable Laufzeit auf. Eine weitere Beschleunigung des Rekonstruktionsprozesses kann unter anderem durch Verwendung programmierbarer Graphikkarten (GPUs) erreicht werden (siehe z. B. [XM07]).

Die analytischen Verfahren und damit auch die FBP benötigen vollständige Projektionsdaten, um eine artefaktfreie Rekonstruktion zu gewährleisten. Es wurden diverse Strategien entwickelt, um die abgeschnittenen Projektionen (wie im Fall von verwendetem Dental-CT) so zu ergänzen, dass Artefakte minimiert werden [Hsi04, HL80, OFS$^+$00]. In [Nat01] und [NW01] wurden verschiedene mathematische Aspekte der Rekonstruktion unter Verwendung unvollständiger Projektionen diskutiert, unter anderem die Eindeutigkeit und die Stabilität der Lösungen. Die in dieser Arbeit verwendete Vorgehensweise in Form einer Extrapolation der Projektionen wird in Abschnitt 3.5 detailliert beschrieben.

2.2 Fächerstrahlgeometrie

Bei der fächerförmigen Ausbreitung der Röntgenstrahlen, bilden die erzeugten Projektionen $p_\theta(\zeta) = \{p_{\theta_1}(\zeta), p_{\theta_2}(\zeta), p_{\theta_3}(\zeta), \ldots\}$ die *Radontransformation der Fächerstrahlgeometrie* (Abbildung 2.4 rechts). Die Ähnlichkeit mit der Radontransformation der Parallelstrahlgeometrie beruht darauf, dass die in Fächerstrahlgeometrie erzeugten Strahlen in der Parallelstrahlgeometrie ebenfalls vorhanden sind, allerdings unter anderen Projektionswinkeln und auf anderen Positionen des Detektors. Dies wird durch Abbildung 2.5 verdeutlicht. Die dick gezeichneten, parallelen Strahlen werden sowohl links in der Parallelstrahlgeometrie, als auch rechts in der Fächerstrahlgeometrie erzeugt. Da der Strahlweg durch das Objekt in beiden Geometrien der gleiche ist und entsprechend das dazugehörige Schwächungsintegral denselben Wert hat, lediglich der Projektionswinkel und die Position, an der der entsprechende Detektor getroffen wird, in beiden Geometrien unterscheiden, kann ein Sinogramm der Fächerstrahlgeometrie in ein Sinogramm der Parallelstrahlgeometrie umsortiert werden. Dieses Umsortieren von Messwerten wird *Rebinning* genannt.

Der Rebinningprozess kann in die FBP der Parallelstrahlgeometrie integriert werden [CTZ$^+$06, KS88, PY03]. Dafür wird in der Gleichung 2.2 die Koordinatentransformation zwischen beiden Geometrien

$$p_\gamma(\xi) \rightarrow \phi_\theta(\zeta)\Big|_{\substack{\xi=\zeta\,\mathrm{FCD}\left(\sqrt{\zeta^2+\mathrm{FCD}^2}\right)^{-1} \\ \gamma=\theta+\arctan(\zeta/\mathrm{FCD})}} \tag{2.4}$$

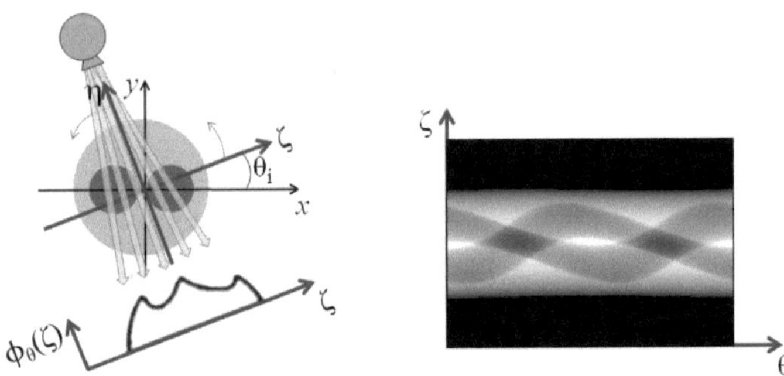

Abbildung 2.4: Links ist ein Beispiel der Fächerstrahlgeometrie dargestellt. Es sind eine Schicht des Objektes und Objekt- und Quelle-Detektor-Koordinatensysteme, Projektionswinkel θ_i und die Projektionssumme $\phi_\theta(\zeta)$ dargestellt. Rechts ist die Radontransformation der Fächerstrahlgeometrie, $0 \leq \theta \leq 360$ zu sehen.

durchgeführt. Dabei stellt FCD (engl. Focus Center Distance) den Abstand zwischen Quelle und dem Rotationszentrum dar. Nach einigen Umformungsschritten kann die Bestimmung von $f(r,\delta)$ in Polarkoordinaten als

$$h_\theta(\zeta) = \frac{1}{2}\left(\phi_\theta(\zeta)\frac{\text{FCD}}{\sqrt{\zeta^2+\text{FCD}^2}}\right)*g(\zeta) \text{ und } f(r,\delta) = \int_0^{2\pi}\frac{\text{FCD}^2}{U^2}h_\theta(\zeta)\,d\theta \quad (2.5)$$

dargestellt werden. Dabei werden die Punkte $(x,y)^T = \mathbf{r}$ durch ihren Abstand r zum Drehzentrum und durch den Winkel δ zur x-Achse des Weltkoordinatensystems gekennzeichnet (Abbildung 2.8 a). U ist dabei die Projektion des Abstandes zwischen der Quelle und dem aktuellen Punkt auf dem Zentralstrahl. Der wesentliche Unterschied zur Vorgehensweise bei der Parallelstrahlgeometrie besteht also in der zusätzlichen Gewichtung der Projektionswerte vor der Hochpassfilterung und einer weiteren Gewichtung vor der Integration über die Projektionswinkel. Die Notwendigkeit solcher Gewichtung stellt einen Nachteil dieser Methode dar. Da die Gewichtungsfaktoren sowohl vom Projektionswinkel θ, als auch von der Position $\mathbf{r}$ abhängen, ist auch die direkte Rekonstruktion rechnerisch aufwendig [Bes99,Pan99]. Die Gewichtungsfaktoren werden auch häufig als ein Grund für die Verstärkung von Rauschen gesehen [ZLNC04].

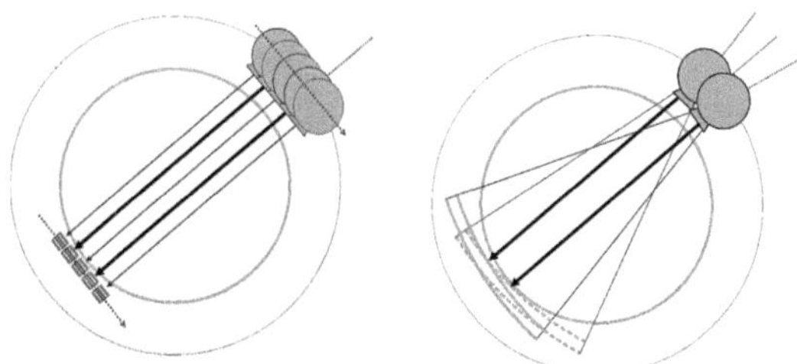

Abbildung 2.5: Hier wurde der Zusammenhang zwischen den Strahlen der Parallel-
strahl- und Fächerstrahlgeometrie verdeutlicht. Die dick abgebildeten Strahlen der
Parallelstrahlgeometrie (links) sind auch in der Fächerstrahlgeometrie (rechts) zu
finden (mit freundlicher Genehmigung von T. M. Buzug [Buz04]).

2.3 Kegelstrahlgeometrie

Eine Diskretisierung in einzelne Strahlen findet durch die diskrete Form der verwendete Detektoren statt und durch die Verwendung der Kollimatoren. Letztere werden
überwiegend für die Reduktion der unnötigen Strahlung, welche nicht durch den
Detektor erfasst werden können, verwendet. Während bei der Parallelstrahlgeometrie
der Röntgenkegelstrahl mit Hilfe von Kollimatoren tatsächlich auf einen einzelnen
Röntgenstrahl reduziert werden muss, ist bei der Fächerstrahlgeometrie hauptsächlich
eine Begrenzung des Kegels in vertikale Richtung nötig. Mit der Weiterentwicklung
der Detektoren wurde es möglich, Detektoren zu bauen, die aus mehreren in vertikale
und horizontale Richtung angeordneten Detektorelementen bestehen (Flächende-
tektoren), so dass die Strahlung des kompletten von der Röntgenröhre erzeugten
kegelförmigen Röntgenstrahlung verwendet werden kann und keine Begrenzung
auf eine Objektschicht nötig ist. In Abbildung 2.6 (links) ist die Geometrie einer
solchen Datenakquisition schematisch dargestellt. Die Röntgenquelle rotiert, analog
zur Fächerstrahlgeometrie, um das untersuchte Objekt auf einer festen und in der
Regel kreisförmigen Bahn. Die kontinuierliche kegelförmige Strahlung kann auch als
Bündel der einzelnen diskreten Strahlen (durch die diskrete Form der Datenerfassung
bedingt) betrachtet werden. Gegenüber der Röntgenquelle befindet sich ein zweidi-
mensionaler Detektor. Somit werden nicht nur die Projektionsintegrale der Strahlen
erfasst, die eine Schicht des Objektes durchdringen, sondern ebenfalls Strahlen durch
umliegende Bereiche des Objektes. Diese zusätzliche Erfassung weiterer Bereiche
ist abhängig vom Öffnungswinkel des Kegels. Damit kann ohne Verschiebung der
Röntgenquelle entlang des Objektes, wie es bei Parallel- oder Fächerstrahlgeometrie noch notwendig war, ein aus mehreren Schichten bestehendes Objektvolumen
rekonstruiert werden. Die Datenakquisition der Kegelstrahlgeometrie ist nicht nur
schneller als bis jetzt vorgestellte Verfahren, sondern kann auch die emittierte Strah-

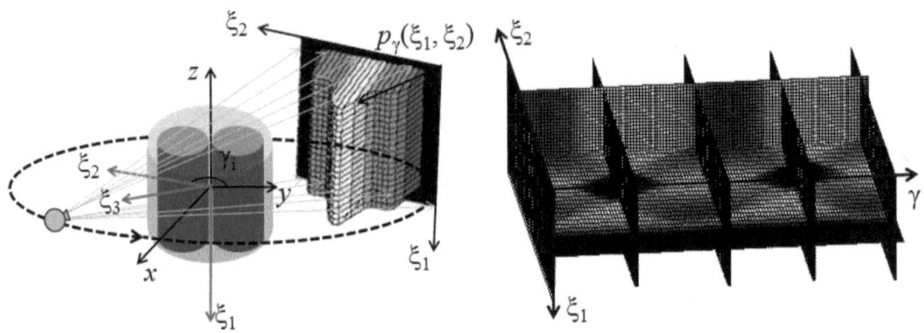

Abbildung 2.6: Links sind die geometrischen Verhältnisse der Kegelstrahlgeometrie schematisch dargestellt: Die von der Röntgenquelle erzeugte Strahlung wird auf der andere Seite des Objektes mir einem 2D-Detektor, der (ξ_1, ξ_2)-Koordinatensystem hat, erfasst. Das Objektkoordinatensystem (schwarz) bleibt fix, während das Quelle-Detektor-Koordinatensystem (grau) entsprechend der Bewegung der Quelle und des Detektor rotiert. Für jeden Projektionswinkel γ_i werden die Projektionssummen $p_{\gamma_i}(\xi_1, \xi_2)$ erfasst. Rechts sind die einzelnen Schichten des 3D-Sinogramms der Kegelstrahlgeometrie dargestellt, wobei $0 \leq \gamma \leq 360$ ist.

lung besser verwenden, da keine Abschirmung der Teile der Strahlung durch die Kollimation stattfindet.

Analog zu den anderen Geometrien ist bei der Kegelstrahlgeometrie das zu untersuchende Objekt bezüglich eines festen Objekt-Koordinatensystems (x, y, z) gegeben, das als Weltkoordinatensystem bezeichnet wird (Abbildung 2.6, links). Das Quelle-Detektor-System (ξ_1, ξ_2, ξ_3) ist fest mit der Röntgenquelle und dem Detektor verbunden und rotiert um das Objekt. Für jeden Drehwinkel γ_i werden alle Projektionsintegrale, bzw. im diskreten Raum Projektionssummen entlang der Strahlenwege gemessen, wodurch eine Projektion $p(\xi_1, \xi_2)$ gebildet wird. Durch ξ_1 und ξ_2 werden die Positionen der Detektorelemente bezeichnet, wobei für einen quadratischen Detektor gilt $1 \leq \xi_1, \xi_2 \leq N$ ($N \in \mathbb{N}$).

Die kegelförmige Röntgenstrahlung kann als ein Stapel mehrerer, unter verschiedener Neigungen angeordneter Fächerstrahlen betrachtet werden. Für die Strahlen, die das Objekt horizontal durchdringen und senkrecht auf den Detektor einfallen, entspricht die Situation der im vorherigen Abschnitt 2.2 beschriebenen Fächerstrahlgeometrie. Das Sinogramm $p_\gamma(N/2, \xi_2)$ in Abbildung 2.6 ist gleich dem der Fächerstrahlgeometrie aus Abbildung 2.4. Die Strahlen, die das Objekt nicht horizontal durchqueren, können weder bei Parallel- noch bei der Fächerstrahlgeometrie, wenn Quelle und Detektor sich auf der kreisförmigen Trajektorie bewegen, erzeugt werden. Deshalb kann in diesem Fall kein Rebinning durchgeführt werden, um die

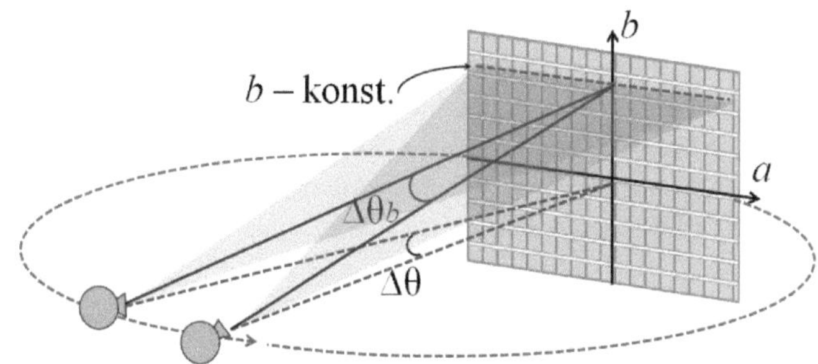

Abbildung 2.7: Kegelstrahlgeometrie mit kreisförmiger Trajektorie und planarem Detektor. Der Rotationswinkel θ das Quelle-Detektor-Systems ist als Winkel zwischen dem Zentralstrahl (steht senkrecht zum Detektor) und einer Achse des festen Weltkoordinatensystems definiert. Winkel ψ beschreibt die Angulation eines Strahls in horizontale und φ in vertikale Richtung.

Rekonstruktion der Parallelstrahlgeometrie verwenden zu können, wie das bei der Fächerstrahlgeometrie möglich ist.

2.4 FDK-Algorithmus für planare Detektoren

Von L. A. Feldkamp, L. C. Devis und J. W. Kress wurde 1984 [FDK84] ein Rekonstruktionsalgorithmus vorgeschlagen (FDK-Algorithmus), deren Idee darin besteht, den Kegel der Röntgenstrahlen als eine Menge einzelner Fächerstrahlen zu betrachten und für jeden Fächer eine Rekonstruktion analog zu der in Abschnitt 2.2 beschriebenen Rekonstruktion der Fächerstrahlgeometrie durchzuführen. Einzelne Fächer innerhalb des Kegelstrahls sind in diesem Fall durch eine Zeile des Detektors definiert. In Abbildung 2.7 wurde der untere Fächer schematisch dargestellt. Da bei den planaren Detektoren eine Integrationsfläche (grau schattiert) einer Detektorzeile zugeordnet ist, können bei der Rekonstruktion die einzelnen Fächer der Röntgenstrahlen durch den zeilenweise verlaufenden Zugriff auf den Detektor sequenziell abgearbeitet werden.

Die Kegelstrahlebene, die senkrecht zur Detektorfläche verläuft (in Abbildung 2.7 für $b = 0$), hat die gleichen geometrischen Verhältnisse, wie die Fächerstrahlgeometrie (Abschnitt 2.2). Folglich kann die entsprechende Schicht des Volumens mit dem in Abschnitt 2.2 beschriebenen Verfahren rekonstruiert werden. Für das Herleiten des Rekonstruktionsalgorithmus der Fächerstrahlgeometrie wurde als Grundlage FBP der Parallelstrahlgeometrie verwendet (Gleichung 2.2), wobei eine 2D-Koordinatentransformation von Parallel- zur Fächerstrahlgeometrie durchgeführt wurde. Analog wird bei der Kegelstrahlgeometrie vorgegangen. Durch die Koordinatentransformation von Parallel- zur Fächerstrahlgeometrie, einer Ebene des Strahlenkegels, werden zusätzlich zum divergierenden Strahlenverlauf innerhalb eines Fächers auch die Änderungen der Abstandsverhältnisse berücksichtigt, die durch den Angulationswinkel φ verursacht werden.

Für einen Strahl **r** können die Winkel zu den Flächen $a = 0$ und $b = 0$ als

$$\psi(a,b) = \arccos\left(\frac{\sqrt{FCD^2 + b^2}}{\sqrt{FCD^2 + a^2 + b^2}}\right) \quad \text{und} \quad \varphi(a,b) = \arctan\left(\frac{b}{\sqrt{FCD^2 + a^2}}\right) \tag{2.6}$$

bestimmt werden (vergleiche Abbildung 2.7 und Abbildung 2.8). In Abbildung 2.8 (a) ist die Geometrie innerhalb einer angulierten Fächerstrahlebene (für ein konstantes b) dargestellt. Die Abhängigkeit mehrerer Parameter von der Angulation der Fächerstrahlebene wurde durch den Index b verdeutlicht. Auch hier wurde zur Vereinfachung der geometrischen Zusammenhänge ein virtueller Detektor betrachtet, der parallel zum tatsächlichen Detektor verläuft und sich im Isozentrum des Systems befindet. Die x'- und y'-Achsen stellen die Projektionen der x- und y-Achsen des Weltkoordinatensystems (auch Patientenkoordinatensystem genannt) auf den angulierten Fächer dar. Für die Strahlen des angulierten Fächers können die Projektionswinkel der Parallelstrahlgeometrie γ und die Positionen auf dem Parallelstrahldetektor ξ (in Abbildung 2.8 (b) als gestrichelte Achse veranschaulicht) ermittelt werden

$$\xi = \arccos(\psi_b) = a\frac{\sqrt{FCD^2 + b^2}}{\sqrt{FCD^2 + a^2 + b^2}} \tag{2.7}$$

und

$$\gamma = \theta_b + \psi_b = \theta_b + \arctan\left(\frac{a}{\sqrt{FCD^2 + b^2}}\right). \tag{2.8}$$

Der Zusammenhang zwischen θ_b und θ wurde in der Abbildung 2.8 (b) veranschaulicht. Dabei gilt

$$d\theta_b = \frac{FCD}{\sqrt{FCD^2 + b^2}}d\theta. \tag{2.9}$$

Analog zur Fächerstahlgeometrie wird in der Rekonstruktion der Parallelstrahlgeometrie für die beiden Variablen die Koordinatentransformation

$$p_\gamma(\xi) \rightarrow \phi_{\theta_b}(a)\big|_{\substack{\xi = a\cos(\psi_b) \\ \gamma = \theta_b + \psi_b}} \tag{2.10}$$

durchgeführt. Unter Berücksichtigung, dass

$$d\xi d\gamma \to J\, da d\theta_b = \left(\frac{\sqrt{FCD^2 + b^2}}{\sqrt{FCD^2 + a^2 + b^2}} \right)^3 da d\theta_b \qquad (2.11)$$

gilt und dass jeder Punkt $(r,s)^T$ im Patientenkoordinatensystem als

$$\begin{pmatrix} x \\ y \\ z \end{pmatrix} = \begin{pmatrix} r\cos(\theta) - s\sin(\theta) \cdot FCD/\sqrt{FCD^2 + b^2} \\ r\sin(\theta) + s\cos(\theta) \cdot FCD/\sqrt{FCD^2 + b^2} \\ s \cdot b/\sqrt{FCD^2 + b^2} - b \end{pmatrix}, \qquad (2.12)$$

dargestellt wird, kann die Rekonstruktion der Parallelstrahlgeometrie zu

$$f(x,y,z) = \frac{1}{2} \int\limits_0^{2\pi} \frac{FCD^2}{U(x,y,\theta)^2} \left\{ \left(\phi_\theta(a,b) \frac{FCD}{\sqrt{FCD^2 + a^2 + b^2}} \right) * g(a) \right\} d\theta \qquad (2.13)$$

mit

$$U(x,y,\theta) = FCD - x\sin\theta + y\cos\theta \qquad (2.14)$$

umgeformt werden. Die komplette Herleitung kann [FDK84] oder [Buz08] entnommen werden. Die Berücksichtigung der Angulation von den nicht in Iso-Fläche liegenden Fächern macht eine zusätzliche Gewichtung in die vertikale Richtung notwendig. Für einen festen Projektionswinkel ist eine solche FBP exakt. Da jedoch die Daten im Schattenbereich fehlen, ist die Rekonstruktion lediglich approximativ.

Die Implementierung der FDK-Rekonstruktion kann in folgende Schritte unterteilt werden:

1. Gewichten der Kegelstrahlprojektionen $\phi_\theta(a,b)$ mit dem Faktor $\frac{FCD}{\sqrt{FCD^2 + a^2 + b^2}} = \cos\psi\cos\varphi$.

2. Filterung jeder Zeile der gewichteten Projektionen $\phi_\theta(a,b)$ mit dem Hochpassfilter $g(a) = \int\limits_0^\infty |q|\, e^{2\pi iqa} dq$. Dies kann sowohl über die Faltung im Ortsbereich (wie in Gleichung 2.13), als auch über die Multiplikation im Frequenzbereich $h_\theta(a,b) = \frac{1}{2} \int\limits_0^\infty \Phi_\theta(q,b) e^{2\pi iqa} |q| dq$, b-konst., realisiert werden. Dabei bezeichnet $\Phi_\theta(q,b)$ eine 1D-Fouriertransformation einer Zeile (b-konst.) der gewichteten Projektionen $\phi_\theta(a,b)$.

3. Rückprojektion der gefilterten Werte

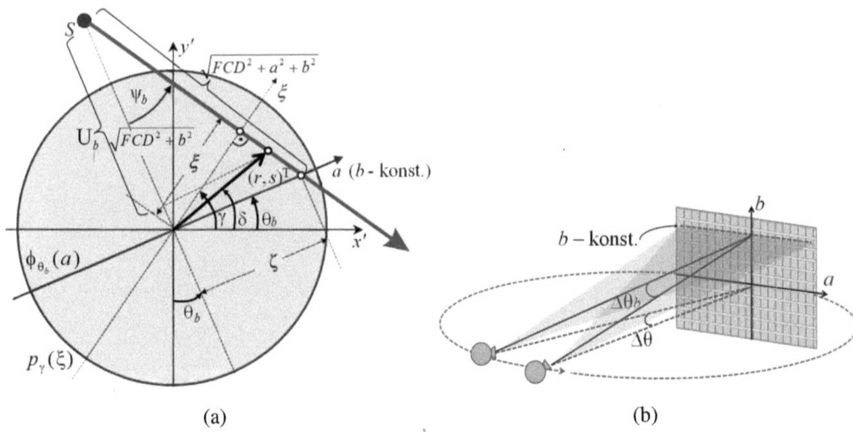

Abbildung 2.8: In (a) ist die Geometrie innerhalb der angulierten Fächerstrahlebene dargestellt (mit freundlicher Genehmigung von T. M. Buzug [Buz04]). In (b) ist der Zusammenhang zwischen dem Inkrement des Projektionswinkels $\Delta\theta$ für $b = 0$ und $\Delta\theta_b$ bei $b \neq 0$ veranschaulicht.

$$f(x,y,z) = \int\limits_0^{2\pi} \frac{FCD^2}{U(x,y,\theta)^2} h_\theta\left(a(x,y,\theta), b(x,y,z,\theta)\right) d\theta, \text{ wobei gilt}$$

$a(x,y,\theta) = \frac{FCD(x\cos\theta + y\sin\theta)}{U(x,y,\theta)}$ und $b(x,y,z,\theta) = z \cdot \frac{FCD}{U(x,y,\theta)}$. Dieser Schritt entspricht der Rückverschmierung der gewichteten, gefilterten und noch mal gewichteten Projektionen in eine Richtung, die dem Verlauf der Röntgenstrahlen während der Akquisition entgegengesetzt ist.

Für die Hochpassfilterung aus Schritt 2 gilt das Gleiche, wie bei der FBP. Die Verwendung der Filterkerne mit scharfen Grenzen führt zu Artefakten in den rekonstruierten Bildern. Da durch die Verwendung von glatten Filterfunktionen, wie z. B. dem Hamming-Filter, eine leichte Minderung der räumlichen Auflösung und Glättung der rekonstruierten Bilder stattfindet, werden solche Filterkerne bevorzugt.

2.5 Bewegungsartefakte in der Computertomographie

Die Ursachen der Entstehung von Bewegungsartefakten können am einfachsten anhand der zweidimensionalen Parallelstrahlgeometrie veranschaulicht werden. Deshalb wird in diesem Abschnitt auf die Bewegungsartefakte und deren Auswirkung eingegangen.

Alle Standard-Rekonstruktionsmethoden der Computertomographie basieren darauf, dass sich die Position des aufgenommenen Objektes während der Datenakquisition nicht verändert. Falls sich das Objekt oder dessen Teile bewegt haben, passen die neu entstehenden Projektionen nicht mehr zu den Projektionen des Objektes in der vorherigen Position. Die gemessenen Daten sind somit inkonsistent. Für die Standard-Rekonstruktionsverfahren, die keine Berücksichtigung der entstandenen Bewegungen enthalten, bedeutet dies, dass nur ein Teil der Daten, bei denen sich das Objekt in einer festen Position befindet und die bei der Rekonstruktion verwendete Annahme über die Richtung der Strahlenverlaufs durch das Objekt dem tatsächlichen entspricht, korrekt verwendet wird. Die dadurch entstehenden Störungen bzw. Ungenauigkeiten im Bild werden Bewegungsartefakte genannt. Um zu verdeutlichen, warum bei einer Bewegung des aufzunehmenden Objektes keine korrekte Rekonstruktion durch Verwendung der Standardmethoden möglich ist, wird hier ein Beispiel in einer 2D-Parallelstrahlgeometrie betrachtet. Für Fächerstrahl- und Kegelstrahlgeometrie treten die gleichen Effekte auf, weshalb auf weitere Beispiele verzichtet wird.

Abbildung 2.9 zeigt ein Beispiel zur Veranschaulichung der Entstehung von Bewegungsartefakten bei der Verwendung der FBP. Wie im Abschnitt 2.1 beschrieben wurde, besteht die FBP aus der Anwendung des Hochpassfilters auf die Projektionsdaten und der Integration der gefilterten Daten über alle Projektionswinkel. Im letzten Schritt werden die Projektionswerte entlang der gleichen Richtung verschmiert, aus der sie aufgenommen wurden. Die Richtung der Verteilung der Projektionswerte entspricht also dem Weg der Röntgenstrahlen. Auch hier werden die Projektionsrichtungen durch die Bewegung von Quelle und Detektor bestimmt. Sie sind für eine feste Trajektorie eindeutig und werden im Voraus durch Kalibration vorgegeben. In Abbildung 2.9 oben ist ein simuliertes Beispiel für die Rekonstruktion eines Objektes ohne Bewegung während der Datenakquisition dargestellt. Das Objekt ist kreisförmig und beinhaltet einen stark absorbierenden Punkt. Die Quelle und der Detektor rotieren in diesem Beispiel um das Zentrum des Objektes auf einer kreisförmigen Trajektorie. Die 180 Projektionen wurden mit dem Winkelinkrement von 1° erstellt. In dem Sinogramm, das hier nach der Anwendung des Hochpassfilters abgebildet ist, kann ein sinusförmiger Verlauf der Projektion des stark absorbierenden Punktes verfolgt werden. Da sich in diesem Fall die Position des Punktes nicht änderte, konnte die ursprüngliche Verteilung der Schwächungskoeffizienten korrekt rekonstruiert werden. Darunter sind die Zwischenergebnisse einer Rekonstruktion abgebildet, bei welcher nur jede fünfte Projektion verwendet wurde, um den Verlauf des Verschmierens zu verdeutlichen. Unten ist ein Beispiel dargestellt, bei welchem das Objekt nach der Akquisition von 90 Projektionen (von insgesamt 180) um wenige Grad rotiert wurde, was an der Positionsänderung des hellen Punktes sichtbar ist und in der Abbildung durch einen Pfeil verdeutlicht wurde. Dadurch sind die Projektionen inkonsistent. Dies ist an dem Verlauf der Sinuskurve deutlich sichtbar. Der Sprung bei 90° zeigt, dass die Projektionen für 0° bis 90° und 91° bis 180° nicht zueinander passen. In dem rekonstruierten Bild erscheinen außer der Verdopplung des Punktes helle und dunkle Streifen.

Die Stärke der Bewegungsartefakte hängt von vielen Faktoren ab: starke Bewegungen führen zu stärkerer Inkonsistenz der Projektionswerte und entsprechend zu deutlicheren Artefakten in den rekonstruierten Bildern. Je höher die Auflösung des Tomographen ist, desto mehr wirken sich bereits kleinere Bewegungen als sichtbare Artefakte auf das Bild aus. Die Länge der bewegungsfreien Abschnitte und entsprechend deren Anzahl beeinflusst die Stärke der Artefakte ebenfalls. Wenn z. B., wie in Abbildung 2.9, zwei größere bewegungsfreie Abschnitte vorhanden sind, kann das zu rekonstruierende Objekt im Bild doppelt und gegenseitig überlagert erscheinen. Kurze Bewegungen, bei denen sich das Objekt in einer Position nur wenige Projektionen lang befindet, führen bei kleinen Bewegungen zur einer unscharfen Rekonstruktion oder bei starken Bewegungen zur Entstehung entweder hellerer Bereiche, dem sogenannten weißen Schleier, der in Abbildung 2.9 um die verdoppelten Punkte sichtbar ist, oder zu einem Objektschatten um das Objekt herum. Entsprechend äußert sich eine langsame Änderung der Objektposition über mehrere Projektionen in einer Unschärfe des Bildes, während eine abrupte Positionsänderung in der Regel deutlicher als Bewegungsartefakt zu erkennen ist, da dabei bei ausreichend langen bewegungsfreien Abschnitten eine Verdopplung der Strukturen erkannt werden kann. Für die in dieser Arbeit relevanten Dental-CT-Daten spielt auch die Art der Bewegung eine wichtige Rolle. Die für die Dental-CT spezifischen Patientenbewegungen und dadurch entstehenden Bewegungsartefakte werden im Kapitel 4 ausführlich behandelt.

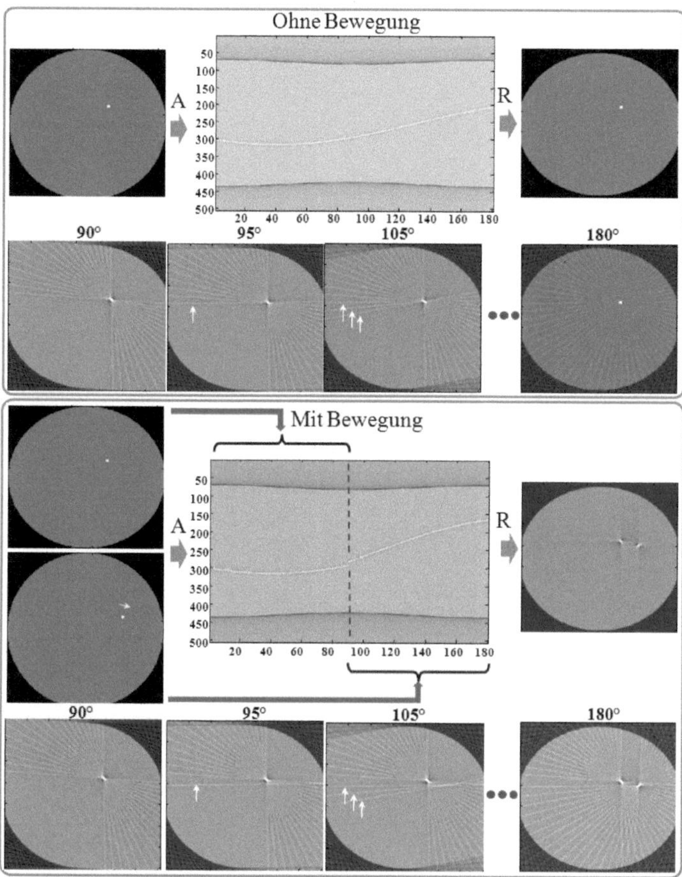

Abbildung 2.9: FBP-Rekonstruktion eines Objektes aus den Projektionsdaten. Oben ist das Objekt während der Datenakquisition (A) fest. Folglich sind die Projektionsdaten (hochpassgefiltertes Sinogramm in der Mitte) konsistent und die Rekonstruktion (R) des Originalbildes ist möglich. Unten wurde das Objekt nach der Hälfte der Akquisitionszeit rotiert. Die dabei entstehende Verschiebung des weißen Punktes wurde durch einen Pfeil verdeutlicht. Die Inkonsistenz der Projektionsdaten, die anhand eines Sprungs im Sinogramm sichtbar ist, führt zu den Artefakten in dem rekonstruierten Bild. Zur Verdeutlichung wurden für beide Fälle die Zwischenschritte des Zurückverschmierens dargestellt (das Verschmieren von jeder 5-ten Projektion bis 90°, 95°, 105° und 180°).

3

Dental-CT

Ein Dental-CT (auch als digitaler/dentaler Volumentomograph DVT bezeichnet) ist ein spezieller Typ eines Computertomographen, der ursprünglich für die Implantatplanung entwickelt wurde, aber inzwischen auch für andere Untersuchungen im Kieferbereich verwendet wird. Zu solchen Untersuchungen gehören die Diagnostik von Anomalien des Unterkiefers, die Diagnostik von Tumoren oder Läsionen oder die Therapieplanung, wie z. B. für die Weisheitszahnextraktion oder die Einbringung von Implantaten. Die genauen Informationen, sowohl über den Zustand und die Struktur des Kieferknochens als auch die Lage und den Zustand der Zahnwurzeln, können dem rekonstruierten Volumen entnommen werden. Anhand der Schnittbilder und der Volumendarstellung kann der Implantologe die günstigste Stelle zur Implantation im Kiefer, die geeignete Größe und den Durchmesser des Implantates sowie den idealen Winkel bestimmen. Ebenso wichtig ist die Darstellung des Verlaufs der Unterkiefernerven. Dies ist bei Weisheitszahnoperationen/Extraktionen im Unterkiefer von besonderer Bedeutung, da Verletzungen der Nerven zu einem kompletten Gefühlverlust am Unterkiefer führen kann.

Ein Dental-CT ist kompakter und kostengünstiger (sowohl in der Anschaffung als auch in Wartung/Betrieb) als ein konventioneller Computertomograph. Die einfacheren strahlenschutztechnischen Sicherheitsbestimmungen und die Tatsache, dass ein Dental-CT nicht nur von einem Facharzt für Radiologie, sondern auch von einem Zahnarzt betrieben werden darf, führen dazu, dass ein solches Gerät schnell und problemlos in jede Praxis integriert werden kann. Bei den meisten zahnärztlichen Fragestellungen kann dieses einen konventionellen Computertomographen ersetzen und weist eine dem CT entsprechende Messgenauigkeit auf. Zudem ist die niedrigere Strahlenbelastung für den Patienten einer der Vorteile eines Dental-CTs. Aus den genannten Gründen gewinnt die dentale Volumentomographie in der diagnostischen Bildgebung in der Zahnmedizin zunehmend an Bedeutung.

In dieser Arbeit wurde ein Dental-CT GALILEOS-System verwendet, welches von Sirona Dental Systems GmbH, Bensheim hergestellt und zur Verfügung gestellt wurde. Dieses Gerät zeichnet sich durch eine sehr niedrige Röntgendosis aus, welche $37\,\mu Sv$ - $75\,\mu Sv$ pro Aufnahme betragen kann (Durchschnittswert für die effektive Dosis einer Schädel-CT-Untersuchung beträgt ca. 1 mSv). Dieses Gerät weist mehrere Besonderheiten auf, die auf die Bewegungskorrektur einen Einfluss haben und deshalb in den nächsten Abschnitten vorgestellt werden.

3.1 Technische Realisierung

In Abbildung 3.1 ist das in dieser Arbeit verwendete Dental-CT GALILEOS-System dargestellt. Ein Patient kann sitzend oder stehend positioniert und mit Hilfe eines Aufbisses und einer Stirnstütze stabilisiert werden. Die Röntgenquelle (links) und der Detektor (rechts) befinden sich nicht wie in der klassischen CT-Situation „in der Röhre", sondern sind einzeln sichtbar. Als Detektor wird ein Röntgenbildverstärker verwendet, dessen Größe und Bewegungstrajektorie keine $360°$ Rotation um den Patientenkopf wegen der Kollision mit der Säule erlaubt. In Abbildung 3.2 ist die Akquisitionssituation schematisch dargestellt. Die Zirkulartrajektorie umfasst $204°$, auf dieser werden 200 Projektionsbilder akquiriert. Damit gehört das Dental-CT zu den so genannten „short-scan"-Geräten. Wie im Abschnitt 2.2 beschrieben wurde, um den kompletten Radonraum der Parallelstrahlgeometrie zu erhalten werden bei der Fächerstrahlgeometrie die Projektionen benötigt, die aus $180°$ plus einen Öffnungswinkel $\varphi = 2 * \psi_{max}$ (bei einem symmetrischen Detektor) aufgenommen sind. Diese Bedingung ist bei dem verwendeten Dental-CT erfüllt. Deshalb ist eine artefaktfreie Rekonstruktion in einer Zentralfläche, welche als einzige den vollständigen Radonraum aufweist, möglich. Es wird darauf hingewiesen, dass außer der verkürzten Trajektorie auch die Neigung des Detektors berücksichtigt werden muss (Abbildung 3.2 rechts).

Die Verwendung eines Röntgenbildverstärkers hat den Nachteil, dass die Detektorfläche mit einem für eine Zahnpraxis akzeptablen Preis zu klein ist, um den kompletten Kopf des Patienten auf den Detektor abbilden zu können. Die Teile des Untersuchungsobjektes liegen außerhalb des kreisförmigen Detektorsystems (Field of View, FOV). In Abbildung 3.3 ist ein Beispiel eines Datensatzes der gemessenen Projektionen dargestellt. Der Photoneneinfall kann nur innerhalb eines runden FOV gemessen werden. Bei der Darstellung der Projektionen in Matrixform ist dieser von einem „leeren", mit Nullen gefüllten Bereich umrandet. Die erfassten Projektionsdaten sind abgeschnitten (engl. truncated), d. h. die Daten sind unvollständig. Dies führt bei einer Rekonstruktion zu Bildartefakten. Da bei dem GALILEOS-System

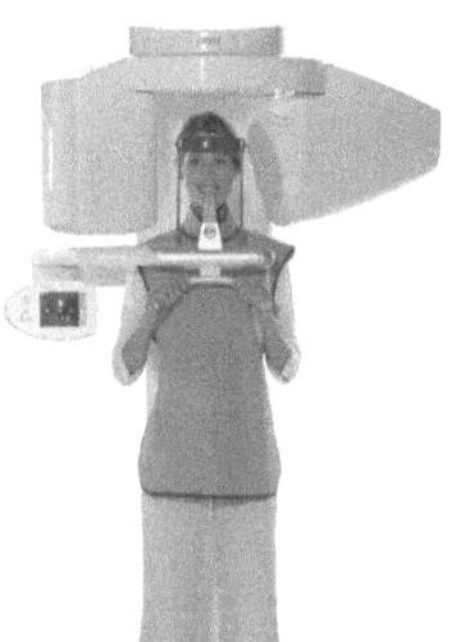

Aufnahmevolumen	12 x 15 x 15 cm^3
Isotrope Voxelkantenlänge	0,3 mm
Aufnahmedauer	14 Sekunden
effektive Belichtungszeit	2 - 6 Sekunden
Patientenpositionierung	stehend oder sitzend
Röntgenstrahler	5-7 mA, 85 kV
Röntgendosis eines Scans	37 μSv (21 mAs, 85 kV)

Abbildung 3.1: Dental-CT GALILEOS-System und dessen technische Details.

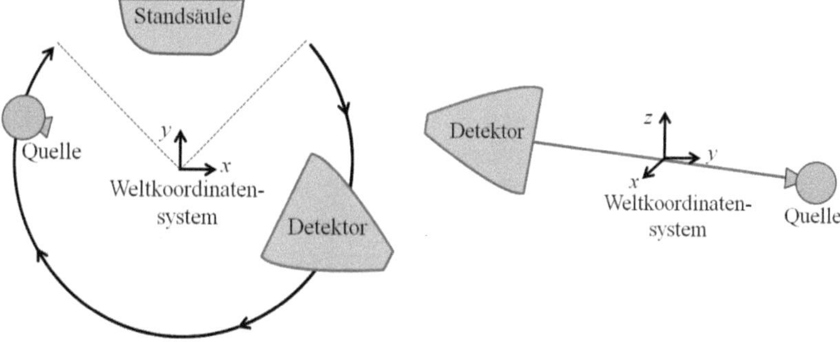

Abbildung 3.2: Bewegungstrajektorie des Quelle-Detektor-Systems (links) und die seitliche Ansicht auf die Projektionsgeometrie mit dem dargestellten Zentralstrahl, der senkrecht zum Detektor verläuft (rechts).

ein Röntgenbildverstärker von etwa 20 cm Durchmesser verwendet wird, kann nur ein Volumen von ca. 15 x 15 x 15 cm^3 rekonstruiert werden. Das Volumen erlaubt die Darstellungen der Kiefergelenke sowie der Kinnspitze und der Nasenwurzel und ist somit ausreichend für die dentale Diagnostizierung geeignet.

Der Rekonstruktionsalgorithmus benötigt wegen der oben beschriebenen Gegebenheiten, wie z. B. abgeschnittener Projektionen oder der „Kurz-Scan"-Trajektorie, mehrere zusätzliche Verarbeitungsschritte, um Artefakte zu reduzieren. Darauf wird im Abschnitt 3.5 eingegangen. Die Korrektur der Detektorwerte bzgl. der Intensität und der Distorsion eines Röntgen-Bildverstärker werden hier nicht weiterbehandelt. Es wird auf die Quellen [FMH97, Fah99] und den darin enthaltenen Referenzen verwiesen. Für die Rekonstruktion wurden korrigierte Projektionen verwendet. Das Konzept der Projektionsmatrizen wird vorgestellt. Dies ist wegen der vom Idealfall

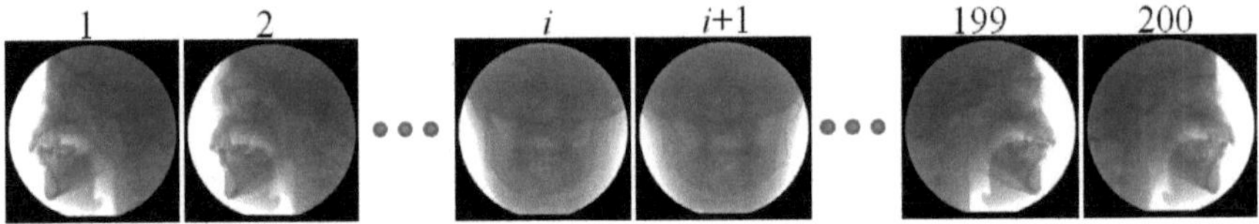

Abbildung 3.3: Die abgeschnitten Projektionsbilder eines Kopfphantoms. Der Bereich um das FOV enthält keine Messwerte und wird bei der Matrixdarstellung mit Nullwerten belegt.

abweichenden Geometrie der Rekonstruktion und Simulation (Vorwärtsprojektion) unerlässlich.

3.2 Diskretisierung und Rückprojektion

Sowohl die Qualität der rekonstruierten Schnittbilder als auch die Laufzeit des FDK-Rekonstruktionsalgorithmus hängen stark davon ab, wie das letzte Integral im Schritt drei des Algorithmus (Abschnitt 2.4) bestimmt wird. Bedingt durch die technische Realisierung des Detektors liegen die Projektionsdaten nach der Akquisition in einer diskreten Form vor und werden für die Weiterverarbeitung in einer Matrix gespeichert. Der Wert eines Matrixelementes (Pixels) entspricht der an einer Detektorzelle gemessenen durchschnittlichen Intensität der einfallenden Röntgenstrahlung. Als Position eines Pixels innerhalb des Detektors wird die Mitte des Pixels verwendet (in Abbildung 3.4 als Punkte veranschaulicht). Die Beschreibung der Positionen der Detektorelemente kann in zwei Koordinatensystemen stattfinden. Das erste Koordinatensystem hat den Ursprung in der Mitte des Detektors. Für ein ideales System kann dieser Ursprung der Projektion des Zentralstrahls entsprechen (Abbildung 3.4 ab-Koordinatensystem). Die Achsen eines solchen Koordinatensystems verlaufen parallel zu den Achsen des Weltkoordinatensystems. Deswegen ist so ein Koordinatensystem sehr komfortabel, um den Schnittpunkt eines Strahls mit dem Detektor zu bestimmen. Das zweite Koordinatensystem hat den Koordinatenursprung in einer Ecke des Detektors und ist damit besser für das Zugreifen auf die in der Matrix gespeicherten Projektionswerte geeignet und wird als Pixelkoordinatensystem (in Abbildung 3.4 uv-Koordinatensystem) bezeichnet. Die Transformation vom ab- in das uv-Koordinatensystem kann durch die Multiplikation

$$\begin{pmatrix} u \\ v \\ 1 \end{pmatrix} = \begin{pmatrix} -1/k_u & 0 & M/2+\Delta \\ 0 & 1/k_v & N/2+\Delta \\ 0 & 0 & 1 \end{pmatrix} \begin{pmatrix} a \\ b \\ 1 \end{pmatrix} \tag{3.1}$$

realisiert werden. Mit k_u wird die Detektorpixelgröße in Millimetern in horizontaler und mit k_v in vertikaler Richtung bezeichnet. M ist die Pixelanzahl bzw. die Anzahl der Detektorelemente in horizontaler und N in vertikaler Richtung. Als Δ ist 0.5 oder 0 zu wählen, in Abhängigkeit davon, ob die Anzahl der Detektoren ungerade oder gerade ist.

Bei dem zu rekonstruierenden Volumen handelt es sich ebenfalls um diskrete Daten. Obwohl die Verwendung von kugelförmigen symmetrischen Volumenelementen in bestimmten Fällen Vorteile gegenüber den konventionell verwendeten Kuben (Voxeln) aufweisen kann [ML96, ZKNP06, LB10], wird in dieser Arbeit wegen der Einfachheit und Robustheit eine Diskretisierung in Voxel verwendet. Der Wert eines Voxels stellt einen mittleren Schwächungskoeffizienten des Volumenelementes dar und wird über deren Mitte adressiert (Abbildung 3.4). Gegeben sei ein kartesisches Koordinatensystem mit den Achsen x, y und z und dem Ursprung im Zentrum des Volumens. Die Voxelpositionen eines Volumens, das aus $N_x \times N_y \times N_z$ Voxeln besteht, werden mit (x_i, y_j, z_t), $0 \leq i \leq N_x - 1$, $0 \leq j \leq N_y - 1$ und $0 \leq t \leq N_z - 1$, bezeichnet. Auch hier können die Voxelpositionen in einem Koordinatensystem dargestellt werden, dessen Koordinatenursprung in einer der Volumenecken liegt. Die Voxelpositionen entsprechen dabei der Nummerierung innerhalb einer dreidimensionalen Matrix. Die Transformation in das Voxelkoordinatensystem kann durch Multiplikation mit der zu 3.1 ähnlichen Matrix durchgeführt werden. Über die Position im Voxelkoordinatensystem kann auf das gespeicherte Volumen zugegriffen werden.

Auch die Projektionswinkel sind diskret. Während der kontinuierlichen Bewegung der Quelle und des Detektors wird jede 0.07 s eine Projektion akquiriert. Entsprechend wird eine Integration aus dem Schritt drei des FDK-Algorithmus (Abschnitt 2.4) durch Summenbildung realisiert

$$f(x_i, y_j, z_t) = \sum_{k=0}^{N_\theta} g(x_i, y_j, \theta_k) \cdot h_\theta(a(x_i, y_j, \theta_k), b(x_i, y_j, z_t, \theta_k)),$$

$$\text{mit } g(x_i, y_j, \theta_k) = \frac{FCD^2}{U(x_i, y_j, \theta_k)^2}.$$

$$(3.2)$$

Für jedes Voxel des zu rekonstruierenden Volumens ist demnach eine durch Gewichtung und Filterung modifizierte Summe aller Projektionswerte der Strahlen, die dieses Voxel durchdrungen haben, bestimmt worden. Auch hier bleibt zu berücksichtigen, dass die Röntgenstrahlen während der Rekonstruktion als diskrete Strahlen zu behandeln sind.

Es kann zwischen zwei Vorgehensweisen unterschieden werden. Die Erste ist ein voxelbasierter (engl. voxel-driven) Ansatz [Her80, Pet81, ZGH94]. Dabei werden für jede Projektion alle Voxel des Volumens nacheinander betrachtet. Für jeden Voxel wird die Position auf dem Detektor berechnet, an der ein das Volumen durchlaufender

Strahl den Detektor trifft. Zu diesem Zweck wird eine Gerade bestimmt, die das Zentrum des Voxels mit der Röntgenquelle verbindet (Abbildung 3.4 links). Für jede Gerade wird im nächsten Schritt der Schnittpunkt mit dem Detektor berechnet. Falls der Schnittpunkt bezüglich eines Koordinatensystems mit dem Ursprung in der Mitte des Detektors gegeben ist, wird als letzter Schritt eine Umrechnung in das Pixel-Koordinatensystem benötigt, um den Zugriff auf die in Matrixform gespeicherten Projektionswerte zu gewährleisten. Eleganter und schneller ist die Verwendung von den im nächsten Kapitel beschriebenen Projektionsmatrizen. Diese beschreiben die geometrischen Verhältnisse des Abbildungssystems und erlauben durch eine Multiplikation der Koordinate des Voxelzentrums direkt die Position deren Projektion auf den Detektor, gegeben in einem Koordinatensystem des Detektors, zu bestimmen. Entsprechend des Rekonstruktionsalgorithmus soll der Wert des Detektorpixels (modifiziert durch die vorhergehenden Schritte 1 und 2 der FDK-Rekonstruktion und mit $g(x_i, y_j, \theta_k)$ gewichtet) zu dem Wert des Voxels addiert werden. Für alle Voxel, durch welche ein Strahl durchläuft, und alle Strahlen, die das Objekt durchdringen, wird diese Vorgehensweise wiederholt. Durch das Wiederholen des Speichervorganges für alle Projektionswinkel wird die Integration aus Schritt drei des FDK-Algorithmus realisiert. Ein durch die Mitte eines Voxels verlaufender Strahl schneidet den Detektor in der Regel nicht in der Mitte eines Pixels. Um zu bestimmen, welcher Wert dabei rückprojiziert wird, sind verschiedene Vorgehensweisen möglich. Die einfachste Möglichkeit ist die Rückprojektion des Pixelwertes, innerhalb welchen der Schnittpunkt des Strahls mit dem Detektor liegt (Nächster-Nachbar-Interpolation). Typischerweise wird aber ein Wert durch eine geschicktere Interpolation (entweder linear oder mit der Hilfe unterschiedlicher Basisfunktionen) zwischen den benachbarten Pixeln ermittelt. Sowohl die Nächster-Nachbar-Interpolation als auch weitere Interpolationen liefern bei kleinen Detektorelementen Ergebnisse, die sich nicht signifikant von einander unterscheiden. Da Dental-CTs ausschließlich kleine Detektorelemente besitzen, wird bei der Verwendung der voxelbasierten Rekonstruktion die Nächster-Nachbar-Interpolation verwendet [Lew92, ZGH94, MYW99].

Wenn die Voxelgröße in Relation zur Pixelgröße des Detektors groß ist, kann die Verwendung von mehreren Strahlen, die nicht durch die Mitte des Voxels gehen, zur Verbesserung des Rekonstruktionsergebnisses führen. Da in diesem Fall der einem Voxel zuzuweisende Wert als Mittelwert der entsprechenden Projektionswerte bestimmt wird, sehen die Ergebnisse glatter aus. Allerdings steigt dabei die Rekonstruktionsdauer an. Ein Nachteil der voxelbasierten Rekonstruktion besteht darin, dass nicht gewährleistet werden kann, dass alle Pixel des Detektors in das Volumen projiziert werden. Bei der strahlbasierten (engl. ray-driven) Rückprojektion wird für jeden Punkt des Detektors der durch Gewichtung und Filterung modifizierte Messwert entlang des Weges verteilt, welcher der auf diesen Detektor

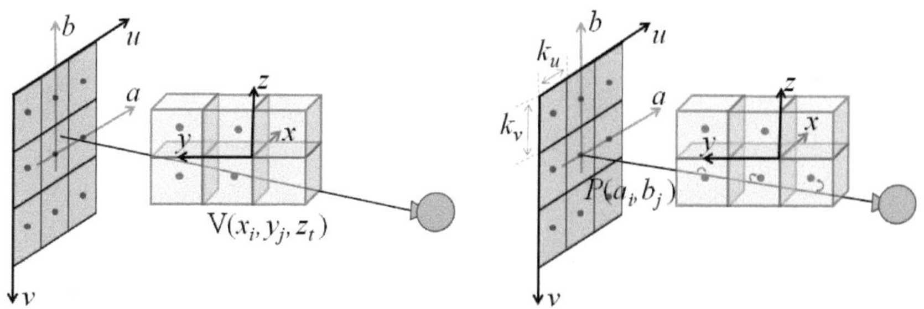

Abbildung 3.4: Veranschaulichung der Vorgehenswese bei voxelbasierter (links) und strahlbasierter (rechts) Rekonstruktion.

einfallende Röntgenstrahl zurückgelegt hat. Nachdem dies für alle Projektionswinkel durchgeführt ist, enthält jeder Voxel die gesuchte Summe.

Für einen festen Projektionswinkel werden alle Pixel des Detektors betrachtet. Für jeden Pixel wird die Gleichung der Gerade ermittelt, die diesen Pixel mit der Röntgenquelle verbindet (Abbildung 3.4 rechts). Im nächsten Schritt werden die Schnittpunkte der Geraden mit den Voxeln ermittelt. Dabei können die Schnittpunkte mit allen Voxeln des Volumens berechnet werden oder, was zu einer schnelleren Rekonstruktion führt, nur mit den Voxeln die auf dem Weg des bearbeitenden Strahls liegen [AW87, Wie07]. Da diese Vorgehensweise in dieser Arbeit auch für die Vorwärtsprojektion verwendet wird, wird auf diese im Abschnitt 3.7 näher eingegangen. Meistens ist mit „Schnittpunkt mit dem Voxel" die Ermittlung der zwei Schnittpunkte mit den Grenzen des Voxels gemeint. Wenn der Strahl Schnittpunkte mit einem Voxel aufweist, wird der Projektionswert des aktuell zu bearbeitenden Detektorelements dem Voxel zugeteilt. Dabei kann der Projektionswert mit der Länge des Strahlweges durch den entsprechenden Voxel gewichtet werden [Her80, ZG93, ZGH94].

Auch bei der strahlbasierten Rekonstruktion ist die Verwendung von Projektionsmatrizen vorteilhaft. Mit deren Hilfe können die Projektionen direkt über die einzelnen parallel verlaufenden Flächen des Volumens gesampelt werden. Dabei werden die Flächen gewählt, die durch die Voxel-Mittelpunkte gehen (mehr dazu in Abschnitt 3.4).

In Abbildung 3.5 sind Beispiele der Anwendung voxelbasierten (links und mitte) und strahlbasierten (rechts) Rekonstruktionen einer Objektschicht dargestellt. Während die voxelbasierte Rekonstruktion mit drei Strahlen pro Voxel (mitte) deutlich glatter aussieht, als wenn nur ein Strahl verwendet wird, führte die Verwendung der rechenaufwändigen strahlbasierten Rekonstruktion zu einem nicht signifikant besseren Ergebnis.

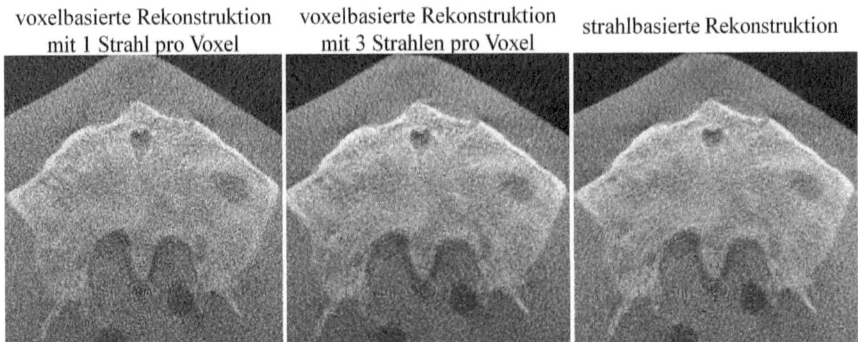

Abbildung 3.5: Veranschaulichung der Unterschiede bei voxelbasierter (links und mitte) und strahlbasierter (rechts) Rekonstruktion. Links wurde je ein Strahl pro Voxel verwendet, während bei der Rekonstruktion in der Mitte für jeden Voxel drei Strahlen benutzt wurden.

Die beiden Methoden (voxelbasiert und strahlbasiert) können in manchen Fällen zu den hochfrequenten Artefakten in den rekonstruierten Bildern führen [ZG93, MB02]. In [MB02, MB04] wurde eine Methode vorgeschlagen, die distanzbasierte Projektion (engl. distance-driven) genannt wird und die bei den anderen Rekonstruktionsarten entstehenden Artefakte vermeidet. In dieser Methode findet sowohl die Projektion der Voxel als auch die Projektion der Detektorpixel statt. Damit werden die beiden davor beschriebenen Methoden kombiniert. Die Fläche der Überlappung zwischen einem Voxel und einem Detektorpixel wird als Gewichtungsfaktor verwendet. Dafür werden Voxelgrenzen und die Grenzen der Detektorpixel auf eine gemeinsame Fläche (z. B. die xz-Fläche) projiziert. In der Praxis wird ein Voxel durch ein in seiner Mitte parallel zur gemeinsamen Fläche liegendes Rechteck repräsentiert. Das heißt, es werden nur die horizontalen und vertikalen Grenzen projiziert. Die Fläche der Überlappung wird dann durch die Breite des Voxels bestimmt und mit $g(x_i, y_j, \theta_k)$ normiert.

Zur Wahl des Rekonstruktionsverfahrens soll noch folgendes erwähnt werden: Das Ergebnis der Rekonstruktion hängt von dem Verhältnis zwischen der Größe der Detektorelemente und der zu rekonstruierenden Voxel ab. Wenn die Voxel relativ groß im Verhältnis zu den Detektorelementen sind, führt die strahlbasierte Rekonstruktion in der Regel zu den besseren Ergebnissen. Es werden mehrere Strahlen auf das gleiche Voxel rückprojiziert, was zu einem glatteren Ergebnis führt. Wenn die Detektorelemente viel größer sind als die Voxel, werden die Ergebnisse der strahlbasierten Rekonstruktion schlechter gegenüber der voxelbasierten Rekonstruktion sein. In diesem Fall ist es möglich, dass manchen Voxeln keine Werte zugewiesen werden und deswegen leere Bildbereiche entstehen. In dieser Arbeit wird für die Rekonstruktion die Voxelgröße von 0.2 mm gewählt. Das entspricht ungefähr der Größe der Detektorelemente. Deswegen bleiben die Qualität der Rekonstruktion und die Wahl des Rekonstruktionsverfahrens vom beschriebenen Verhältnis unbeeinflusst.

Alle drei Rückprojektionsmethoden können von der Verwendung der Projektionsmatrizen profitieren. Sowohl die Rekonstruktionsqualität als auch die Rekonstruktionsgeschwindigkeit können dadurch verbessert werden. Diese Vorgehensweise wird im nächsten Abschnitt betrachtet.

3.3 Projektionsmatrix und deren Bestimmung

Der entscheidende Schritt des FDK-Rekonstruktionsalgorithmus ist die so genannte Rückprojektion (Rückverschmieren) der gemessenen Werte (Schritt drei, Abschnitt 2.4). Für jeden Punkt des Detektors wird der durch Gewichtung und Filterung modifizierte Messwert entlang des Weges verteilt, den der auf diesen Detektor einfallende Röntgenstrahl zurückgelegt hat. Für jeden Projektionswinkel werden alle Pixel des Detektors betrachtet. Für jeden Pixel wird die Gleichung der Gerade ermittelt, die den Detektorpixel mit der Röntgenquelle verbindet. Im nächsten Schritt werden die Schnittpunkte der Geraden mit den Voxeln des Volumens ermittelt. Es können dabei entweder alle Voxel des Volumens oder nur die Voxel, die auf dem Weg des zu bearbeitenden Strahls liegen, in die Berechnungen miteinbezogen werden. Die zweite Möglichkeit führt zu einer schnelleren Rekonstruktion [AW87]. Wenn der Strahl ein oder mehrere Schnittpunkte mit einem Voxel aufweist, wird der Projektionswert des aktuell zu bearbeitenden Detektorelements dem Voxel zugeteilt. Diese Vorgehensweise muss für alle Detektorelemente und alle Projektionswinkel wiederholt werden.

Eine elegantere Realisierung des Konzeptes des Rückverschmierens, die auch voxelbasierte Rückprojektion genannt wird, kann folgendermaßen durchgeführt werden. Für einen festen Projektionswinkel werden alle Voxel des zu rekonstruierenden Volumens betrachtet. Für jeden Voxel wird eine Gerade, die durch diesen Voxel und die Röntgenquelle geht, bestimmt. Der Schnittpunkt der Geraden mit dem Detektor liefert die Position des Detektors, an der das Projektionsintegral gemessen wurde. Entsprechend des Rekonstruktionsalgorithmus soll dieser Wert (nach Gewichtung und Filterung) dem Voxel zugewiesen werden. Durch das Wiederholen des Vorganges für alle Projektionswinkel wird die Integration aus Schritt drei des FDK-Algorithmus für den vorliegenden diskreten Fall realisiert.

Es soll also für jeden Punkt des Volumens bestimmt werden, auf welches Detektorelement der Voxel durch das System projiziert wird. Wie aus dem Bereich der Computer Vision bekannt ist, kann eine solche perspektivische Abbildung eines dreidimensionalen Objektpunktes auf die zweidimensionale Bildposition mathematisch durch die so genannte Projektionsmatrix beschrieben werden. Die Röntgenquelle entspricht dem Fokus-Punkt der perspektiven Projektion. Das Zentrum des Volumens liegt im Ursprung des Weltkoordinatensystems und der Detektor entspricht der Bildebene (sehe Abbildung 3.6).

Es wird die Darstellung der Objektpunkte in 3D und der Positionen ihrer Projektionen auf dem Detektor in den homogenen Koordinaten verwendet. Diese ist bis auf einen Skalierungsfaktor eindeutig. Der Übergang von kartesischen zu homogenen Koordinaten erfolgt durch Erweiterung des Raumpunktes $\mathbf{p} = (x, y, z)^T$ zu einem Punkt $\mathbf{p}^h = (x, y, z, s)^T$, wobei s einen Skalierungsfaktor darstellt. Ein Vektor $\mathbf{v} = (x, y, z)^T$ wird erweitert zu $\mathbf{v}^h = (x, y, z, 0)^T$. Im Weiteren wird auf den Index h bei den Koordinaten verzichtet, da es sich immer um die homogenen Koordinaten handelt. Die Projektionsposition auf dem Detektor $\mathbf{u} = (u, v, t)^T$ kann in homogenen Koordinaten durch die Multiplikation der Koordinaten der Objektpunkte $\mathbf{x} = (x, y, z, s)^T$ im Weltkoordinatensystem $(X_{WKS}, Y_{WKS}, Z_{WKS})$ mit der Projektionsmatrix P bestimmt werden

$$\mathbf{u} = P \cdot \mathbf{x} \cong \begin{pmatrix} u \\ v \\ t \end{pmatrix} = \begin{pmatrix} p_{11} & p_{12} & p_{13} & p_{14} \\ p_{21} & p_{22} & p_{23} & p_{24} \\ p_{31} & p_{32} & p_{33} & p_{34} \end{pmatrix} \begin{pmatrix} x \\ y \\ z \\ s \end{pmatrix}, \tag{3.3}$$

dabei bezeichnen u und v die Pixelkoordinaten des Detektors. Der Skalierungsfaktor wird durch t repräsentiert. Dessen Bestimmung ist möglich, da die Projektionsmatrix alle Parameter enthält, die sowohl den inneren Aufbau des Abbildungssystems, wie z. B. den Abstand zwischen der Bildebene von der Strahlenquelle (Linse der Kamera in der Computer Vision) oder die Anzahl der Bildpunkte pro Millimeter, als auch die Lage und Richtung der Strahlenausbreitung (über die Lage und Orientierung der Röntgenquelle) beschreiben. Die innere Orientierung K besteht aus folgenden Komponenten:

- dem Abstand zwischen der Röntgenquelle und dem Detektor FDD,

- der Detektorpixelgröße in Millimetern k_u (in horizontaler) und k_v (in vertikaler) Richtung,

- dem Scherungswinkel θ zwischen den Detektorachsen,

- der Position des Bildhauptpunktes $h_0 = (u_0, v_0)$, in welchem der zu dem Detektor senkrecht verlaufende Strahl den Detektor trifft

und ist wie folgt definiert:

$$K = \begin{pmatrix} FDD \cdot k_u & -FDD \cdot k_u \cot\theta & u_0 \\ 0 & FDD \cdot k_v / \sin\theta & v_0 \\ 0 & 0 & 1 \end{pmatrix}. \tag{3.4}$$

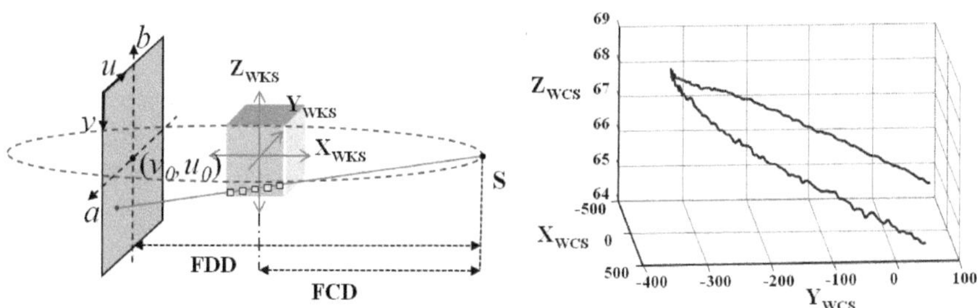

Abbildung 3.6: (Links) Die Röntgenquelle S entspricht dem Fokus der perspektivischen Projektionsgeometrie, die Beschreibung der Positionen der Punkte des Volumens und Position und Orientierung der Röntgenquelle wird im Weltkoordinatensystem $(X_{WKS}, Y_{WKS}, Z_{WKS})$ beschrieben, das typischerweise im Zentrum des Volumens liegt und deren Z_{WKS}-Achse der Rotationsachse entspricht (mit freundlichen Genehmigung von M. Kamel [Kam09]). (Rechts) Beispiel für eine durch Kalibrierung ermittelte Trajektorie der Röntgenquelle eines Dental-CT (Achsen sind in Millimetern angegeben). Deutlich sichtbar sind die ca. 3 mm große Neigung der Trajektorie und die Schwankungen zwischen aufeinander folgenden Projektionen innerhalb dieser Trajektorie.

Wenn C die Position der Strahlenquelle bezüglich des Weltkoordinatensystems und R eine die Aufnahmerichtung beschreibende Drehmatrix bezeichnet, kann die Projektionsmatrix als $P = KR[I|-C]$, wobei I eine 3×3 Einheitsmatrix ist, definiert werden. Jede Projektion besitzt eine eigene Projektionsmatrix.

Sind alle oben beschriebenen Parameter bekannt, kann P eindeutig bestimmt werden. In der Realität gibt es allerdings viele Faktoren, die dazu führen, dass ein oder mehrere Parameter unbekannt sind. Zum Beispiel kann die Trajektorie der Röntgenquelle, wie in der Abbildung 3.6 rechts dargestellt ist, einen nicht idealen Kreis beschreiben, was durch die Montage eines Gerätes verursacht werden kann. Wegen der kleinen Auflösung des Gerätes (0.2 mm) würde die Vernachlässigung solcher Ungenauigkeiten in der Bewegungstrajektorie der Röntgenquelle zu einer artefaktbehafteten Rekonstruktion führen. Vor allem für Dental-CTs und C-Arm-Systeme, dessen reale Parameter sich meistens stark von den idealisierten abweichen, ist es sinnvoll, die Abbildungsparameter und damit die Projektionsmatrizen direkt anhand des in der Realität vorliegenden Projektionsverhaltens zu ermitteln. In der Literatur sind verschiedene Kalibrierungsverfahren vorgestellt, welche die Bestimmung der Parameter des Abbildungssystems oder die direkte Ermittlung der Projektionsmatrizen beschreiben. Alle bekannten Verfahren basieren auf dem gleichen Prinzip. Es wird eine Menge der Punktkorrespondenzen verwendet ($X_i \leftrightarrow u_i$, $i \in \mathbb{N}$, wobei gilt $u_i = PX_i$). Das dabei entstehende Gleichungssystem wird nach den Unbekannten p_{ij} gelöst. Damit ein exaktes und eindeutiges Etablieren der Punktkorrespondenzen möglich ist, wird ein Kalibrierungsphantom verwendet, das aus mehreren kleinen Kugeln (Markern) besteht, wobei die dreidimensionalen Marker-Positionen X_i fest und bekannt sind. Die Kugeln sollen einen hohen Schwächungskoeffizienten aufweisen, um gut sichtbar zu sein. Jede Kugel entspricht einer Position X_i des Volumens und dessen Projektion auf den Detektor der dazu korrespondierenden Detektorkoordinate u_i. Da die Projektionsmatrix aus zwölf Unbekannten besteht und jede Punktkorrespondenz zwei Gleichungen liefert (eine für die horizontale und eine für die vertikale Detektorposition), werden mindesten sechs Marker benötigt, um das Gleichungssystem zu lösen. Da die Punktkorrespondenzen meist Fehler enthalten, wird in der Praxis eine darüber hinausgehende Anzahl an Markern verwendet und die Lösung des entsprechenden überbestimmten Gleichungssystems durch Minimierung eines Fehlermaßes bestimmt ([TV98, HZ03]).

Aus der Projektionsmatix P können einzelne sowohl intrinsische als auch extrinsische Parameter bestimmt werden. Im einfachen Fall wird angenommen, dass die Detektorpixelgrößen k_u und k_v konstant sind. Dann können die Rotationsmatix und die Kalibrierungsmatrix K aus der ersten 3×3 Teilmatrix von P durch eine QR-Zerlegung bestimmt werden [NBhM$^+$96]. Wegen der numerischen Instabilität der Matrixdekomposition ist es aber besser, andere z. B. die in [RPTP93] vorgeschlagene Methoden zu verwenden. Die Idee dabei ist, eine Fehlerfunktion von den 9 physikalischen Abbildungsparametern ξ zu definieren und diese dann zu minimieren:

$$E(\xi) = \frac{1}{N} \sum_{i=1}^{N} \left[(u_i(\xi) - u_i)^2 + (v_i(\xi) - v_i)^2 \right]. \tag{3.5}$$

Dabei bezeichnen $(u_i(\xi), v_i(\xi))$ die Bildkoordinaten des mit der Projektionsmatrix $P(\xi)$ reprojizierten i-ten Markers. Für die Minimierung wird hier die Methode der konjugierten Gradienten vorgeschlagen. Für die Rekonstruktion ist aber eine Zerlegung in die einzelnen Parametern nicht nötig. Die Projektionsmatrizen können meistens direkt verwendet werden (Abschnitt 3.4). In manchen Fällen, wie z. B. bei den so genannten C-Arm-Systemen, müssen nur die Projektionswinkel jedes Mal neu bestimmen werden, da diese für die Gewichtung, welche durch die kürzere Bewegungstrajektorie benötigt wird, verwendet werden [NBHN$^+$98]. Obwohl der für diese Arbeit relevante Dental-CT auch die verkürzte Bewegungstrajektorie hat und deshalb eine zusätzliche Gewichtung benötigt (Abschnitt 3.5), ist die Bewegungstrajektorie stabiler als bei C-Arm-Systemen. Die Projektionswinkel werden während der Kalibrierung festgelegt und bleiben unverändert. Deshalb wird hier keine zusätzliche Bestimmung der Projektionswinkel für die Rekonstruktion benötigt.

Die Kalibrierung wird meistens nur initial vor der Inbetriebnahme des Gerätes durchgeführt. Bei flexiblen mechanischen Systemen kann sich die Aufnahmebahn des Systems ändern (z. B. C-Arm-Systemen). In diesem Fall wird eine wiederholte Kalibrierung benötigt [WBN$^+$00, SDB10]. Da die Parameter sich von einer Aufnahme zur anderen ändern können, geht die Entwicklung in die Richtung der Online-Karibrierung. Dabei wird während jeder Aufnahme ein Ring mit mehreren Markern [WBN$^+$00] um den Patienten befestig und für jede Akquisition werden eigene Parameter ermittelt.

Durch die Verwendung der Projektionsmatrizen entsteht eine Reihe von Vorteilen. Die Projektionsmatrizen können im Kalibrierungsschritt ermittelt werden und beschreiben sehr präzise das Abbildungssystem. Da sowohl die Detektoren als auch die Bewegungstrajektorien in der Praxis meistens nicht ideal sind und eine Reihe von Verzerrungen aufweisen, bietet die Verwendung von einer Projektionsmatrix pro Projektionswinkel die optimale Berücksichtigung von Ungenauigkeiten des Abbildungssystems. Außerdem wird der Rückprojektionsprozess dadurch beschleunigt. Da die Projektionsmatrizen vor der Rekonstruktion bereits vorliegen, können für eine Projektionsrichtung mittels einer Vektor-Matrix-Multiplikation Projektionen aller Voxeln des Volumens bestimmt werden. Außerdem kann die Korrektur der Bewegungsartefakte, die durch die rigiden Bewegungen verursacht sind, durch die entsprechende Anpassung der Projektionsmatrix innerhalb des Rekonstruktionsprozesses realisiert werden (wenn die genauen Bewegungsparameter bezüglich des Weltkoordinatensystems bekannt sind).

3.4 Rekonstruktion mit Projektionsmatrizen

Eine elegante und schnelle Realisierung der Rückprojektion (voxelbasiert und strahlbasiert) kann, wie bereits erwähnt, mit Hilfe von Projektionsmatrizen durchgeführt werden. Vor allem für die voxelbasierte Rekonstruktion ist die Vorgehensweise intuitiv. Die Positionen aller Voxel des zu rekonstruierenden Volumens in homogenen Koordinaten werden mit der Projektionsmatrix multipliziert. Über die dabei bestimmten homogenen Pixelkoordinaten ist es nach der Normalisierung (die letzte Komponente muss eins sein) möglich, direkt auf die gespeicherten Projektionswerte zuzugreifen. Keine Zerlegung in intrinsische und extrinsische Parameter wird benötigt. Auch die Transformation zum Pixelkoordinatensystem ist damit inbegriffen. Diese Vorgehensweise kann weiter beschleunigt werden [WBN$^+$00]. Gegeben sei eine Voxelposition $(x_i, y_j, z_t, 1)$ mit $0 \leq i \leq N_x - 1$, $0 \leq j \leq N_y - 1$, $0 \leq t \leq N_z - 1$. Diese kann als eine Summe

$$\mathbf{x} = (x_i, y_j, z_t, 1) = \mathbf{x}_0 + (i \cdot k_x, j \cdot k_y, t \cdot k_z, 0)$$

dargestellt werden. Wobei mit k_x, k_y und k_z die Breite der Voxel entlang der x-, y- und z-Achse bezeichnet wird. Entsprechend gilt

$$\mathbf{u} = P\mathbf{x} = P\mathbf{x}_0 + i \cdot \mathbf{a}_x + j \cdot \mathbf{a}_y + t \cdot \mathbf{a}_z, \text{ mit}$$

$$\mathbf{a}_x = (p_{11}, p_{21}, p_{31}) \cdot k_x, \quad \mathbf{a}_y = (p_{12}, p_{22}, p_{32}) \cdot k_x, \quad \mathbf{a}_z = (p_{13}, p_{23}, p_{33}) \cdot k_z.$$

Damit ist es ausreichend, nur eine Matrix-Vektor-Multiplikation und drei Multiplikationen mit einer Konstanten durchzuführen, um $\mathbf{a}_x$, $\mathbf{a}_y$ und $\mathbf{a}_z$ pro Projektionswinkel zu bestimmen. Die restlichen Koordinaten können durch eine Addition bestimmt werden. Für jede Koordinate $\mathbf{u}$ findet eine Normierung und gegebenenfalls eine Interpolation statt. Allerdings führt die Reduktion der Matrix-Vektor-Multiplikationen zu einer deutlichen Abnahme der Berechnungszeit der Rekonstruktion.

Auch für die strahlbasierte Rekonstruktion können Projektionsmatrizen geschickt verwendet werden. Vor allem die in [RT06] beschriebene Methode, die Rektifizierung genannt wird (engl. Rectification), bietet die Möglichkeit, alle Pixel des Detektors in das zu rekonstruierende Volumen zu projizieren und dabei die Rekonstruktionsgeschwindigkeit im Vergleich zur klassischen strahlbasierten Rückprojektion zu reduzieren. Die Projektionsmatrizen können nicht invertiert werden. Deshalb ist eine direkte Umkehrabbildung der Detektorwerte auf die Volumenelemente durch Vektor-Matrix-Multiplikation nicht möglich. Der Trick bei der Rektifizierung ist, die Projektionen einzelner Schichten des Volumens zu betrachten. Für die Projektion einer Schicht des Volumens $y = y_0$ gilt

$$\begin{pmatrix} su \\ sv \\ s \end{pmatrix} = P \begin{pmatrix} x \\ y = y_0 \\ z \\ 1 \end{pmatrix} \Leftrightarrow \begin{pmatrix} su \\ sv \\ s \end{pmatrix} = \begin{pmatrix} p_{11} & p_{13} & p_{14} + y_0 p_{12} \\ p_{21} & p_{23} & p_{24} + y_0 p_{22} \\ p_{31} & p_{33} & p_{34} + y_0 p_{32} \end{pmatrix} \begin{pmatrix} x \\ z \\ 1 \end{pmatrix}. \tag{3.6}$$

Die Projektionsmatrix

$$H_{y_0 \rightarrow p} = \begin{pmatrix} p_{11} & p_{13} & p_{14} + y_0 p_{12} \\ p_{21} & p_{23} & p_{24} + y_0 p_{22} \\ p_{31} & p_{33} & p_{34} + y_0 p_{32} \end{pmatrix} \tag{3.7}$$

wird Homographie genannt und ist eine 3×3 Matrix. Es wird angenommen, dass diese Matrix invertierbar ist. Wenn die inverse Transformation $H_{p \rightarrow y_0} = H_{y_0 \rightarrow p}^{-1}$ bestimmt ist, können alle Detektorpixel $(u, v)^T$ der Projektion p durch eine Multiplikation mit der Matrix $H_{p \rightarrow y_0}$ auf die Fläche $y = y_0$ rückprojiziert werden. Nach der sukzessiven Rückprojektion von p über alle y-Flächen des Volumens kann die nächste Projektion bearbeitet werden.

Weiterhin kann eine Matrix $H_{y_0 \rightarrow y_1}$ definiert werden, die die Abbildung der Fläche

$y = y_0$ auf die Fläche $y = y_1$ gewährleistet. Da für die beiden Flächen gilt

$$\begin{pmatrix} su \\ sv \\ s \end{pmatrix} = H_{y_0 \to p} \begin{pmatrix} x \\ z \\ 1 \end{pmatrix} \quad \text{und} \quad \begin{pmatrix} su \\ sv \\ s \end{pmatrix} = H_{y_1 \to p} \begin{pmatrix} x' \\ z' \\ 1 \end{pmatrix}, \tag{3.8}$$

kann daraus

$$\begin{pmatrix} sx \\ sz \\ s \end{pmatrix} = H_{y_0 \to p}^{-1} H_{y_1 \to p} \begin{pmatrix} x' \\ z' \\ 1 \end{pmatrix}, \tag{3.9}$$

bestimmt werden. Diese Überlegungen reduzieren die Anzahl der Matrixinversionen auf eine pro Projektion. Es ist ausreichend, die Homographie einer Projektion auf eine Fläche $y = y_0$ des Volumens durchzuführen und danach die zweidimensionale Abbildung mit Hilfe der Matrix $H_{y_0 \to y_i} = H_{y_0 \to p}^{-1} H_{y_i \to p} = H_{p \to y_0} H_{y_i \to p}$ auf alle restlichen Flächen $y = y_i$ zu berechnen. Es bietet sich an, für die Homographie die Fläche $y = 0$ zu verwenden. Die Abbildungsmatrix auf die Flächen $y = y_i$ kann zu

$$H_{0 \to y_i} = H_{0 \to p}^{-1} H_{y_i \to p} = I + H_{p \to 0} Y_i \tag{3.10}$$

umgeformt werden, wobei gilt

$$Y_i = \begin{pmatrix} 0 & 0 & y_i p_{12} \\ 0 & 0 & y_i p_{22} \\ 0 & 0 & y_i p_{32} \end{pmatrix}. \tag{3.11}$$

Die Verwendung der Rektifizierung erlaubt eine deutliche Reduktion der Rekonstruktionsdauer. Da die Projektionsmatrizen fest sind, können auch die entsprechenden inversen Matrizen für die Fläche $y = 0$ im Voraus berechnet werden. Allerdings zeigte diese Rekonstruktionsmethode im Vergleich zu dem klassischen strahlbasierten Verfahren, bei dem die Weglänge des Strahls durch jeden Pixel berücksichtigt wird, kaum wahrnehmbar schlechtere Ergebnisse (Abbildung 3.7).

3.5 Spezielle Herausforderungen eines Dental-CT

Der verwendete Dental-CT besitzt zwei Eigenschaften (Abschnitt 3.1), die während der Rekonstruktion entsprechend zu berücksichtigen sind. Diese Eigenschaften werden im Weiteren mit den Stichpunkten „Rekonstruktion der Short-Scan Geometrie" und „abgeschnittene Projektionen" bezeichnet und im Verlauf des Abschnittes erklärt. Es wird mit der Beschreibung der Rekonstruktion der Short-Scan-Geometrie begonnen.

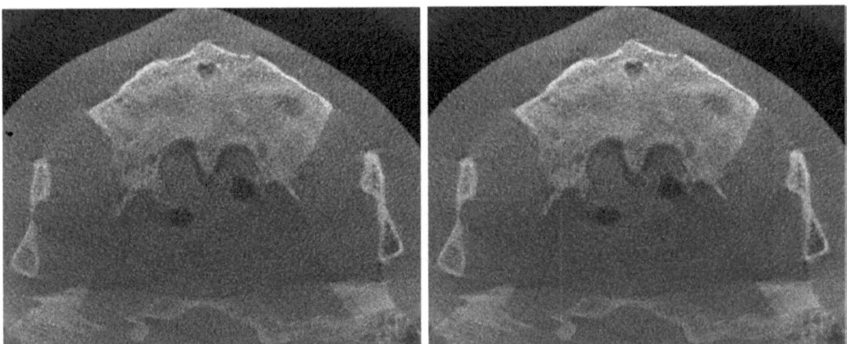

Abbildung 3.7: (Links) Rekonstruktion mit einem strahlbasierten Verfahren. Es wurden alle Pixel auf dem Weg eines Strahls berücksichtigt. (Rechts) Rekonstruktion einer Objektschicht mit dem Verfahren der Rektifizierung.

3.5.1 Short-Scan Geometrie

Während der FDK-Rekonstruktion einer kompletten zirkulären Trajektorie werden die Informationen aus den dreidimensionalen Radonflächen verwendet, die die Bewegungstrajektorie des Quelle-Detektor-Systems an zwei Stellen schneiden (die dreidimensionalen Radonflächen, die die Trajektorie nicht schneiden, werden nicht gemessen und können bei der Rekonstruktion nicht verwendet werden). Deshalb existiert bei der 360°-Rotation für jeden gemessenen Wert ein redundanter Wert, der durch die Integration entlang der gleichen Fläche gemessen wurde: Die Projektionsdaten für einen Winkel γ und den Winkel $\gamma + 180°$ sind redundant. Um einen gleichen Beitrag der beiden Werte zur Rekonstruktion zu gewährleisten, werden die Projektionswerte halbiert. Da alle Projektionswerte redundant sind, werden alle mit dem gleichen Faktor $\frac{1}{2}$ gewichtet. Für die Short-Scan-Geometrie verläuft die Verteilung der Redundanzen anders. Die dreidimensionalen Radonflächen können hier die Trajektorie zweimal, einmal oder gar nicht schneiden. Deshalb ist eine einheitliche Gewichtung in diesem Fall nicht möglich.

Der FDK-Algorithmus wird für die Short-Scan-Geometrie so modifiziert, dass die nicht komplette Datenredundanz der Projektionen über 180° berücksichtigt wird. Der entsprechende Algorithmus wird auch Short-Scan-FDK genannt und basiert auf einer zusätzlichen Gewichtung der Projektionen [WLLC94]. Diese Gewichtung wird anhand der Fächerstrahlgeometrie betrachtet.

Abbildung 3.8 dient der Verdeutlichung der Datenredundanz. Zu sehen ist eine schematische Darstellung eines Fächerstrahlsinogramms, das oft als „Parker-Sinogramm" bezeichnet wird [WEB02]. Mit θ wird der Projektionswinkel der

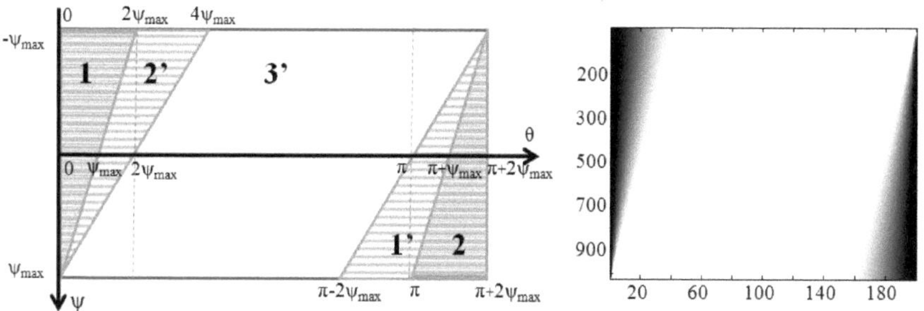

Abbildung 3.8: Links is „Parker Sinogramm" eines Short-Scan CTs dargestellt. Die Messwerte der Fächerstrahlgeometrie innerhalb der Region 3 sind redundanzfrei. Die korrespondierenden Flächen 1 und $1'$ bzw. 2 und $2'$ enthalten jeweils redundante Information und benötigen deshalb eine zusätzliche Gewichtung bei der Rekonstruktion. „Parker-Gewichtung", bestimmt für die mittlere Schicht der Dental-CT-Daten, ist rechts dargestellt. Die horizontale Achse entspricht den 200 Projektionswinkeln und die vertikale Achse der 1024 Detektorelemente.

Fächerstrahlgeometrie bezeichnet und mit ψ der Winkel zwischen einem Strahl des Fächers und dem Zentralstrahl. Entsprechend ist ψ_{max} die Hälfte des Öffnungswinkels des Röntgenfächers eines symmetrischen Detektors. Eine wichtige Eigenschaft der Fächerstrahlprojektionen ist die Gleichheit der Linienintegrale $p(\theta, \psi) = p(\theta + \pi + 2\psi_{max}, -\psi)$ zweier gegenüberliegender Strahlen [KS88]. Dies beschreibt die Verteilung der redundanten Messwerte. Die durch die Bereiche 1 und 2 des Parker-Sinogramms repräsentierten Projektionsstrahlen enthalten solche redundanten Messwerte, die auch im Bereich $2' - 3' - 1'$ zu finden sind. Die Region 1 enthält die gleiche Information, die in $1'$ gemessen wurde. Der Bereich 2 ist mit $2'$ redundant. Dies ist aufgrund der oben erwähnten Symmetrie intuitiv.

Aus obigen Überlegungen ergibt sich, dass die Projektionswerte aus dem Bereich $3'$ mit einem Faktor eins gewichtet werden müssen, da diese redundanzfrei sind. Die benötigte Gewichtungsfunktion für die restlichen Regionen soll so definiert werden, dass die Integration über die Bereiche $1'$ und $2'$ der Integration über die vier Bereiche 1, $1'$, 2 und $2'$ entspricht. Diese notwendige Bedingung bedeutet, dass die Projektionswerte mit einer Funktion $\omega(\theta, \psi)$ gewichtet werden müssen, für die gilt:

$$\omega(\theta, \psi) = \begin{cases} \rho(\theta, \psi), & 0 \leq \theta \leq 2\psi_{max} - 2\psi & (1, 2') \\ 1, & 2\psi_{max} - 2\psi \leq \theta \leq \pi - 2\psi & (3') \\ 1 - \rho(\theta, \psi), & \pi - 2\psi \leq \theta \leq \pi + 2\psi & (1', 2) \end{cases} , \qquad (3.12)$$

wobei $\rho(\theta, \psi)$ eine Funktion mit $\rho \in [0, 1]$ ist. In [Nap80] wurde gezeigt, dass die

Verwendung einer einfachen binären Gewichtung (1 bei den nicht redundanten und 0 bei den redundanten Daten) zu einer Verbesserung der Rekonstruktionsergebnisse führen kann. Dabei wurde die Gewichtungsfunktion

$$\omega(\theta,\psi) = \begin{cases} 1, & \psi_{max} - \psi \leq \theta \leq \pi + \psi_{max} - \psi \quad (2',3',1') \\ 0, & \text{sonst} \end{cases}, \tag{3.13}$$

verwendet. Die Bereiche 1 und 2, die nur redundante Informationen enthalten, werden während der Rekonstruktion vernachlässigt. Ein anderer Ansatz ist, die doppelt gemessenen Radonwerte mit einem Faktor $\frac{1}{2}$ zu gewichten ($\rho(\theta,\psi) = \frac{1}{2}$). Solche Gewichtung ist im Sinne der Rauschreduktion optimal, da die redundanten Messdaten gemittelt werden. Allerdings bringt eine solche Gewichtung sehr hohe Frequenzen in das Sinogramm ein. Nach der Anwendung eines Hochpassfilters und einer Rückprojektion entstehen starke Artefakte, die durch die scharfen Übergänge zwischen den Bereichen mit redundanten und redundanzfreien Daten verursacht werden (Abbildung 3.9 b). Deshalb werden für die Gewichtung glatte Funktionen verwendet. Eine solche Funktion ist z. B. die von D. L. Parker in [Par82] vorgeschlagene Funktion

$$\omega(\theta,\psi) = \begin{cases} \sin^2\left(\frac{\pi}{4}\frac{\theta}{\psi_{max}-\psi}\right), & 0 \leq \theta \leq 2\psi_{max} - 2\psi & (1,2') \\ 1, & 2\psi_{max} - 2\psi \leq \theta \leq \pi - 2\psi & (3') \\ \sin^2\left(\frac{\pi}{4}\frac{\pi+2\psi_{max}-\theta}{\psi_{max}+\psi}\right), & \pi - 2\psi \leq \theta \leq \pi + 2\psi & (1',2) \end{cases}, \tag{3.14}$$

die als „Parker-Gewichtung" bekannt ist und sich zum Standard bei der Gewichtung von Short-Scan-Sinogrammen entwickelt hat (Abbildung 3.8 b). Eine Erweiterung der Parker-Gewichtung für die Scan-Trajektorien, die größer als die minimal benötigten 180° plus einen Öffnungswinkel des Fächerstrahls, aber kleiner als 360° sind und die oft als „Over-Scan" bezeichnet werden, ist in [Sil00] zu finden. In [WEB02] wurde eine ausreichende Bedingung für die Short-Scan-Gewichtung aufgestellt, bei deren Erfüllung eine exakte Rekonstruktion der Fächerstrahlgeometrie garantiert ist. Es wurde auch bewiesen, dass sowohl die Parker-Gewichtung als auch deren Erweiterungen diese Bedingung erfüllen und somit für eine exakte Rekonstruktion der Fächerstrahlgeometrie (unter Verwendung idealer kontinuierlicher Daten ohne Rauschen) geeignet sind. Außerdem wurde eine neue Gewichtung, als Kombination aus Parker-Gewichtung und $\frac{1}{2}$-Gewichtung redundanter Werte, eingeführt. Diese Gewichtung führt zu den Rekonstruktionen, deren Signal-zu-Rausch-Verhältnis direkt von der Länge der „Over-Scan"-Trajektorie abhängig ist. Da ein Dental-CT eine Short-Scan-Trajektorie besitzt, entsteht hier keine Verbesserung im Vergleich zur Verwendung der Parker-Gewichtung. Eine Generalisierung der glatten Gewichtungsfunktionen wurde von Crawford und King [CK90] vorgenommen.

Bei der Rekonstruktion der Kegelstrahlgeometrie kann die Neigung des Röntgen-

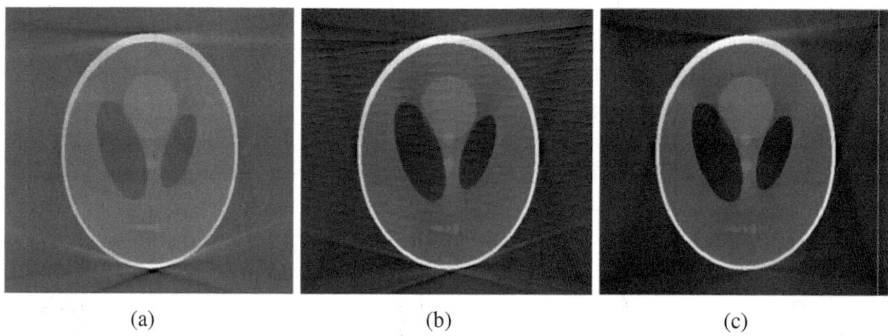

(a)   (b)   (c)

Abbildung 3.9: Rekonstruktionen der Short-Scan-Fächerstrahlgeometrie (mittlere Schicht der Kegelstrahlgeometrie): (a) ohne Gewichtung (b) mit $\frac{1}{2}$ Gewichtung der redundanten Daten und (c) mit Parker-Gewichtung.

kegels in die vertikale Richtung vernachlässigt und die aus der Fächerstrahlgeometrie bekannte Parker-Gewichtung verwendet werden [WLLC94]. In Abbildung 3.9 sind einige Beispiele für die Rekonstruktionen mit und ohne Gewichtung dargestellt. Es wurde ein Phantom erstellt, welches aus einem Stapel von 512 identischen Shepp-Logan-Kopfphantomen besteht. Mit dem in Abschnitt 3.6 näher beleuchteten Verfahren (Vorwärtsprojektion), wurde eine einfache Simulation der Datenakquisition eines Dental-CT durchgeführt. Dabei wurden die für das verwendete Gerät ermittelten Projektionsmatrizen genutzt, um die genaue Projektionsgeometrie des CTs zu simulieren. Es wurden aber keine zusätzlichen physikalischen Effekte wie Detektorempfindlichkeit, Streuung der Strahlung usw. simuliert, um die von diesen Effekten unabhängigen Zusammenhänge beobachten zu können. In Abbildung 3.9 sind die Rekonstruktionen der mittleren Schicht dargestellt. Bei der Rekonstruktion des Bildes in Abbildung 3.9 (a) wurde keine Short-Scan-Gewichtung verwendet. Die Artefakte sind entsprechend stark ausgeprägt: die hellen und dunklen Streifen an den oberen und unteren Grenzen der Strukturen sind durch die inkorrekte Gewichtung der Projektionswerte (mit $\frac{1}{2}$ für sowohl redundanten als auch nicht redundanten Werte) verursacht. Die Verwendung einer einfachen Gewichtung der redundanten Daten mit einem Faktor $\frac{1}{2}$ und der nichtredundanten mit 1 führt zu einer deutlichen Verbesserung der Rekonstruktion, was in der Abbildung 3.9 (b) deutlich zu sehen ist. Allerdings sind die durch die scharfe Grenze zwischen den redundanten und nichtredundanten Daten verursachten Artefakte deutlich sichtbar (der rautenförmiger Muster). Die Verwendung der Parker-Gewichtung zeigt hingegen die besten Rekonstruktionsergebnisse (Abbildung 3.9 c): Die Rekonstruktion ist glatt und die Grenzen der Objektstrukturen rufen keine deutlichen Streifen hervor.

In Abbildung 3.10 sind die Rekonstruktionen eines anderen, vom Zentrum des Volumens weiter entfernten Schnitts (Schnitt 400) durch dasselbe Phantom dargestellt. Die Unvollständigkeit des Radonraumes führt zur Abnahme der Projektionswerte in vertikaler Richtung und einem entsprechenden Anstieg der Artefakte. Dieser Effekt wird bei der konventionellen Parker-Gewichtung nicht berücksichtigt. Für den Fall, dass bei der FDK-Rekonstruktion identische Gewichtungen in jeder horizontalen Schicht des Objektes angewendet werden und damit nur die Redundanz innerhalb des horizontalen Fächerstrahls beachtet wird, sind die Artefakte desto stärker, je weiter die rekonstruierte Schicht von der zentralen Schicht entfernt liegt. Auch hier ist die Verbesserung der Rekonstruktion bei der Verwendung der Parker-Gewichtung (Abbildung 3.10 b) im Gegensatz zu einer Rekonstruktion ohne Short-Scan-Gewichtung (Abbildung 3.10 a) deutlich sichtbar. In [YN06] wurde eine Erweiterung der Parker-Gewichtung empfohlen, wodurch die vorgestellten Effekte auch in vertikaler Richtung berücksichtigt werden sollen. Die Anwendung der in [YN06] vorgeschlagenen Gewichtung hat für das hier verwendete Dental-CT keine signifikante Verbesserung gebracht. Da bei realen Patientendaten zusätzliche Artefakte auftreten, die sowohl durch physikalische Effekte (wie starke Absorption der Strahlen) als auch durch die Unvollständigkeit der Projektionsdaten (aufgrund der kleinen Detektorgröße) verursacht sind, ist die vorgestellte Parker-Gewichtung ausreichend. Wie in Abbildung 3.11 zu sehen ist, überwiegen in den realen Messungen die übrigen Einflüsse die durch die Short-Scan-Trajektorie entstehenden Effekte. Schon in der zentralen Schicht (Abbildung 3.11 oben) unterscheiden sich die Artefakte bei der Rekonstruktion ohne Gewichtung (a) und mit Parker-Gewichtung (b) nicht so deutlich wie bei den simulierten Daten aus Abbildung 3.9. Dies wurde anhand der Differenz beider Bilder (c) veranschaulicht. In Abbildung 3.12 unten sind die Rekonstruktionen der weiter von der Mitte entfernten Schichten mit und ohne Gewichtung (a) bzw. (b) und deren Differenz (c) dargestellt.

3.5.2 Begrenztes FOV

Die zweite Besonderheit, die hier ausführlich behandelt wird, ist die Tatsache, dass die Projektionsdaten abgeschnitten sind (engl. „truncation"). Der von uns verwendete Dental-CT enthält einen runden Röntgenbildverstärker mit ca. 20 cm Durchmesser. Wie in Abbildung 3.6 zu sehen ist, ist das mögliche FOV kleiner als der Patientenkopf. Das ist anhand des verwendeten anthropomorphen Phantoms ersichtlich. Dies führt dazu, dass die gemessenen 3D-Sinogramme inkonsistente Projektionswerte enthalten, wie in Abbildung 3.12 exemplarisch veranschaulicht ist: Die Röntgenstrahlen, die frontal durch den Kopf gehen, werden unter anderem durch die Knochen des Schädels abgeschwächt. Die Schwächungskoeffizienten des hinteren Teils des Schädels sind in den Projektionsintegralen der von vorne gemessenen Projektion (Abbildung 3.12 rechts) enthalten. In den durch die seitlich verlaufenden Strah-

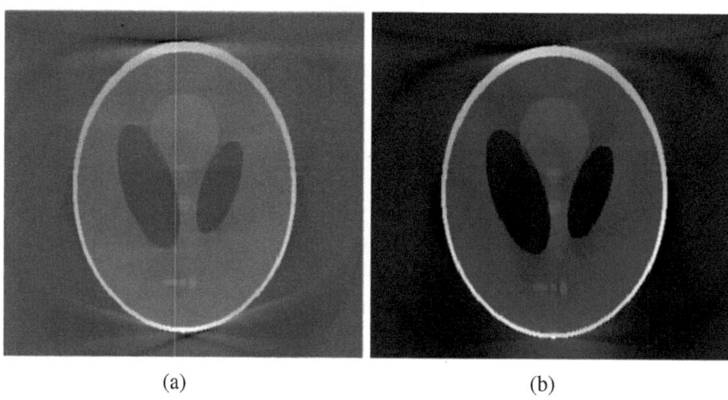

(a)   (b)

Abbildung 3.10: Rekonstruktionen einer weiter vom Zentrum entfernt liegenden Schicht (Sicht 400 von insgesamt 512 Schichten) des Phantoms: (a) ohne Short-Scan-Gewichtung und (b) mit Parker-Gewichtung.

len entstehenden Projektionen (Abbildung 3.12 links) sind dagegen mehrere der Schwächungskoeffizienten des Schädelknochens nicht enthalten.

Die iterativen Rekonstruktionsverfahren sind gegenüber dieser Dateninkonsistenz sehr empfindlich und führen deswegen schnell zu inakzeptablen Rekonstruktionsergebnissen, während die FDK-Rekonstruktion diesbezüglich robuster ist. In der oberen Reihe der Abbildung 3.13 ist ein Datensatz dargestellt, für den vollständige Projektionen vorliegen: Eine mit den Projektionsmatrizen des Dental-CTs simulierte Projektion des Shepp-Logan-Kopfphantom-Volumens (links), das Sinogramm der mittleren Schicht des Volumens (in der Mitte) und die entsprechende Rekonstruktion unter Verwendung des FDK-Algorithmus (rechts). In der unteren Reihe wurden die abgeschnittenen Projektionen verwendet (links). Das Sinogramm in der Mitte und die Rekonstruktion rechts entsprechen wie oben der mittleren Schicht.

Die Strukturen in der Mitte des FOV sind gut sichtbar, um dennoch eine möglichst genaue Bildrekonstruktion zu ermöglichen, ist ein Vorverarbeitungsschritt der abgeschnittenen, unvollständigen Projektionen erforderlich. Vor allem die Hochpassfilterung der Projektionen vor der Rückprojektion der Werte ist ein kritischer Schritt der FDK-Rekonstruktion, wenn die Projektionen nicht vollständig sind. Der Werteunterschied zwischen dem Innerem und dem Äußerem des FOV ist meistens deutlich größer als die Werteunterschiede innerhalb des FOV. Durch die Hochpassfilterung werden vor allem die Frequenzen verstärkt, die der Kante des FOV entsprechen. Die kleineren Frequenzen, die zu den gemessenen Projektionswerten gehören, werden

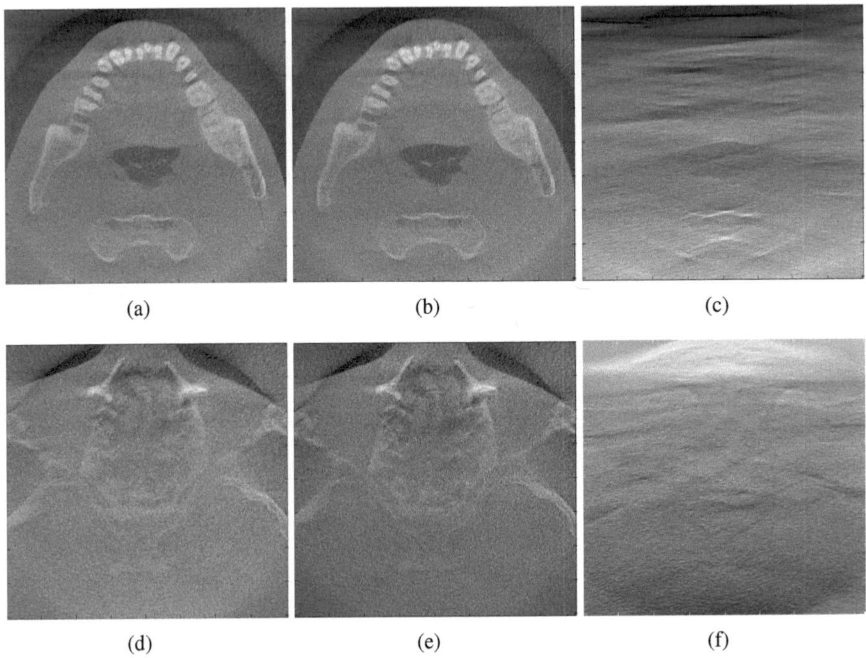

(a)   (b)   (c)

(d)   (e)   (f)

Abbildung 3.11: Rekonstruktionen zweier Schichten eines anthropomorphen Phantoms. Oben sind Rekonstruktionen einer Schicht, die in der Mitte liegt (Zentralschicht), dargestellt: (a) ohne Short-Scan-Gewichtung, (b) mit Parker-Gewichtung und (c) die Differenz beider Rekonstruktionen. Unten sind Rekonstruktionen einer Schicht, die weiter von der Mitte entfernt ist (Schicht 400 von insgesamt 512 Schichten), dargestellt: (d) ohne Short-Scan-Gewichtung, (e) mit Parker-Gewichtung und (f) die Differenz beider Rekonstruktionen.

gedämpft. Deshalb sind vor der Rekonstruktion entsprechende Extrapolationen der 3D-Projektionsdaten erforderlich, um die Kante des FOV zu entfernen.

Eine Möglichkeit dafür ist das Wiederholen eines Wertes, der an der Grenze des FOV liegt (Abbildung 3.14 am Beispiel des Shepp-Logan-Kopfphantoms). Die Hochpassfilterung erfolgt zeilenweise. Deshalb ist es wichtig, dass der FOV in horizontaler Richtung (innerhalb einer Objektschicht) keine starke Kante aufweist. In Abbildung 3.14 (c) und (d) sind die Rekonstruktionen der zwei Objektschichten dargestellt.

Ein Beispiel für die Projektionen und die Rekonstruktion des Dental-CTs für den Fall, dass keine Extrapolation der Projektionswerte außerhalb des FOV vorgenommen wird, ist in der Abbildung 3.15 dargestellt. Anhand des Ergebnisses

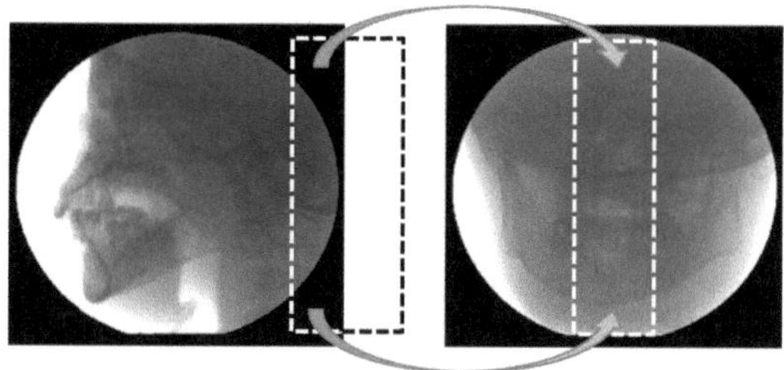

Abbildung 3.12: Messwerte der Projektionen in Grauwertdarstellung. Die Schwächungskoeffizienten eines Teils des Objektes sind nicht in allen Projektionen enthalten. Die in der rechts dargestellten Projektion enthaltenen Schwächungskoeffizienten
des hinteren Teils des Schädels sind in der links zu sehenden Projektion nicht zu
finden (durch ein Rechteck verdeutlicht).

der Hochpassfilterung (b) ist die Verstärkung der FOV-Kante deutlich zu erkennen.
Nach der Rekonstruktion solcher Projektionen erhält der Rand des Bereiches viel
höhere Werte als das restliche Volumen. Entsprechend sind bei der automatischen
Grauwertdarstellung, wobei der maximale Wert „weiß“ und der minimale Wert
„schwarz“ dargestellt ist, keine Strukturen sichtbar. Erst durch die Skalierung der
Grauwerte innerhalb eines kleinen Intervalls werden die Strukturen in der Mitte des
FOV sichtbar. Die Strukturen in der Nähe der Grenze sind auch durch die Skalierung
nicht darstellbar.

Nach der Erweiterung des FOV durch das Wiederholen der Werte der Projektionsgrenze können die Überschwinger am Rand der Projektion entstehen. Diese
Überschwinger sind durch die Hochpassfilterung verursacht und können die Rekonstruktionsqualität negativ beeinflussen. Die extremen Frequenzen, die in Abbildung
3.16 (b) am linken und rechten Rand der Projektion sichtbar sind, sollten vor der Rekonstruktion ebenfalls entfernt werden (in Abbildung 3.16 (c) mit Hilfe einer Maske
von der Größe des FOV). In der entsprechenden in (d) dargestellten Rekonstruktion
ist zwar die Position des FOV immer noch sichtbar, die Werteverteilung weist aber
keine extremen Abweichungen auf.

Alternativen Arten der Extrapolation sind ebenfalls denkbar. In Abbildung 3.17
ist ein Beispiel für die Erweiterung des FOV mit Hilfe eines Inpainting-Verfahrens
dargestellt (mit Hilfe des von John D'Errico entwickelten Algorithmus, welches als
Matlab Funktion inpaintnans.m bei der Matlab Central file exchange frei verfügbar
ist). Damit keine hohen Frequenzen an der Projektionsgrenze entstehen, die mit der
Ausmaskierung im nächsten Schritt analog wie oben entfernt werden müssen, wurde
der Rand der Projektionen auf Null gesetzt. Die Extrapolationswerte erweitern die
gemessenen Projektionswerte und fallen zur Grenze der Projektion ab, so dass nach

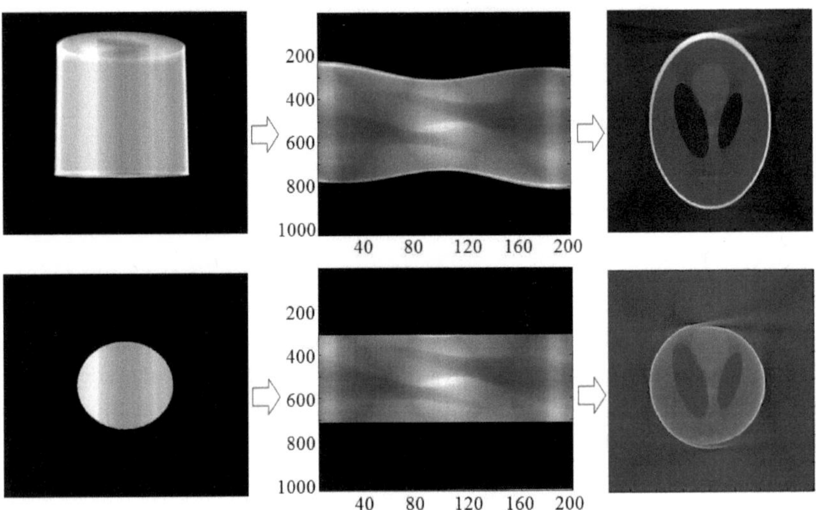

Abbildung 3.13: Oben: simulierte Projektion des Shepp-Logan-Kopfphantom-Volumens (links), das Sinogramm der mittleren Schicht des Volumens (Mitte) und die Rekonstruktion dieser Schicht (rechts). Unten: Abgeschnittene Projektion (links), das unvollständige Sinogramm der mittleren Schicht (Mitte) und die entsprechende Rekonstruktion (rechts).

der Hochpassfilterung keine extremen Werte an der Projektionsgrenze entstehen. Obwohl die Projektionsbilder in diesem Fall natürlicher aussehen (a), können nach der Anwendung des Hochpassfilters auch hier die Grenzbereiche am Rand des FOV unangemessen hohe Frequenzen aufweisen. Da bei der Extrapolation mittels Inpainting keine zusätzliche Information über die tatsächliche Schwächung der Strahlen gewonnen werden kann, aber die Methode viel zeitaufwändiger ist und die letzte Ausmaskierung nach der Hochpassfilterung auch hier benötigt wird, bringt dieses Extrapolationsverfahren für diese Arbeit keinen Vorteil.

In [OFS$^+$00] wurde eine Strategie vorgeschlagen, die in der Industrie einen großen Anklang gefunden hat und in mehreren kommerziellen CTs implementiert worden ist. Die Idee dabei ist, die Projektionswerte auf den fehlenden Bereich zu spiegeln und die erweiterten Werte so zu gewichten, dass diese zur Grenze hin kontinuierlich sinken und an der Projektionsgrenze den Wert Null erreichen. Es wurde der Kosinus-Roll-Off-Filter

$$h(a) = \cos^2\left(\frac{\pi}{2\alpha N_e}\left(a - \frac{(1-\alpha)N_e}{2}\right)\right) \tag{3.15}$$

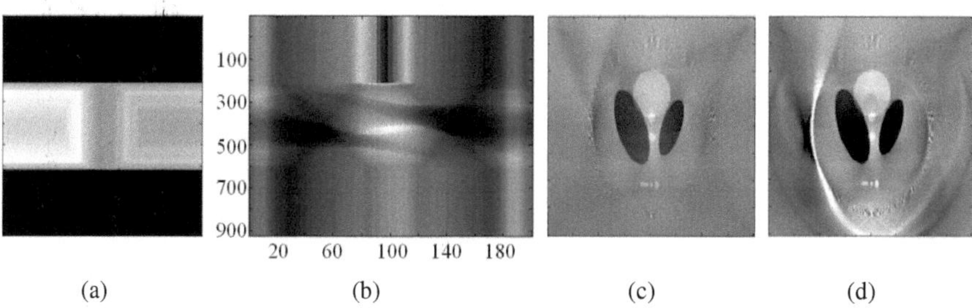

Abbildung 3.14: Extrapolation der Projektionswerte durch das Wiederholen eines Wertes, um eine Kante am Rand des FOV zu vermeiden. Erweiterte Projektion des Shepp-Logan-Kopfphantom-Volumens (a), das Sinogramm der mittleren Schicht des Volumens (b), die Rekonstruktion dieser Schicht (c) und die Rekonstruktion einer weiter von der Mitte entfernen Schicht (d).

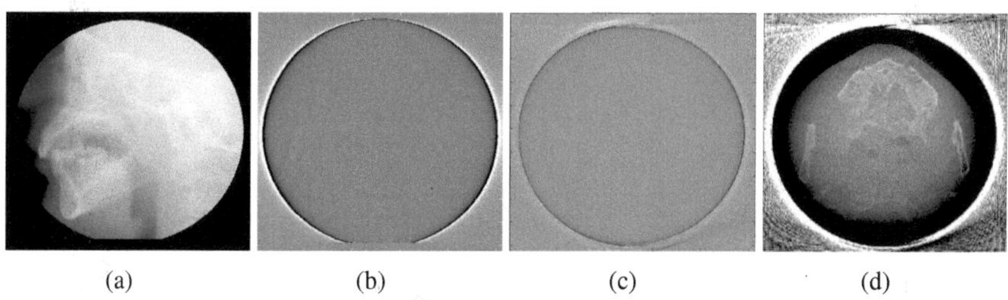

Abbildung 3.15: Erste Projektion eines anthropomorphen Kopfphantoms (a), die Projektion nach der Hochpassfilterung (b), Rekonstruktion der mittleren Schicht, wobei bei der Grauwertdarstellung zwischen maximalem und minimalem Wert skaliert wurde (zwischen -109 und 87), (c) und die Darstellung der Rekonstruktion in einer anderen Skalierung (zwischen -2 und 2) (d).

verwendet, wobei N_e die Anzahl der erweiterten Werten, α der roll-off-Faktor (wurde $\alpha = 1$ verwendet) und $0 \leq a \leq N_e - 1$ sind. Bei der Anwendung dieser Vorgehensweise für die Daten des Galileos Dental-CTs wird eine Vergrößerung der Projektionen benötigt. In der mittleren Zeile des Detektors liegt die Grenze des FOV dicht an der Projektionsgrenze. Wenn die ursprüngliche Länge des Detektors verwendet wird, muss der Kosinus-Roll-Off-Filter sehr steil sein. Das erhöht die Frequenzen im Spektralbereich und verursacht den gleichen Effekt, wie es in Abbildung 3.17 nach der Verwendung des Inpainting-Verfahrens illustriert ist. Die Vergrößerung

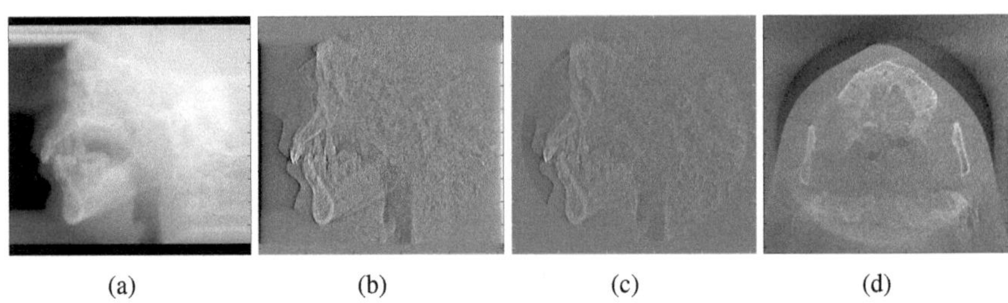

(a)   (b)   (c)   (d)

Abbildung 3.16: Extrapolation der Projektionswerte. Erweiterte Projektion eines anthropomorphen Kopfphantoms (a), die Projektion nach der Hochpassfilterung (b), Projektion nach dem Ausmaskieren des Außenbereichs des FOV (c) und die Rekonstruktion der mittleren Schicht in der automatischen Grauwertskalierung (d).

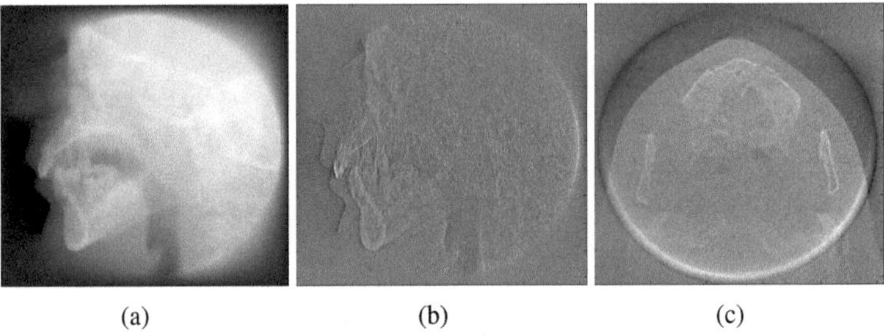

(a)   (b)   (c)

Abbildung 3.17: Extrapolation der Projektionswerte mit der Inpainting-Methode: Erweiterte Projektion (a), die Projektion nach der Hochpassfilterung (b), Rekonstruktion der mittleren Schicht des Volumens ohne zusätzliches Ausmaskieren (c).

der Projektionen in die horizontale Richtung führt zu einem größeren Zeitaufwand. Da dieser aber im Vergleich mit dem Zeitaufwand für die gesamte Rekonstruktion nicht signifikant ausfällt und die Rekonstruktionsergebnisse durch die beschriebene Erweiterung deutlich verbessert werden könnten (Abbildung 3.18), wurde bei den in dieser Arbeit durchgeführten Rekonstruktionen diese Vorgehensweise verwendet.

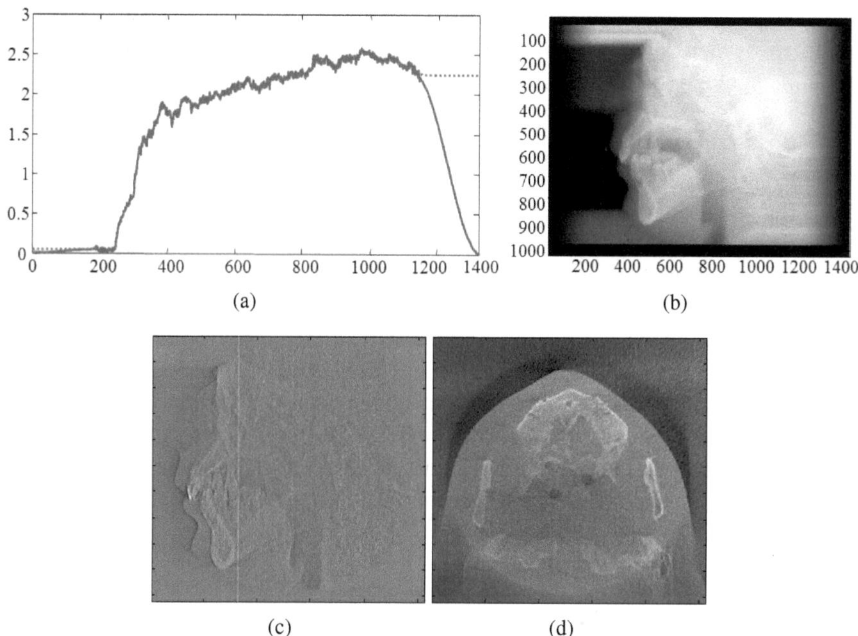

Abbildung 3.18: (a) Extrapolation der Projektionswerte durch Wiederholen der Werte an der FOV-Grenze und Verwendung des Kosinus-Roll-Off-Filters: Die Projektionswerte einer Zeile nach dem Wiederholen der Werte an der FOV-Grenze (punktierte Linie) und nach der zusätzlichen Anwendung des Kosinus-Roll-Off-Filters. (b) Die auf diese Weise aufbereitete vollständige Projektion. Die Projektion nach der Hochpassfilterung ist in (c) dargestellt sowie das Rekonstruktionsergebnis in (d).

3.6 Details der Implementierung des FDK-Algorithmus für das Galileos Dental-CT

Die in dieser Arbeit vorgeschlagene Methode der Bewegungskorrekur benötigt keine Darstellung des rekonstruierten Volumens in Hounsfield-Einheiten. Die Voxelwerte müssen auch nicht den tatsächlichen physikalisch plausiblen Werten der Schwächungskoeffizienten entsprechen. Dagegen sind eine gute Sichtbarkeit der anatomischen Strukturen und eine kurze Rekonstruktionsdauer wichtige Faktoren. Deshalb konnte eine Reihe von Vereinfachungen, wie z. B. das Verzichten auf bestimmte

Gewichtungen oder die Wahl der konstanten Intensität der Röntgenquelle I_0, vorgenommen werden. Die benötigten Rekonstruktionsschritte können folgendermaßen zusammengefasst werden:

1. Bestimmung der Projektionssummen $\phi_\theta(u,v) = -\ln\left(\frac{I(u,v)}{I(0)}\right)$ aus gemessenen Röntgenintensität $I(u,v)$ und der Intensität der Röntgenquelle I_0. Der Wert für I_0 wurde als der Mittelwert der Röntgenintensität einer leeren Messung bestimmt. Die Bestimmung des Wertes I_0 in jeder einzelnen Projektion wird hier nicht verwendet. Zum einen ist die Bestimmung eines objektfreien Bereiches und Kalkulation des Mittelwertes in diesem Bereich aufwändiger als die Verwendung eines festen Wertes. Zum anderen sind solche objektfreien Bereiche nicht in jeder Projektion und nicht bei jedem Objekt aufgrund des begrenzten FOV vorhanden. Die Verwendung eines projektionseigenen Wertes I_0 für die Projektionen, in denen objektfreie Bereiche vorhanden sind und eins Wertes I_0, der bei den Projektionen ohne objektfreie Bereiche aus den vorangehenden Projektionen bestimmt ist, führte zu keiner Verbesserung des Rekonstruktionsergebnisses.

2. Auf die Gewichtung mit dem Faktor $\frac{FCD}{\sqrt{FCD^2+a^2+b^2}} = \cos\psi\cos\phi$ wird hier nicht verzichtet, da diese Gewichtung in Form einer Matrix für alle Punkte des Detektors im Vorfeld bestimmt werden kann (Gewichtungsmaske). Außerdem weichen die Werte an der Grenze des FOVs meistens von den tatsächlichen Werten ab, so dass für eine optimale Extrapolation des FOV die Werte an der Grenze auf Null gesetzt werden müssen. Diese Vorgehensweise verkleinert zwar das FOV, führt aber nach der Hochpassfilterung zu deutlich besseren Ergebnissen. Die beschriebene Gewichtung und das Abschneiden der Grenzwerte kann mit Hilfe einer Matrix realisiert werden. Es wird angenommen, dass der FCD-Abstand bei allen Projektionen gleich bleibt. Damit handelt es sich um eine Gewichtungsmaske, die für alle Projektionen verwendet wird. Das beeinflusst die Rekonstruktionszeit unwesentlich.

3. Anwendung der Parker-Gewichung (Abschnitt 3.4) zur Kompensation der Short-Scan-Effekte.

4. Erweiterung des FOV durch das Wiederholen der Werte der Projektionsgrenze mit der gleichzeitigen Verlängerung der Breite der Projektionen und Multiplikation mit dem Kosinus-Roll-Off-Filter wie in Abschnitt 3.4 beschrieben.

5. Zeilenweise Hochpassfilterung der erweiterten Projektionen. In der vorliegenden Arbeit wird ein Hanning-Filter verwendet.

6. Die äußeren Bereiche der erweiterten Projektionen, die zum Zweck einer günstigeren Hochpassfilterung hinzugefügt worden sind, werden wieder abgeschnitten. Die hochpassgefilterten Projektionen der ursprünglichen Größe werden rückprojiziert. Die Wahl der verwendeten Rückprojektionsmethode beeinflusst die Rekonstruktionszeit, nicht aber das Ergebnis der Bewegungskorrektur. Ein Nachweis dafür folgt später. In dieser Arbeit wird die voxelbasierte Methode wegen ihrer Geschwindigkeit bevorzugt. Die Geschwindigkeitsvorteile dieser Methode kommen besonders dann zur Geltung, wenn nicht das komplette Volumen, sondern nur ein bestimmter Bereich aus dem Volumen rekonstruiert wird. Der Verzicht auf die Gewichtung mit $\frac{FCD^2}{U(x,y,\theta)^2}$ führt dann zu einer schnelleren Rekonstruktion, ohne dass eine sichtbare Verschlechterung der Rekonstruktionsqualität zu beobachten ist.

3.7 Vorwärtsprojektion

Die Erstellung der Linienintegrale eines Volumens bei einer festgelegten Abbildungsgeometrie ist in der Literatur unter dem Begriff „Vorwärtsprojektion" bekannt. Die Abbildungsgeometrie, d. h. die Position und Orientierung der Röntgenquelle und des Detektors, wird für jeden Projektionswinkel festgelegt. Für das gegebene Volumen, dessen Voxelwerte die Schwächungskoeffizienten eines Objektes bestimmen, werden Strahlenwege ermittelt, die jedes Detektorelement mit der Röntgenquelle verbinden und damit den Verlauf der Röntgenstrahlen während der Rekonstruktion simulieren. Für jeden Strahl wird ein Linienintegral bestimmt. Das Ergebnis kann als Simulation der physikalisch gemessenen Projektionen verwendet werden. Für diese Arbeit kommen drei Möglichkeiten zur Erstellung einer Vorwärtsprojektion in Frage: die Monte-Carlo-Methode, die voxelbasierte Vorwärtsprojektion und die strahlbasierte Vorwärtsprojektion. Nachfolgend werden die drei Verfahren vorgestellt, die Vor- und Nachteile der einzelnen Methoden erläutert und die praktische Anwendbarkeit für die hier behandelte Problemstellung bewertet.

Um die physikalischen Prozesse, die während der Akquisition der CT-Projektionen stattfinden, möglichst realistisch zu approximieren, kann die Monte-Carlo-Methode für die Bestimmung der Linienintegrale verwendet werden. Dabei handelt es sich um eine statistische Methode, die die Ausbreitung einzelner Röntgenphotonen modelliert, wobei sowohl die physikalischen Eigenschaften der Photonen als auch die Eigenschaften der durchdrungenen Materie berücksichtigt werden, um den Weg der einzelnen Photonen zu bestimmen. Durch das Ziehen zufälliger, gleichverteilter Stichproben und Wahl der entsprechenden Ereignisse (zum Beispiel Interaktion mit einer Materie, Änderung der Bewegungsrichtung eines Photons oder Energieaustausch zwischen einem Photon und einem Atom des Objektes), die durch die Wahrscheinlichkeitsverteilung für jede Art von Materie vordefiniert sind, wird ein

Bewegungsszenario der Photonen erstellt. Die Monte-Carlo-Simulation benötigt einen großen Rechenaufwand, da diese Vorgehensweise für eine große Anzahl an Photonen durchgeführt werden muss. Eine Reihe von Anwendungen, vor allem solche, bei denen physikalische Effekte wie Streustrahlung oder Strahlaufhärtung zu betrachten sind, benötigen so eine präzise Modellierung.

In dieser Arbeit wird die Vorwärtsprojektion verwendet, um die Bewegungsartefakte zu simulieren. Zwar werden die vorgeschlagenen Methoden auch an realen Dental-CT-Daten getestet, allerdings sollen sie auch anhand solcher CT-Datensätze getestet werden, die vergleichbar weniger Restriktionen aufweisen. Es ist zum Beispiel zu untersuchen, inwieweit die Abgeschnittenheit der Projektionen das Ergebnis der Bewegungsdetektion und -korrektur beeinflussen. Entsprechend spielt der exakte Ablauf der einzelnen physikalischen Prozesse eine untergeordnete Rolle. Das Linienintegral kann für diese Arbeit vereinfacht als die Summe aller auf dem Strahlweg liegenden Voxelwerte approximiert werden, die mit der Strahllänge innerhalb der entsprechenden Voxel zu gewichten sind. Deswegen ist die Verwendung der präzisen, aber zeit- und rechenleistungsaufwendigen Monte-Carlo Methode für die Berechnung der Vorwärtsprojektion im vorliegenden Fall weniger geeignet.

Eine weitere Möglichkeit, die Linienintegrale zu approximieren, stellt die voxelbasierte Vorwärtsprojektion dar. Dabei wird für jedes Voxel eine Gerade bestimmt, die, ausgehend von der Röntgenquelle, durch das Zentrum des Voxels verläuft. Der Schnittpunkt dieser Geraden mit dem Detektor gibt die Position des Detektors an, an der der Voxelwert zu speichern ist. Damit die Länge der einzelnen Strahlen in der Berechnung berücksichtigt wird, wird eine zusätzliche Gewichtung benötigt [ZG93, MB02]. Sofern eine Projektionsmatrix verwendet wird, erfolgt eine Multiplikation der Matrix mit den Koordinaten jedes Voxels. Dies ergibt direkt die Position auf dem Detektor, an der der entsprechende Voxelwert gespeichert (bzw. hinzu addiert) werden muss. Die voxelbasierte Vorwärtsprojektion kann in Abhängigkeit von der Größe des Volumens und der simulierten Projektionen performanter sein als die meisten aus der Literatur bekannten Methoden. Allerdings können dadurch entstehende Projektionen starke Artefakte enthalten [MB02]. So ist es auch im Fall des verwendeten Dental-CT. Wenn die entsprechenden Verläufe der Röntgenstrahlen (gegeben durch die Projektionsmatrizen) und die Auflösungen des Volumens und des Detektors verwendet werden, weisen die simulierten Projektionen starke Artefakte auf und können nicht verwendet werden.

Das dritte in dieser Arbeit präsentierte Verfahren der Vorwärtsprojektion ist die strahlbasierte Vorwärtsprojektion. Wie später gezeigt wird, weist die strahlbasierte Vorwärtsprojektion gute Ergebnisse auf und wird deshalb in dieser Arbeit verwendet. Das Verfahren basiert auf dem folgenden Prinzip: Für jedes Detektorelement (für einen festen Projektionswinkel) wird eine Gerade bestimmt, die dieses mit der Röntgenquelle verbindet. Die Schnittpunkte mit den Volumengrenzen geben die Punkte an, an denen der Röntgenstrahl in das Volumen eintritt und dieses verlässt. Auf der Strecke, die der Strahl durch das Volumen zurücklegt, werden die Volumenwerte abgetastet und aufsummiert. Die Summe dient als Approximation des Projektionsintegrals und wird an der entsprechenden Stelle des Detektorelements gespeichert. Wenn das Volumen entlang des Strahls in festgelegten äquidistanten Intervallen abgetastet wird, dauert die Vorwärtsprojektion meistens länger. Gewöhnlich werden die Abtastintervalle klein gewählt, damit alle Voxel berücksichtigt werden. Dabei ist aber eine mehrfache Abtastung eines Voxels sehr wahrscheinlich. Eine schnellere Vorwärtsprojektion kann realisiert werden, wenn die Schnittpunkte des Strahls mit den Voxelgrenzen bestimmt werden. In diesem Fall trägt jedes Voxel einmalig zum Projektionsintegral bei und dessen Beitrag kann exakt basierend auf einer Gewichtung mit der Länge des Strahlweges durch das Voxel berücksichtigt werden. Wenn die Voxel entlang eines Strahls nacheinander betrachtet werden, ist diese Vorgehensweise als Ray-Casting bekannt [Wie07]. Als Startpunkt für den Algorithmus wird einer der zwei Schnittpunkte des Strahls mit den Volumengrenzen verwendet. Durch Verwendung eines Richtungsvektors, können die Schnittpunkte des Strahls mit den einzelnen auf dem Weg des Strahls liegenden Voxeln sequentiell vom ersten bis zum letzten berechnet werden. In jedem Schritt (für jeden Voxel) wird eine sortierte Liste mit den Abständen in x-, y- und z-Richtung zu den nächstliegenden Schnittpunkten aktualisiert und somit festgestellt, welcher Schnittpunkt und damit welches Voxel als nächstes zu betrachten ist.

Zwei Iterationen des Ray-Casting-Algorithmus sind in Abbildung 28 für eine zweidimensionale Situation dargestellt. Die einzelnen Schritte des Vorwärtsprojektionsalgorithmus für ein Detektorelement (u,v) können folgenderweise zusammengefasst werden:

1. Bestimmung einer Geraden, die durch den Punkt (u,v) des Detektors und die Röntgenquelle verläuft, als Schnittpunkt zweier Ebenen

$$\begin{cases} (p_{11} - p_{31}u)x + (p_{12} - p_{32}u)y + (p_{13} - p_{33}u)z + p_{14} - p_{34}u = 0 \\ (p_{21} - p_{31}v)x + (p_{22} - p_{32}v)y + (p_{23} - p_{33}v)z + p_{24} - p_{34}v = 0 \end{cases}$$

   wobei p_{ij} die Elemente der Projektionsmatrix bezeichnen. Die Gerade ist damit im gleichen Koordinatensystem wie das Volumen beschrieben.

2. Ermittlung der Schnittpunkte der Geraden mit den Grenzen des Volumenwürfels. Dafür werden die Schnittpunkte mit den Flächen $x = x_1$, $x = x_{end}$, $y = y_1$, $y = y_{end}$, $z = z_1$ und $z = z_{end}$ bestimmt (x_1, x_{end}, y_1, y_{end}, z_1, z_{end} sind die Koordinaten der Volumengrenzen) und nur die zwei Schnittpunkte betrachtet, deren Koordinaten in den Bereichen $[x_1, x_{end}]$, $[y_1, y_{end}]$ und $[z_1, z_{end}]$ liegen.

3. Wahl eines der Schnittpunkte als Startpunkt $s_0 = (x_0, y_0, z_0)$ und Berechnung

eines Richtungsvektors r von s_0 zum zweiten Schnittpunkt. Der Abstandsvektor $(\Delta x, \Delta y, \Delta z)$ wird mit dem Nullvektor initialisiert.

4. Bestimmung der Schnittpunkte mit den Flächen $x = x_i \pm \lambda x$, $y = y_i \pm \lambda y$ und $z = z_i \pm \lambda z$ (ausgehend vom aktuellen Punkt $s_i = (x_i, y_i, z_i)$, an dem der Strahl in ein Voxel eintritt), wobei λx, λy und λz die Größe eines Voxel in x-, y- und z-Richtung bezeichnen. Ob Addition oder Subtraktion gewählt wird, hängt von der Bewegungsrichtung entlang des Strahls ab. Die Vorzeichen des ersten und letzen Punktes (Eintritt in das Volumen und Austritt des Strahls aus dem Volumen) und der Richtungsvektor r geben Aufschluss darüber, welche Operation zu verwenden ist.

5. Speicherung in einem Vektor (a_x, a_y, a_z) der Abstände zu den drei Schnittpunkten. Der Punkt $(x_{i+1}, y_{i+1}, z_{i+1})$, der im nächsten Schritt als Startpunkt der Berechnungen dienen wird, ist der Punkt mit dem kleinsten Abstand zum aktuellen Punkt, d. h. der Punkt, der $a_{\min} = \min\{a_x, a_y, a_z\}$ entspricht. Wenn R die Richtung bezeichnet, in der der nächste Schnittpunkt liegt, wird durch $R \in \{x, y, z\}$ mit $a_{\min} = a_R$ definiert, welcher Eintrag der Liste der Schnittpunktkoordinaten und welcher Abstandsvektor im nächsten Schritt aktualisiert werden sollen.

6. Addition des mit dem $a_{\min}$ gewichteten Wertes des aktuellen Voxel (x_i, y_i, z_i) zum Wert des Linienintegrals.

7. Aktualisierung des Abstandsvektors $(a_x, a_y, a_z) = (a_x - a_{\min}, a_y - a_{\min}, a_z - a_{\min})$.

8. Gehe zu Punkt 4, falls $(x_{i+1}, y_{i+1}, z_{i+1})$ nicht der Austrittspunkt des Strahls aus dem Volumen ist. Man beachte, dass in jedem Durchlauf nur der Schnittpunkt mit $R = R_i \pm \lambda_R$ und der Abstandsvektor a_R, der zuvor Null ist, bestimmt wird. Die beiden vorher bestimmten verbleibenden Schnittpunkte mit den anderen Achsen müssen nicht neu bestimmt werden.

Der Algorithmus zur Erstellung eines Projektionsintegrals muss für alle Detektorelemente wiederholt werden. Die Vorgehensweise kann etwas beschleunigt werden, indem für das verwendete Volumen zunächst die Projektionselemente der Volumengrenzen auf dem Detektor bestimmt werden, zum Beispiel durch Multiplikation der Projektionsmatrix mit den Positionen der Volumenecken, und lediglich die Detektorpunkte betrachtet werden, die innerhalb des berechneten Projektionsbereiches liegen.

Die Verwendung der Ray-Casting-basierten Vorwärtsprojektion erlaubt die Erstellung von rauschfreien, vollständigen Projektionen, die Dank der Projektionsmatrizen des verwendeten Dental-CTs als rauschfreie Alternative ohne Truncation-Artefakte

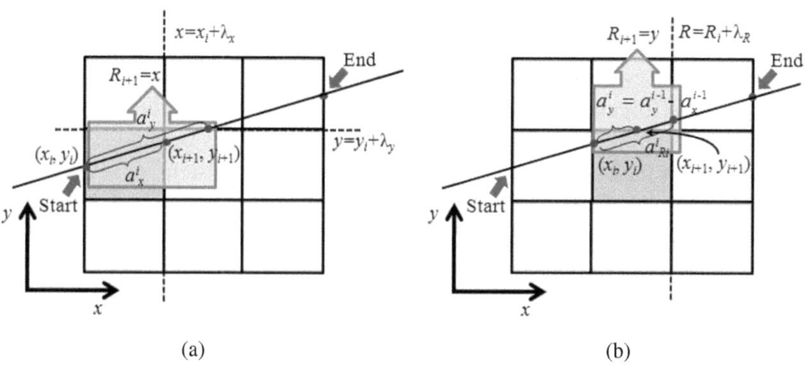

Abbildung 3.19: Darstellung der Vorgehensweise des Ray-Casting-Algorithmus, wobei zur Veranschaulichung die Reduktion der Situation auf den zweidimensionalen Fall gewählt wurde. Im ersten Schritt (links) wird die Bestimmung der Schnittpunkte mit x- und y-Achse (im dreidimensionalen Fall zusätzlich auch mit der z-Achse) durchgeführt, während es im nächsten Schritt (rechts) ausreicht, einen Schnittpunkt mit der Achse R zu bestimmen.

verwendet werden können. Durch eine Modifikation der Projektionsmatrizen (Abschnitt 5.3) können auch die Bewegungen des zu untersuchenden Objektes simuliert werden.

3.8 Bewegung in der Dental-CT: Eingrenzung des Problems

Die Ursachen und Auswirkungen von Patientenbewegungen in verschiedenen medizinischen Modalitäten sind ein aktuelles und aktiv erforschtes Gebiet der Wissenschaft. Vor allem bei PET und SPECT, wo auf Grund von langer Akquisitionszeit dieses Problem besonderes häufig auftritt, wurden mehrere Studien mit Patienten und Testpersonen durchgeführt. Zum Beispiel in [GDWGE97, IPBW$^+$00, PBL$^+$02] beschäftigen sich die Autoren mit der Bewegungsproblematik in PET und SPECT. Im Fall des Dental-CTs unterscheidet sich die Aufnahmesituation entscheidend: Die Datenakquisitionsdauer ist wesentlich kürzer, allerdings ist das Auftreten von Kopfbewegungen wahrscheinlicher, da der Patient während der Aufnahme typischerweise steht. Außer eher seltener auftretenden Bewegungsgründen wie Husten oder Niesen, kann man eine Reihe der Ursachen für eine mögliche Bewegung während der Dental-CT-Aufnahme nennen, wie zum Beispiel die Kopfbewegungen, die durch

Atembewegungen des Brustkorbes verursacht sind, oder durch Schmerzen bedingte Reflexe. Besonderes bei Patienten, die unter bestimmten Krankheiten leiden, kann die Intensität der Bewegungen stark ansteigen. Die meisten Bewegungen sind aber durch visuelle Verfolgung der im Raum befindlichen Objekte (vor allem der beweglichen Teile des Dental-CTs) bedingt. Die offene Bauweise eines Dental-CT trägt zum Wohlbefinden des Patienten bei, da hier nicht die Situation entsteht, dass ein Patient sich „in der Röhre" befindet und potenziell unter Klaustrophobie leidet. Dafür aber bewegen sich Röntgenquelle und Detektor einzeln vor den Augen des Patienten. Dies führt dazu, dass diese sich bewegenden Teile unbewusst von den Patienten mit den Augen verfolgt werden und dabei der Kopf mitbewegt wird.

Die Bewegungen und daraus entstehenden Artefakte der konventionellen CT sind weitgehend untersucht. Als eine Übersicht wird [WSK⁺03] empfohlen. Die einzige in der Literatur beschriebene Studie, die sich mit den Patientenbewegungen im Dental-CT beschäftigt, wurde in [BBC⁺08] vorgestellt. Die Ergebnisse dieser Studie werden hier kurz skizziert. Es wurden 63 Testpersonen in einem Dental-CT stehend, sitzend und liegend positioniert und deren Bewegungen mit einer Stereo-Kamera (Easy Track-500 System) aufgenommen. Nur die Rotationsbewegungen um eine beliebige Achse wurden betrachtet. Das heißt, dass die Orientierung der Achse unwichtig war und nur die Stärke der Bewegungen erfasst wurde. Wie zu erwarten, bewegten sich die Testpersonen im Liegen am wenigsten während die Bewegungen im Stehen am stärksten waren. Die Rotationswinkel lagen in 68% der Fälle (innerhalb einer mittleren Standardabweichung σ, bestimmt für alle Tests einer Positionierungsart) im Bereich von $\pm 0.3°$ bei liegenden Personen, $\pm 0.5°$, wenn die Testpersonen saßen, und $\pm 0.6°$ bei stehenden Personen. Da die Datenakquisition typischerweise an stehenden Patienten vorgenommen wird, ist dieser Fall hier besonders interessant. In dieser Arbeit wird zwischen mittelstarken und starken Bewegungstrajektorien unterschieden. Wenn der Mittelwert der Rotationsstärke einer Testperson während einer Datenakquisition innerhalb der mittleren Standardabweichung σ liegt, ist die entsprechende Bewegungstrajektorie mittelstark, d. h. die Testperson hat sich dabei durchschnittlich stark bewegt. Die Histogramme aller Rotationswinkel solcher Trajektorien gaben einen Eindruck über die Verteilung der Rotationswerte bei den Personen, denen es eher gelungen ist, sich während der Aufnahme nicht zu bewegen. Für die aufrechte Positionierung der Testpersonen lagen die gemessenen Rotationswinkel solcher Trajektorien zwischen $0.4°$ und $1.2°$ mit dem am häufigsten auftretendem Wert von $0.5°$. Bei sitzenden Personen lagen die Werte nahezu im gleichen Bereich ($0.325°$ bis $1°$) mit dem häufigsten Wert bei $0.45°$. Sofern der Mittelwert der Rotationen einer Testperson außerhalb der Standardabweichung σ liegt, hat sich die Testperson überdurchschnittlich stark bewegt, wobei dieser Fall auch bei gesunden, kooperierenden Testpersonen auftrat. Bei der Darstellung der Rotationswerte solch starker Trajektorien in Form eines Histogramms

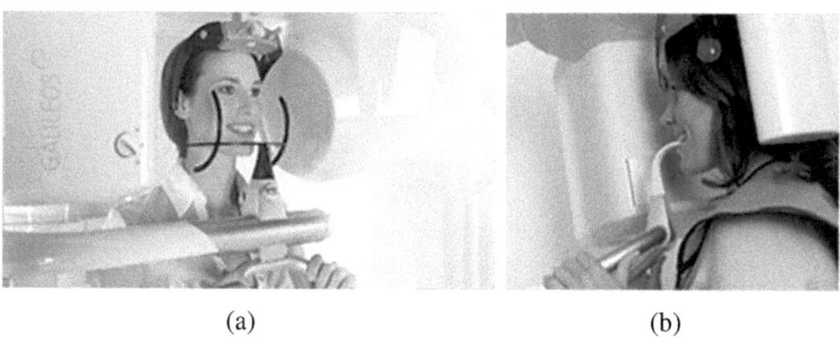

(a)   (b)

Abbildung 3.20: Zwei unterschiedliche Vorrichtungen zur Fixierung des Patientenkopfes.

wurde festgestellt, dass die Rotationswinkel zwischen $0.875°$ und $1.75°$ lagen und fast gleichmäßig in diesem Intervall verteilt sind (mit einer leichten Anhäufung der Rotationswerte bei $0.95°$). Im Sitzen lagen die Werte zwischen $0.625°$ und $1.45°$. An der Studie nahmen gesunde Testpersonen teil. Es ist deswegen zu erwarten, dass im Fall von akuten Schmerzen oder Krankheit eher stärkere Bewegungen stattfinden werden.

In dieser Arbeit werden bei der Bewegungsdetektion und -korrektur sowohl Rotations- als auch Translationsbewegungen betrachtet, da nicht rigide Verformungen relevanter Strukturen während einer CT-Aufnahme nicht zu erwarten sind. Dabei sind die Rotationen um die vertikale Achse, aufgrund der durch die Verfolgung der Quelle- und Detektorbewegung hervorgerufenden Drehungen des Kopfes nach links und rechts, von besonderem Interesse. Die selteneren Bewegungen, bei denen Ober- und Unterkiefer des Patienten unabhängig voneinander bewegt werden, sind nur insoweit von Interesse, als dass diese in mehrere räumlich getrennte rigide Bewegungen unterteilt werden können. Die Ermittlung der Bewegungsparameter kann deshalb nicht für das gesamte Volumen ermittelt werden, sondern jede Rekonstruktionsschicht muss gesondert betrachtet werden. In Bezug auf die oben vorgestellte Studie wurden in dieser Arbeit Rotationsbewegungen mit einem Winkel zwischen $0.2°$ und $2°$ betrachtet. Für die Translation wurden Verschiebungen von 0.2 bis $2\,\mathrm{mm}$ berücksichtigt.

Die Bewegungen können durch die mechanische Fixierung des Patientenkopfes gemindert werden. In Abbildung 3.20 sind zwei Vorrichtungen dargestellt, die bei dem Galileos Dental-CT verwendet werden können. Gemäß den Erfahrungen mit Patientenbewegungen in konventionellen CTs [WCNMS98, EWC$^+$00, THGC91] lassen sich dadurch die Bewegungen nicht komplett vermeiden. Entsprechend sind die Softwareverfahren der Bewegungskorrektur nach wie vor erwünscht.

4 Bisherige Arbeiten zur Bewegungsdetektion und Bewegungskorrektur

Die Problematik der Patientenbewegung besteht so lange wie die tomographischen Verfahren selbst. Deshalb wurden mehrere Methoden entwickelt, um Bewegungen zu verhindern oder durch die Bewegungen entstandene Artefakte zu korrigieren. Solche Methoden und deren Güte sind bisher vor allem für die Positronen-Emissions-Tomographie (PET) oder Single Photon Emission Computed Tomography (SPECT) untersucht worden. Im Bereich der CT sind solche Betrachtungen kaum zu finden. Der Grund dafür ist die Verkürzung der Akquisitionszeiten im Zuge der Weiterentwicklung der Computertomographen. Im Gegensatz zu den ersten Tomographen, die parallelverlaufende Strahlen und ein verschiebbares Detektorelement verwendeten und deshalb mehrere Minuten für eine einzelne Schichtaufnahme benötigten, brauchen moderne Computertomographen durch Reduktion der benötigten mechanischen Verschiebungen nur wenige Sekunden, um die komplette Akquisition durchzuführen. Dadurch wird nicht nur der Komfort des Patienten und des Arztes erhöht, sondern auch die Wahrscheinlichkeit einer Bewegung des zu untersuchenden Objektes, die für die Aufnahme störend sein kann, reduziert. Da bei dem in dieser Arbeit im Fokus stehenden Dental-CT eine Verkürzung der Akquisitionsdauer nicht möglich ist, werden die Ansätze zur Beschleunigung der Akquisitionszeit nicht weiter betrachtet. Techniken zur Fixierung des Patienten oder Steigerung dessen Komforts durch eine bequeme Positionierung sind für diese Arbeit ebenfalls irrelevant, weil das Problem dadurch nicht gelöst, sondern lediglich reduziert wird. In dieser Arbeit wird deshalb eine algorithmische Lösung für das Problem der Bewegungsartefaktreduktion vorgeschlagen, die weder von der Positionierung des Patienten noch von der Geschwindigkeit der Aufnahme abhängig ist.

Die aus der Literatur bekannten Vorgehensweisen der Bewegungserkennung und -korrektur können in drei Zweige aufgeteilt werden und werden im Verlauf dieses Abschnittes vorgestellt. Bei dem ersten Ansatz werden zuerst die Bewegungsstellen und die Bewegungsparameter unter Verwendung externer Sensoren (Abschnitt 4.1) gemessen. Nachdem die Bewegungsparameter bekannt sind, werden die akquirierten Projektionen unter Berücksichtigung der ermittelten Parameter rekonstruiert. So kann bei dem verwendeten Dental-CT während der Feldkamprekonstruktion die Projektionsmatrizen so modifiziert werden, dass die „Rückverschmierungen" der Projektionen entlang der korrekten Richtungen der Röntgenstrahlenausbreitung durchgeführt werden.

Da die Überwachung des Patienten mit Kamera- bzw. Trackingsystemen aus mehreren in Abschnitt 4.1 beschriebenen Gründen für das Dental-CT nicht möglich ist, wird in dieser Arbeit ein Softwareverfahren entwickelt, das nur die aufgenommenen Projektionsdaten verwendet, um die Bewegungsparametern zu schätzen und eine verbesserte Rekonstruktion zu erhalten. Wenn keine externen Sensoren verwendet werden, stellt die Ermittlung der Bewegungsparameter ein komplexes und nicht immer lösbares Problem dar. Deshalb ist die approximative Ermittlung der Bewegungsparameter ein zentraler Punkt in der Bewegungskorrekturproblematik.

Die zwei weiteren Vorgehensweisen sind softwarebasiert und implizieren die Approximation der Bewegungsparameter aus den Projektionsdaten. Bei der einen Gruppe der Verfahren werden im ersten Schritt die Bewegungszeitpunkte ermittelt. Danach findet eine Aufteilung aller gemessenen Projektionen in bewegungsfreie Zeitabschnitte statt. Jeder der bewegungsfreien Abschnitte wird unabhängig von den anderen behandelt. Die Verbesserung der Rekonstruktion findet im nächsten Schritt statt. Dabei kann die Manipulation zur Verbesserung der Rekonstruktionen entweder durch die Veränderung der Projektionen oder im Bildbereich (zum Beispiel durch Registrierung der Teilrekonstruktionen der einzelnen bewegungsfreien Abschnitte) durchgeführt werden. Alternativ kann ein modifiziertes Rekonstruktionsverfahren angewendet werden. Die letzte Gruppe der Verfahren benötigt keine Ermittlung der Bewegungszeitpunkte. Die Bewegungsparameter werden als zusätzliche unbekannte Variablen bei dem Minimierungsprozess der iterativen Rekonstruktion behandelt und parallel zur Rekonstruktion ermittelt. Ein wesentlicher Nachteil solcher Verfahren ist deren für die klinische Praxis unakzeptabler Zeitverbrauch durch die Verwendung der iterativen Rekonstruktion für die Korrektur der Bewegung.

Ein besonderer Aspekt solcher Verfahren ist die Bewegungsdetektion (d. h. die Ermittlung der Zeitpunkte, an denen eine Bewegung stattfand). Obwohl durch die Bewegungsdetektion an sich keine Information über die für die Reduktion der

Bewegungsartefakte benötigten Bewegungsparameter zur Verfügung steht, ist die Verwendung solcher Methoden sehr wichtig: Wenn bei einem Objekt, das keine Eigenbewegung besitzt, zu Beginn einer Aufnahme eine Bewegung detektiert wurde, deutet dies darauf hin, dass das Objekt nicht ausreichend fixiert wurde. In diesem Fall kann es nützlich sein, statt eine aufwendige Bewegungskorrektur durchzuführen, die aktuelle Aufnahme zu unterbrechen, das Objekt besser zu fixieren und danach eine neue Aufnahme auszuführen. Bei einer langen Datenakquisitionszeit, wie es bei den Micro-Computertomographen zur Materialprüfung der Fall ist, ist es wünschenswert, dass das Auftreten einer Bewegung so früh wie möglich dem Benutzer mitgeteilt wird. Der primäre Grund für das Interesse an der Bewegungsdetektion in dieser Arbeit ist folgender: verschiedene Methoden der Bewegungskorrektur (darunter auch die in dieser Arbeit vorgestellte) benötigen die Aufteilung aller Projektionen in die Gruppen, deren Projektionen der gleichen Position des untersuchten Objektes entsprechen. Um die Projektionen in solche Abschnitte unterteilen zu können, wird im ersten Schritt die Detektion der Bewegungszeitpunkte durchgeführt. Auch Methoden, die an sich nicht auf der Unterteilung in bewegungsfreie Abschnitte basieren, können eine solche Aufteilung etwa zu Beschleunigungszwecken nutzen. Die Bestimmung der Bewegungsparameter ist zeitintensiv. Daher kann, wenn der Zeitpunkt der Bewegung bekannt ist, die Ermittlung der Bewegungsparameter gezielt an der Bewegungsstelle angewendet werden. Folglich wird der Gesamtaufwand reduziert.

Da die Ermittlung der Bewegungszeitpunkte oft ein einleitender Schritt für Bewegungskorrekturmethoden darstellt und meistens fest mit der Bewegungskorrekturmethode verbunden ist, wird in den nächsten Abschnitten ein Überblick über die existierenden softwarebasierten Methoden der Bewegungskorrektur und -detektion gegeben.

4.1 Verwendung externer Sensoren

Wenn die genauen Objektpositionen zu allen Zeitpunkten der Datenakquisition bekannt sind, kann eine verbesserte Rekonstruktion unter Berücksichtigung der veränderten Positionen des zu untersuchenden Objektes durchgeführt werden. Dabei werden die Bewegungsparameter bzw. die dreidimensionalen Positionen des zu untersuchenden Objektes mit Hilfe von externen Sensoren ermittelt [RRZ07, MFJ$^+$07, ZFBT06, BSR$^+$03, LRJ$^+$99].

Die höchste Genauigkeit und Robustheit gegenüber Störeinflüssen für solche Problemstellungen bieten optische Trackingsysteme, die Infrarot- oder Lasertechnologie verwenden. Diese Systeme sind allerdings auf eine direkte Sichtverbindung zwischen Emitter und Sensor angewiesen und nicht in der Lage, verdeckte Strukturen zu verfolgen [KYST$^+$00, GBWS07]. Weiterhin werden für das Objekttracking mit sechs Freiheitsgraden mehr als sechs räumlich angeordnete Marker benötigt, weil eine gewisse Redundanz aufgewiesen werden muss. Auch müssen die Marker in jeder Objektposition sichtbar sein.

Bei der Verwendung der optischen Trackingsysteme in einem Dental-CT ist eine optimale Positionierung des Emitters (bzw. Marker) und Sensors nicht möglich, weil entweder der Sensor (z. B. eine Stereokamera) innerhalb des Rotationskreises des Quelle-Detektor-Systems und damit inakzeptabel nah an dem zu untersuchenden Objekt befestigt werden müsste oder die Sichtverbindung größtenteils durch die rotierende Quelle und den Detektor unterbrochen wird. Außerdem sind optische Trackingsysteme teuer.

Ein weiterer Ansatz, um Bewegung zu detektieren nutzt die Verteilung des elektromagnetischen Feldes aus. Die in den Abmessungen vergleichsweise kleinen elektromagnetischen Sensoren können beliebig verdeckt angeordnet sein. Ein einzelner Sensor leistet das Tracking eines Objekts in sechs Freiheitsgraden. Der Hauptnachteil der elektromagnetischen Verfahren liegt in der Sensitivität der Sensoren gegenüber großen Metallobjekten und elektromagnetischen Störfeldern im Bereich des Messgebietes. Durch sorgfältiges Design des Systemaufbaus und unter Zuhilfenahme von optischen und mechanischen Kontrollmechanismen kann die Genauigkeit verbessert werden [Sie02]. Allerdings sind die durch den Betrieb eines Dental-CTs erzeugten Störungen sehr stark. Daher ist auch dieses Trackingverfahren für die Dental-Computertomographie nicht anwendbar.

Eine andere bekannte Trackingmethode verwendet Time-of-Flight-Kameras. Diese Kameras haben einige interessante Eigenschaften. In [SPH08] ist sowohl eine Gegenüberstellung zu den gängigen optischen Trackingsystemen enthalten als auch eine Evaluierung der Verwendbarkeit von Time-of-Flight-Kameras zur Atemtriggerung gegeben. Obwohl auch hier ein Sichtkontakt benötigt wird, entfällt die Befestigung von Markern, was dazu führt, dass eine solche Kamera problemlos innerhalb der Quelle-Detektor-Bewegungstrajektorie befestigt werden könnte. Aufgrund der Verwendung von Infrarotlicht bleibt die Unabhängigkeit von der Beleuchtung erhalten. Mit Hilfe von nur einer Kamera wird ein Tiefenbild erstellt, das auch bei der Ergänzung fehlender Daten nützlich sein kann. Auch die Verfolgung der relativen Bewegungen von Ober- und Unterkiefer bei dem Dental-CT könnte damit möglich sein. Die hohen Kosten der Kameras, deren niedrige Auflösung und mögliche Probleme bei Reflektionen des Lichtes an den Haaren des Patienten führten allerdings dazu, dass in dieser Arbeit die Verwendung von Time-of-Flight-Kameras nicht weiter verfolgt wurde.

Kinematisch-inertiale Trackingsysteme sind sehr sensitiv und könnten theoretisch Verwendung finden, um zu detektieren, ob eine Bewegung stattgefunden hat. Nach heutigem Stand der Technik erscheinen diese allerdings zur Ermittlung von Bewegungsparametern (und entsprechend für die dreidimensionale Verfolgung eines Punktes) nicht geeignet. Die kleinste Ungenauigkeit der Messung würde zu einer lawinenartigen Fortpflanzung des Fehlers führen [Woo07]. Dadurch weicht die errechnete Position nach kürzester Zeit deutlich von der wirklichen Position ab. Auch die Verwendung von Hybridsystemen (zusätzliche Magnetfeldsensoren und Ultraschall) scheint hier keine Abhilfe zu leisten [Kli06].

4.2 Bewegungsdetektion basierend auf Konsistenzbedingungen

Diese Gruppe der Bewegungsdetektionsmethoden beruht auf Gesetzmäßigkeiten, die die von den Bewegungsartefakten freien Projektionsdaten erfüllen. Mit Hilfe von diesen sogenannten Konsistenzbedingungen ist es möglich, nicht nur die Bewegungsstellen zu ermitteln, sondern auch bei rigiden Bewegungen, die in der Aufnahmeebene stattfinden, die Bewegungsparameter zu bestimmen.

Die Konsistenzbedingungen werden häufig für eine verbesserte Rekonstruktion, besonders bei abgeschnittenen Datensätzen, verwendet. Vor allem für die Korrektur der Bildqualität in der PET oder SPECT ist ihre Anwendung weit verbreitet. In [Bro01], [Bro00] und [Wel03] wurden die Bedingungen für die zweidimensionale exponentielle Radontransformation der Parallelstrahlgeometrie erweitert und in [Louis89] und [GDD06] für die Fächerstrahlgeometrie angepasst. Die Datenkonsistenz ändert sich ebenfalls beim Auftreten einer Bewegung. Damit kann die Verwendung der Konsistenzbedingungen für die Bewegungsdetektion und Bewegungsschätzung motiviert werden.

In [RSF07] wurde eine der Konsistenzbedingungen auf deren Anwendbarkeit zur automatischen Detektion der abrupten Patientenbewegungen in SPECT-Daten untersucht. Die Überlegungen basieren dabei auf der Konsistenzbedingung erster Ordnung [Lud66]. Diese Bedingung besagt, dass der Schwerpunkt eines Objektes bei einer Parallelprojektion immer auf den Schwerpunkt der Projektionen abgebildet wird. Die Bewegungspunkte werden durch die Abweichung der Projektionsschwerpunkte zu den Kurven ermittelt, welche durch die tomographische Geometrie vorbestimmt sind. Für die Anwendung dieser Methode muss eine Reihe von Bedingungen eingehalten werden: 1) paralleler Strahlenverlauf, 2) keine abgeschnittenen Projektionen, 3) minimale Anzahl von weiteren Artefakten (Streustrahlung, Aufhärtungsartefakte usw.). Diese Projektionsschwerpunkt-Methode wurde in der Arbeit [RSF07] mit einer im Abschnitt 4.4 beschriebenen Methode (Mean Square Difference Methode) verglichen und weist für die verwendeten simulierten SPECT-Daten das beste Verhältnis von Detektionsrate und Anzahl falsch-positiver Detektionen auf. Dabei wurden rigide dreidimensionale Bewegungen simuliert und zweidimensionale Projektionen verwendet. Bei der Erweiterung dieser Methode durch Einbeziehen der Projektionshauptachsen wurden zusätzlich zum Schwerpunkt die Winkel zwischen den Hauptachsen der Projektionen betrachtet [RSF07]. Dadurch kann zwar die Anzahl der detektierten Bewegungen erhöht werden, die Anzahl der falsch-positiven Detektionen steigt jedoch ebenfalls an.

Die Konsistenzbedingungen können auch so modifiziert werden, dass Fächerstrahlgeometrie und Bewegungsparameter berücksichtigt werden. In [YWHW06] und [YW07] wurde gezeigt, wie die angepassten Konsistenzbedingungen zur Bewegungsdetektion und Ermittlung der Bewegungsparameter verwendet werden können. In diesen Arbeiten wurde eine Methode vorgeschlagen, um die allgemeinen planaren Bewegungen eines Objektes (Translation und Rotation) in der Fächerstrahlgeometrie zu bestimmen.

In [EMKB08, Ens08] wurde untersucht, wie die Bewegungsstellen anhand eines Sinogramms bestimmt werden können. Dabei wurden Micro-CT-Daten von einem Kegelstrahltomographen verwendet. Es hat sich gezeigt, dass die Verwendung des Schwerpunktes für die Bewegungsdetektion aufgrund vorhandener Aufhärtungsartefakte nicht möglich ist. Da in dem in dieser Arbeit verwendeten Dental-CT-Gerät noch die Problematik der abgeschnittenen Projektionen und des hohen Rauschens (Niedrig-Dosis-Tomograph) hinzukommt, ist die Verwendung konsistenzbasierter Verfahren ausgeschlossen.

4.3 Sinogrammbasierte Verfahren

In diesem Abschnitt werden Vorgehensweisen zur Bewegungsdetektion und -korrektur zusammengefasst, die ausschließlich ein Sinogramm verwenden.

Die Projektionen von Punkten, die nicht im Rotationszentrum liegen, beschreiben Sinuskurven in der Sinogramm-Darstellung des Radonraums. Diese Eigenschaft kann zur Bewegungsdetektion verwendet werden, indem die Koordinaten der Projektionen eines beliebigen Punktes aus dem Sinogramm extrahiert werden. Durch die Ermittlung von Abweichungen der Projektionen von einer Sinuskurve können die Bewegungsstellen detektiert werden. Es ist jedoch oft nicht möglich, im Sinogramm die Projektionen eines einzelnen Punktes zu ermitteln. Die Überlagerung einzelner sinusförmiger Pfade macht es unmöglich, die Projektionen, die durch einen festen Punkt des Objektes gehen, im Sinogramm zu verfolgen. Bei der Verwendung der Konsistenzbedingungen zur Bewegungsdetektion aus [RSF07] wurde als fester Punkt des Objektes sein Schwerpunkt verwendet, da die Positionen der Projektionen des Schwerpunktes als Schwerpunkte der Projektionen bestimmt werden können.

Von W. Lu und T. Mackie wurde in [LM02] ein Algorithmus vorgeschlagen, der die oben beschriebene Idee zur Detektion und Korrektur von Bewegungsartefakten verwendet. Dabei wird als fester Punkt des Objektes, dessen Spur im Sinogramm verfolgt wird, ein Marker verwendet. Darunter versteht man ein Punktobjekt mit einem hohen Schwächungskoeffizienten, das an dem zu untersuchenden Objekt befestigt wird. Wegen seiner starken Schwächungseigenschaft, die wesentlich größer als die des zu untersuchenden Objektes ist, sind die Projektionen des Markers im Sinogramm deutlich heller als die restlichen Projektionen der Objektpunkte. Deshalb können die Projektionen des Markers im Sinogramm mit einfachen Mitteln extrahiert werden. Bei der beschriebenen Methode stehen die durch die Atmung des Patienten entstehenden Bewegungen im Fokus, deshalb sind zwei Skalierungsparameter (in vertikaler und horizontaler Richtung) zu bestimmen und es werden entsprechend zwei oder mehr Marker benötigt. Da die Bewegung in einer Ebene stattfindet, kann sie anhand des Sinogramms erfolgreich detektiert und korrigiert werden. Für die Detektion der nicht planaren Bewegungen kann diese Methode allerdings nicht verwendet werden.

In [Zer98] wurde eine ähnliche Vorgehensweise vorgeschlagen, die an einem Beispiel der elliptischen Objekte beschrieben ist. Die Idee ist der oben beschriebenen Methode ähnlich, nur wird hier der äußere Rand des Objektes betrachtet. Da die Grenze des Objektes meistens deutlich sichtbar ist, werden keine Marker benötigt. Um die Abweichungen der gemessenen Objektgrenze von der Objektgrenze in einem bewegungsfreien Fall zu bestimmen, wird zuerst eine theoretische Grenze festgelegt. Die Beschränkung auf Objekte, die eine elliptische konvexe Hülle haben, erfolgt wegen der einfachen Struktur von deren äußerer Grenze. Diese kann für elliptische Objekte als lineare Kombination von Kosinus- und Sinusfunktionen dargestellt werden. Durch Minimierung des Abstandes zwischen der gemessenen und einer festgelegten Objektgrenze, werden für den Fall der elliptischen Objekte die zwei Objektachsen geschätzt (es wird angenommen, dass das Zentrum der Ellipse im Rotationszentrum liegt). Auch die Korrektur des Sinogramms wird durch die Anpassung der gemessenen Projektionswerte an die ermittelte Objektgrenze durchgeführt.

Das Ziel der oben beschriebenen Methoden ist, außer einer Bewegungsdetektion (Ermittlung der Bewegungszeitpunkte) auch eine Korrektur des Sinogramms zu ermöglichen. Da bei dreidimensionalen Bewegungen keine ausreichende Korrektur innerhalb eines Sinogramms möglich ist, sind diese Methoden hier nur aus Sicht der Bewegungsdetektion interessant.

In [Ens08] wurden Methoden vorgeschlagen, die unter Verwendung unterschiedlicher Sinogramm-Merkmale die Bewegungsdetektion durchführen. Die aufgelisteten Methoden wurden an Aufnahmen von Mäuseschädeln getestet, die in einem Micro-CT entstanden sind. Ob während einer CT-Untersuchung eine abrupte Bewegung stattfand, kann meist schon durch visuelle Auswertung des Sinogramms abgeschätzt werden. Die Leichtigkeit, mit der das menschliche Gehirn Bewegungsstellen im Sinogramm erkennt, motiviert zu dem Versuch, solche Bewegungsstellen automatisch zu detektieren.

Bei genauer Betrachtung fallen die Projektionswinkel, zwischen denen das Objekt schwankt, vor allem wegen der ungleichmäßigen Grenze zwischen Objekt und Umgebung auf. Analog mit [Zer98] wird dafür im ersten Schritt die Grenze des Objektes extrahiert. Basierend auf den Unebenheiten der Objektgrenze können im nächsten Schritt die Bewegungszeitpunkte ermittelt werden. Diese Vorgehensweise benötigt jedoch eine gut erkennbare Objektgrenze. Da die verwendeten Mäuseschädel in Plastikfolie eingewickelt waren, war die schwellwertbasierte Detektion der Grenze fehleranfällig und diese Vorgehensweise wies die höchste falsch-positive Detektionsrate im Vergleich mit anderen Methoden auf.

Bei der gradientbasierten Methode [Ens08] werden für jede Position des Detektors die Differenz zweier Messwerte bestimmt, die zu benachbarten Projektionswinkeln gehören. Diese Differenzen entsprechen der diskreten Ableitung nach der Zeit. Eine noch bessere Extraktion der Bewegungsstellen wird duch das Verwenden quadrierter Differenzen möglich. Da der Sprung der Grauwerte an der Bewegungsstelle entlang des ganzen Schwächungsbereiches zu sehen ist, können durch das Aufsummieren der Gradienten entlang der Sinogramm-Spalten eindeutigere Ergebnisse als bei der Betrachtung der Objektgrenze erzielt werden.

Die zuletzt vorgeschlagene Methode weist die beste Detektionsrate auf und basiert auf der Detektion von Unterbrechungen der Sinuskurven. Obwohl die Sinuspfade sich in einem Sinogramm so überlagern, dass keine eindeutige Extraktion von einzelnen Pfaden möglich ist, ermittelt diese Methode über die Werte zweier benachbarter Spalten, welche zwei Punkte am wahrscheinlichsten zum gleichen Sinuspfad gehören. Deshalb wird diese Methode als „bester-Vorgänger-Suche" bezeichnet.

Aus historischen Gründen sind die meisten in der Literatur beschriebenen Methoden auf die Verwendung nur einer Schicht des Objektes ausgerichtet. Für die in einer Schicht des Objektes stattfindenden Bewegungen, wie im Fall der Atmungsbewegungen, ist die Betrachtung nur dieser einen Schicht legitim, weil die ermittelten Informationen für die Bewegungskorrektur ausreichen würden. Da während der dreidimensionalen Bewegungen die Objektelemente die betrachtete Schicht verlassen können, kann in diesem Fall keine ausreichende Bewegungskorrektur durchgeführt werden, wenn nur in einer Schicht vorhandene Information verwendet wird.

Die beschriebenen Methoden können für die reine Bewegungsdetektion verwendet werden. Allerdings gilt auch hier, dass ein dreidimensionales Sinogramm mehr Information über Bewegungen enthält und deshalb die Verwendung von kompletten zweidimensionalen Projektionen (und damit eine Erweiterung der Methoden von zwei auf drei Dimensionen) bessere Bewegungsdetektion ermöglicht (Kapitel 6).

4.4 Vergleichen der aufeinanderfolgenden Projektionen

Die während einer Cone-Beam-CT entstehenden Projektionsbilder enthalten mehr Informationen als in einem 2D-Sinogramm vorhanden sind. Deshalb ist es naheliegend, für die Bewegungsdetektion komplette zweidimensionale Projektionsbilder, also die 3D-Sinogramme, zu verwenden. Dabei wird im Wesentlichen analog zur Verwendung von Sinogrammen vorgegangen: je zwei aufeinanderfolgende Projektionen werden verglichen und es soll entschieden werden, ob der Unterschied nur auf der Projektionsgeometrie basiert oder ob der Unterschied durch eine Bewegung des zu untersuchenden Objektes verursacht ist.

Einer der ersten Ansätze hierfür wurde in [ENN$^+$87] für SPECT-Aufnahmen beschrieben. Dabei werden die Summen der Projektionswerte in horizontaler (x) und vertikaler (y) Richtung gebildet. Dabei entstehen zwei Profile. Auf je zwei Profile, die zu aufeinanderfolgenden Projektionen gehören, wird die diskrete Kreuzkorrelationsfunktion angewendet. Damit lässt sich die zwischen zwei Projektionen entstandene Verschiebung in horizontaler und vertikaler Richtung ermitteln. Wenn die ermittelte Verschiebung größer als eine durch die Geometrie des Tomographen festgelegte Grenze ist, wird die zweite Projektion durch die entsprechende Verschiebung in die der Bewegung entgegengesetzten Richtung korrigiert. Die Idee wurde in [CFD$^+$93] weiter verfolgt. Hier wird nicht die Verschiebung einzelner Profile, sondern die der zweidimensionalen Projektionen verwendet. Dafür wird der Phase-Only-Matched-Filter (POMF) verwendet, der analog zur zweidimensionalen Kreuzkorrelationsfunktion agiert. Da die Phase der Projektionen keine Information über die Intensität der Bilder enthält, sind die Peaks des POMF viel schärfer als im Fall der Kreuzkorrelationsfunktion. Diese Vorgehensweise ist für die Detektion und Korrektur abrupter Bewegungen konzipiert. Für langsame Bewegungen wurde die Verwendung von in 180° zueinander liegenden Projektionen empfohlen.

Die oben beschriebene Vorgehensweise wurde im Rahmen der vorhergehenden Arbeit zur Bewegungsdetektion für die Micro-CT-Aufnahmen (Kegelstrahltomograph) getestet und erweitert [Ens08]. Die Ursache für die Bewegungen der Probe bei den verwendeten Micro-CT-Aufnahmen lag an einer unzureichenden Fixierung und Erschütterungen des Tisches, auf dem das Micro-CT stand. Statt POMF wurde rigide Registrierung verwendet. Die ermittelten rigiden Bewegungsparameter können auf die nachfolgenden Projektionen angewendet werden, wodurch eine leichte Korrektur des rekonstruierten Bildes stattfindet (innerhalb der Projektionsfläche kann Translation, Rotation während des Kippens des Objektes und Vergrößerung/Verkleinerung des Objektes während der Bewegung in Richtung des Detektors/Quelle erfasst werden). Die Registrierung ist aber zeitaufwendig. Deshalb sieht unser Ansatz vor, zuerst die Bewegungspositionen mit einer schnelleren Methode zu ermitteln (zum Beispiel mit dem in 6.1 beschriebenen Verfahren) und anschließend die zweidimensionalen Bewegungsparameter gezielt an den Bewegungsstellen zu bestimmen. Da die Korrektur durch die Anpassung bzw. Manipulation der Projektionswerte stattfindet und damit physikalisch nicht gerechtfertigt ist, kann von den darauf basierenden Methoden keine effiziente Korrektur erwartet werden. Zur Bewegungsdetektion kann aber die Betrachtung der aufeinanderfolgenden Projektionen wirksam verwendet werden, wie im Abschnitt 6.1.3 gezeigt wird.

4.5 Verwendung der Vorwärtsprojektion

Die Methoden dieser Gruppe basieren auf dem Vergleich zwischen gemessenen und vorwärtsprojizierten Projektionen. Wenn keine Bewegung stattgefunden hat, enthält das rekonstruierte Volumen keine Bewegungsartefakte und entsprechend sind die vorwärtsprojizierten Projektionen mit den gemessenen Projektionen identisch bis auf den Einfluss von Rauschen, Interpolation und durch die Vorwärtsprojektionsmethode verursachte Effekten. Wenn das Objekt sich während der Datenakquisition bewegt hat, enthält das rekonstruierte Volumen Artefakte, die durch die Vorwärtsprojektion auf die simulierten Projektionen übertragen werden. Die Ähnlichkeit zu den gemessenen Projektionen ist geringer. Wenn die Bewegung stark war, findet keine Überlagerung der Objektstrukturen statt. Durch Betrachtung der Ähnlichkeit zwischen gemessenen und vorwärtsprojizierten Projektionen können Bewegungsstellen ermittelt werden.

In [HKL$^+$02] wurde die so genannte Mean Square Difference Methode, die auf dieser Idee basiert, vorgeschlagen. Zuerst wird eine Rekonstruktion durchgeführt und danach mit einem geeigneten Verfahren vorwärts projiziert. Die Ähnlichkeit von zwei Projektionen (berechnete und gemessene Projektion, die zur gleichen Projektionsrichtung gehören) wurde mit Hilfe eines Distanzmaßes ermittelt. Die Größe des Distanzmaßes soll, solange keine Bewegung stattfand, für alle Projektionsrichtungen identisch sein. Eine Änderung des Distanzwertes (hier Mean Square Difference) entspricht einer Bewegung während des Akquisitionsprozesses und kann detektiert werden. Jedoch zeigte die Evaluierung mit idealen Bedingungen anhand akademischer Beispiele, dass diese Methode schlechtere Ergebnisse liefert als z. B. die Projektionsschwerpunkt-Methode (Details dazu in [RSF07]).

Zur Bewegungskorrektur bietet die Verwendung von Vorwärtsprojektionen mehrere Möglichkeiten. Die meisten in den letzten Jahren publizierten Verfahren (überwiegend für die Bewegungskorrektur in SPECT) basieren auf der Verwendung von Vorwärtsprojektionen. So wurde in [APK95] und [LB98] folgende iterative Vorgehensweise vorgeschlagen: Aus allen gemessenen Projektionen wird ein Volumen rekonstruiert. Mit Hilfe des Vorwärtsprojektionsalgorithmus werden neue simulierte Projektionen bestimmt. Danach werden Bewegungsparameter zwischen jeder zweidimensionalen gemessenen Projektion und der entsprechenden zweidimensionalen vorwärtsprojizierten Projektion ermittelt. Dabei handelt es sich um eine reine zweidimensionale Registrierung zweier Bilder. In den Arbeiten [APK95] und [LB98] wurde dafür die Kreuzkorrelationsfunktion verwendet und damit nur die Verschiebung zwischen zwei Bildern bestimmt. Mit den berechneten Translationsparametern werden die gemessenen Projektionsbilder korrigiert (d. h. entsprechend „zurück verschoben"), wobei für jede Projektion eigene Translationsparameter verwendet werden. Wenn die so korrigierten Projektionen wieder rekonstruiert werden, weist das rekonstruierte Volumen weniger Artefakte auf. Durch iterative Wiederholung der Vorwärtsprojektions- und Korrekturschritte können Bewegungsartefakte deutlich reduziert werden. Wenn die Kreuzkorrelationsfunktion verwendet wird, können nur die Translationsbewegungen korrigiert werden. Durch die Anwendung von rigider oder elastischer Bildregistrierung können auch Rotationen bzw. elastische Bewegungen korrigiert werden. Dabei kann die Bewegungskorrektur durch die Korrektur der Projektionen, wie zuvor beschrieben, oder durch die Berücksichtigung der ermittelten Bewegungen (in der Projektionsfläche) innerhalb des Rekonstruktionsalgorithmus durchgeführt werden. Bei der Verwendung der FDK-Rekonstruktion können die Bewegungsparameter z. B. durch Bestimmung der korrigierten Projektionsmatrizen berücksichtigt werden. Diese Vorgehensweise wurde in [PVP$^+$07] verwendet, wobei die Geometrie des Objektes bekannt war und zwei röntgendichte Marker auf beiden Seiten des Objektes (hier eines Stents) verwendet wurden, was eine Vereinfachung der Vorwärtsprojektion und der Bestimmung der Bewegungsparameter mit sich brachte.

Vor allem im Bereich der EKG-getriggerten Koronarangiographie werden die Bewegungskorrekturalgorithmen, welche auf dem Vergleich der gemessenen und der vorwärtsprojizierten Projektionen basieren, erfolgreich verwendet [HSDG08]. Es reicht aus, nur die Gefäße mit einer Maximum-Intensität-Vorwärtsprojektion zu projizieren. Damit kann die Vorwärtsprojektion zeiteffizient durchgeführt werden. Eine Bestimmung der Bewegungsparameter in zwei Dimensionen und deren Anwendung in drei Dimensionen erlaubt allerdings nicht, alle Bewegungen zu korrigieren. Die Bestimmung eines Verschiebungsfeldes zwischen mehreren, zu verschiedenen Herzphasen gehörigen dreidimensionalen Volumen und die Verbesserung der Rekonstruktion durch die voxelweise Anwendung dieses Feldes während der Rekonstruktion führt im Allgemeinen zu besseren Ergebnissen [SBRG06, BMVA06].

Die Bewegungkorrektur durch Veränderung der Projektionen ist physikalisch nicht plausibel. Eine ideale Korrektur kann deshalb generell nicht erreicht werden, aber für manche Anwendungsgebiete wie z. B. Angiographie ist es ausreichend. Wenn die Bewegungsparameter im Bildbereich (am Volumen) approximiert und während der Rekonstruktion berücksichtigt werden, kann eine bessere Bewegungskorrektur erzielt werden. Die so genannte Data-Driven-Motion-Correction-Methode realisiert diese Idee. Die Methode wurde für die SPECT-Hirnaufnahmen mit einer 2-Kopf-Kamera mit senkrecht zueinander stehenden Kameras entwickelt, kann aber auch unter bestimmten Einschränkungen mit anderen SPECT-Typen verwendet werden. Die rigiden Bewegungen werden direkt auf dem rekonstruierten Bild korrigiert. Dafür werden die Projektionen im ersten Schritt in bewegungsfreie Abschnitte unterteilt. Dafür können sowohl, wie in [Kym04] vorgeschlagen, die Mean-Square-Difference-Methode als auch andere, in vorherigen Abschnitten beschriebene, Methoden der Bewegungsdetektion verwendet werden. Wichtig ist es zu bestimmen, welche der Projektionen zur gleichen Objekt/Patienten-Position gehören, weil alle diese Projektionen gemeinsam behandelt werden. Wenn die Bewegungspunkte bekannt sind, werden alle Projektionen zwischen zwei Bewegungspunkten in einen bewegungsfreien Abschnitt zusammengefasst. Es wird angenommen, dass alle Projektionen eines bewegungsfreien Abschnittes zur gleichen Position des zu untersuchenden Objektes gehören. Die Projektionen des größten bewegungsfreien Abschnittes werden zur Erstellung einer Teilrekonstruktion verwendet. Dadurch soll eine erste Annäherung an die Form des zu rekonstruierenden Objektes erstellt werden. Im nächsten Schritt wird die erstellte Teilrekonstruktion an den zweitgrößten bewegungsfreien Abschnitt angepasst. Eine Transformation der Teilrekonstruktion ist gesucht, deren Vorwärtsprojektionen den gemessenen Projektionen des zweiten bewegungsfreien Abschnitts möglichst ähnlich sind. Die so ermittelten Transformationsparameter stellen die Bewegungsparameter zwischen den zwei Objektpositionen dar. Eine verbesserte Teilrekonstruktion wird durch Einbeziehen der Projektionen des zweiten bewegungsfreien Abschnitts erstellt, wobei die Bewegungsparameter berücksichtig werden und entsprechend auch die erweiterte Teilrekonstruktion keine Bewegungsartefakte enthält. Diese Vorgehensweise wird so lange iteriert, bis alle Projektionen in die Rekonstruktion integriert sind.

Nach [KHH$^+$03] müssen etwa 25 % der Projektionen in einem bewegungsfreien Abschnitt enthalten sein, damit die verschiedenen Objektpositionen unterschieden werden können. Da für diese Aussage 2-Kopf- und 3-Kopf-SPECT verwendet wurden, standen innerhalb eines bewegungsfreien Abschnittes Projektionen zur Verfügung, die sich um 90°, 120° und 240° unterschieden. Diese Vorgehensweise kann auch für die anderen SPECT-Typen verwendet werden, solange es einen Abschnitt mit „ausreichend vielen" Projektionen gibt [SMF09]. Im Gegensatz zu SPECT-Daten, ist die Erstellung einer brauchbaren Teilrekonstruktion aus den CT-Daten unter der Verwendung der FDK-Rekonstruktion nicht möglich und entsprechend ist die Methode hier nicht anwendbar.

Das oben beschriebene Prinzip der Verwendung der Vorwärtsprojektionen kann im Allgemeinen als ein Minimierungsprozess formuliert werden: $\sum_i \|A_i T(m_i)f - p_i\|^2 \to \min$, wobei i die Projektionsnummer und p_i entsprechend eine Projektion, A_i die Projektionsmatrix, f das rekonstruierte Volumen und

$T(m_i)$ die Transformation mit dem gesuchten Bewegungsparameter m_i darstellt. In [SMF09] und [BKNR09] wurde diese Methode für die Bewegungskorrektur in SPECT- bzw. PET-Aufnahmen entwickelt und in [BKNR09] „Blind Motion-Compensated Reconstruction" (BMCR) genannt. Die Verwendung der iterativen Rekonstruktion (Expectation Maximization), welche auf der Minimierung der 2-Norm $\|Af - p\|_2$ basiert, erlaubt ein elegantes Einbeziehen der Bewegungsparameter m_i in das Minimierungsproblem und damit eine gleichzeitige Bestimmung der Bewegungsparameter und Rekonstruktion mit der Korrektur der Artefakte. Jede Projektion wird unabhängig von den anderen Projektionen betrachtet, d. h. jeder bewegungsfreie Abschnitt besteht aus einer einzigen Projektion.

Die Verwendung von vorwärtsprojektionsbasierten Methoden für die Dental-CT-Daten ist aus mehreren Gründen unmöglich: Zum einen ist der Zeitaufwand für die Berechnung der in diesem Fall benötigten 200 Projektionen mit je ca. 1000×1000 Pixel (für nur eine Iteration) sehr groß. Zum anderen führt die Abgeschnittenheit (truncation) der Projektionen zu Artefakten in den rekonstruierten Bildern. Insbesondere ist die für die letzte oben beschrieben Methode benötigte iterative Rekonstruktion für die Anwendung auf solche Projektionsdaten ungeeignet. Die durch die Abgeschnittenheit der Daten verursachten Artefakte werden durch die Vorwärtsprojektion zusammen mit den Bewegungsartefakten auf die berechneten Projektionen übertragen. Da bei der Anpassung der berechneten Projektionen an die gemessenen Projektionen keine Differenzierung zwischen diesen unterschiedlichen Arten der Artefakte möglich ist, kann auch keine Korrektur der Bewegungsartefakte durchgeführt werden.

4.6 Verwendung mehrerer Metallmarker

Die Vorwärtsprojektionen kompletter Projektionen sind mit einem sehr großen Zeitaufwand verbunden. Die Idee, die Bewegungsparameter über die Anpassung des rekonstruierten Volumens an die gemessenen Projektionen zu bestimmen, kann auch über die Verwendung einzelner Bereiche realisiert werden. Dies wurde schon für den Fall der Angiographie im vorherigen Abschnitt beschrieben, wobei ausschließlich die Gefäße vorwärtsprojiziert und angepasst wurden. Während bei der Angiographie die Gefäße durch ein einfaches Schwellwertverfahren vom Hintergrund segmentiert werden können, ist ein zuverlässiges Extrahieren einer Struktur in Projektionen der meisten konventionellen CTs nicht möglich. So auch im Fall des verwendeten Dental-CTs (vgl. Abbildung 3.3). Eine Abhilfe kann dabei die Verwendung mehrerer röntgendichter Kugeln (Metallmarker) leisten [JS07, JS08, JS09]. Da die Metallmarker eine viel höhere Schwächungseigenschaft besitzen als die körpereigenen Gewebe wie z. B. Knochen oder Muskulatur, werden die Positionen der verwendeten Marker als die Bereiche bestimmt, die eine höhere Intensität aufweisen als ein festgelegter Schwellwert. Die Anpassung findet anhand der in einzelnen Projektionen gut sichtbaren Markern statt und ausschließlich diese müssen in jedem Iterationsschritt vorwärtsprojiziert werden, was den Zeitaufwand deutlich reduziert.

Die oben beschriebene Vorgehensweise der Bewegungskorrektur mit Verwendung von Metallmarkern entspricht der Vorgehensweise bei dem Kalibrieren der Geräte. Für die Kalibrierung des verwendeten Dental-CT werden viele kleine Bälle aus Metall im FOV positioniert. Im Gegensatz zu den klassischen Kalibrierungsverfahren muss die Geometrie der Marker-Positionen nicht im Voraus bekannt sein. Wichtig ist lediglich, dass sich die relativen Positionen der einzelnen Marker zueinander während der Datenakquisition nicht verändern. Die Metallmarker werden während der Datenakquisition auf den Detektor projiziert. Als Position der Projektion eines Markers auf dem Detektor wird das Massezentrum der Marker-Projektion bestimmt (im weiteren 2D-Marker-Position genannt). Nachdem in jeder Projektion für jeden Marker dessen 2D-Position bestimmt wurde, werden die 3D-Positionen jedes Markers im Volumen und die Projektionsparameter (bzw. Abweichungen von der idealen kreisförmigen Trajektorie) bestimmt, indem ein Minimum zwischen den vorwärtsprojizierten 2D-Positionen und den gemessenen 2D-Positionen jedes Markers berechnet wird. Als Minimierungsfunktion dient die euklidische Distanz. Die Vorgehensweise kann iterativ wiederholt werden, wobei die ermittelten Parameter weiter verfeinert werden. In [SDB10] wird die gleiche Vorgehensweise zur Online-Kalibrierung während der CT-Rekonstruktion verwendet. Dabei werden mehrere Marker an einem flexiblen Ring befestigt, welcher leicht am Kopf des Patienten angebracht werden kann.

Bei der Verwendung von Metallmarkern zur Bewegungsdetektion gibt es zwei Möglichkeiten: Wenn die Anordnung einzelner Marker a priori bekannt ist (wie im Fall von starren Vorrichtungen, an denen Marker befestigt sind), kann die Veränderung der Orientierung des Patienten (des Patientenkopfes im unseren Fall) direkt über die Abweichung zwischen den Markerpositionen in gemessenen Projektionen und den Positionen der vorwärtsprojizierten Marker ermittelt werden. Wenn keine starre Anordnung von Markern verwendet wird, werden mehrere Iterationsschritte benötigt, um die Anpassung der vorwärtsprojizierte Marker an die gemessenen durchzuführen und dadurch die korrekte Projektionsrichtung zu erhalten, die anschließend in der Rekonstruktion mit der Bewegungskorrektur verwendet wird. Diese Vorgehensweise wurde bis jetzt nur für die Online-Kalibrierung und nicht für die Bewegungsdetektion verwendet. Meistens ist die letzte Vorgehensweise wegen der besseren Anpassbarkeit und des Komforts für den Patienten erwünscht.

Wegen der hohen Absorptionskoeffizienten der Metallmarker können diese im Volumen leicht segmentiert werden. Meistens sind Metallmarker auch innerhalb der Projektionen gut sichtbar. In manchen Fällen aber, wie z. B. bei den Niedrig-Dosis-CTs mit vielen Strukturen, die ebenfalls hohe Absorptionskoeffizienten aufweisen, sind die Marker nicht so deutlich von dem anderen Strukturen unterscheidbar. Zur zuverlässigeren Bestimmung der Position der Marker-Projektionen auf dem Detektor wird in [JS09] Folgendes empfohlen: In dem rekonstruierten Volumen werden alle Metallmarker als Bereiche, die eine höhere Intensität als ein Schwellwert aufweisen, bestimmt. Die Marker können dann aus dem Volumen entfernt und für jeden Aufnahmewinkel neue Projektionen ohne Marker durch die Vorwärtsprojektion berechnet werden. Durch Subtraktion erzeugter und gemessener Projektionen entstehen die Projektionen, die kaum Information über das Objekt selber enthalten, in welchen aber die Marker besser sichtbar/detektierbar sind. Zwar soll bei dieser Vorgehensweise die Vorwärtsprojektion aller Projektionen bestimmt werden, was zeitaufwendig ist und deshalb vermieden werden sollte, aber bei der Verwendung von einer flexiblen Anordnung der Marker und entsprechend der dabei benötigten iterativen Vorgehensweise, soll die Vorwärtsprojektion aller Projektionen nur ein Mal durchgeführt werden. In den einzelnen Iterationsschritten wird dann nur die Vorwärtsprojektion der Marker benötigt und damit der Zeitaufwand im Vergleich zu den Verfahren aus Abschnitt 4.4, die keine Marker verwenden und deshalb in jedem Iterationsschritt Vorwärtsprojektionen aller Projektionen benötigen, reduziert.

Die oben beschriebenen markerbasierten Methoden, die eine Bewegungsdetektion und -korrektur ermöglichen, weisen eine Reihe von Schwächen aus, die deren Verwendungsmöglichkeiten im Dental-CT begrenzt. Die hohe Auflösung der CT-Systeme führt zu der Notwendigkeit einer sehr genauer Bewegungsdetektion. Um dies zu gewährleisten, sollten die verwendeten Marker über ein großes Volumen verteilt sein. Je größer die Abstände zwischen den Markern sind, desto kleiner sind die Bewegungen, die als Verschiebung des Markers detektiert werden können. Da das zu rekonstruierende Volumen des verwendeten Dental-CT 15 cm^3 beträgt, ist eine weite Verteilung der Marker nicht möglich. Außerdem führt bereits die Verwendung von drei Markern (die empfohlene Mindestzahl) zu inakzeptabel vielen Metallartefakten in dem rekonstruierten Volumen.

5

Erstellung einer Datenbank mit Bewegungsartefakten

Für die weiteren Untersuchungen in den Bereichen der Bewegungsdetektion und der Bewegungskorrektur werden mehrere mit Bewegungsartefakten behaftete CT-Datensätze benötigt. Vor allem ist es wichtig, dass die genaue Information über die bei der Aufnahme entstandene bzw. ausgeführte Bewegung vorhanden ist. Wenn die Bewegungsparameter bekannt sind, können sowohl die Methoden der Bewegungskorrektur untersucht werden als auch die Forschung über die Möglichkeiten der Bewegungsdetektion ohne externe Sensoren fortgesetzt werden.

Die Erzeugung des Bewegungseffekts wurde durch Verwendung eines Roboters bewerkstelligt. Mit dessen Hilfe wurde ein Phantom in verschiedenen Stellungen positioniert. Leider ist die Durchführung der Bewegungen während der Datenakquisition aus mehreren Gründen nicht praktikabel. Vor allem die Unmöglichkeit einer eindeutigen Zuordnung der Phantomposition zu einer Projektion sprach gegen die Durchführung der kontinuierlichen Bewegungen während der Datenakquisition. Deshalb wurde eine andere Vorgehensweise gewählt, bei der je ein Satz Projektionsdaten für eine Position des Phantoms erzeugt wurde, ohne das Phantom während der Datenakquisition zu bewegen. Damit entstand eine Datenbank von Projektionen, die so miteinander kombiniert werden können, so dass der Effekt der Phantom-Bewegung simuliert werden kann. Diese Vorgehensweise hat den entscheidenden Vorteil, dass aus dem gleichen Satz an Projektionsdaten für mehrere Phantom-Stellungen nachträglich die Zeitpunkte der Bewegung, deren Dauer und Reihenfolge simuliert werden können.

Das Ziel dieses Abschnittes ist die Beschreibung der Erstellung einer Datenbank, die die Projektionsdaten und die mit Artefakten behafteten rekonstruierten Bilder enthält, wobei die genaue Position des Kopfphantoms in jeder Projektion bekannt sein soll. Um dies zu erreichen, wurde das Phantom mit Hilfe eines Roboters positioniert. Mit einem Dental-CT wurden dann die Aufnahmen von verschiedenen Phantomstellungen durchgeführt. Danach wurden die Projektionen aus mehreren Projektionssets so kombiniert, dass der Effekt einer Objektbewegung während der Datenakquisition entsteht. Dadurch wird erreicht, dass die Position des Phantoms in jeder Projektion bekannt ist, ohne dass eine Kalibrierung zwischen dem CT-Aufnahmeprozess und den Roboter-Bewegungen durchgeführt werden muss. So wird eine weitere Fehlerquelle vermieden, die durch die Kalibrierung entstehen könnte.

Ein weiterer Vorteil einer solchen Vorgehensweise für die Erstellung der Datenbank sind die dadurch erzeugten Referenzdaten (Aufnahmen ohne Bewegungen für die verschiedenen Objektstellungen). Sie bieten umfangreiche Möglichkeiten für die Evaluierung der Bewegungsdetektion und Bewegungskorrektur.

5.1 Durchführung der Datenerstellung

Die kinematische Grundlage der Datenerstellung wurde detailliert in [EBU$^+$09] beschrieben. Mit freundlicher Unterstützung des Instituts für Robotik und Kognitive Systeme (Universität zu Lübeck) war es möglich, für die Erstellung der Datenbank einen Roboter zu benutzen. Es wurde der Gelenkroboter Kuka KR3 der Firma „Kuka Roboter GmbH" verwendet. Dieser hat eine Wiederholgenauigkeit von ±0.05 mm. Die zwei Server, die die Kommunikation mit dem Roboter übernehmen, wurden ebenfalls zur Verfügung gestellt. Die Kommunikation mit den Servern und das Einlesen einer Liste der anzufahrenden Roboter-Stellungen wurden im Rahmen dieser Arbeit realisiert. Die anzufahrenden Roboterstellungen wurden zuerst in Form von Matrizen bestimmt, eine entsprechende Positionierung und Orientierung der Koordinatenachsen visualisiert und in eine Datei geschrieben. Diese wurde im nächsten Schritt von der Roboter-Steuerung ausgelesen und die entsprechenden Stellungen wurden nacheinander abgefahren, wobei für jede Stellung des Phantoms eine CT-Datenakquisition durchgeführt wurde.

Die Projektionsdaten aus verschiedenen Aufnahmen, die entsprechend repräsentativ für die verschiedenen Positionen des Kopfes sind, wurden anschließend kombiniert, um die Bewegungseffekte zu simulieren. Ein Bewegungsszenario wurde über eine Liste beschrieben, die sowohl die Dauer jeder Phantom-Position (in Anzahl der gemessen Projektionen) als auch die entsprechende Bewegungsstärke enthält. Nachdem die einzelnen Projektionen zu einem Datensatz kombiniert wurden, kann der Rekonstruktionsalgorithmus angewendet werdet.

5.2 Ergebnisse

Es wurden insgesamt 300 CT-Aufnahmen verschiedener Phantompositionen durch-geführt, die es erlaubten, 10 verschiedene Arten der Bewegung (5 Rotationen und 5 Translationen) zu simulieren. Eine schematische Darstellung der Koordinatenachsen, die bei der Beschreibung der Bewegungen verwendet werden, ist in Abbildung 5.1 zu finden.

Eine in [BBC$^+$08] vorgestellte und im Abschnitt 3.8 zusammengefasste Studie, die sich mit Patientenbewegungen im Dental-CT beschäftigt, zeigt, dass bei aus-schließlicher Berücksichtigung von Rotationsbewegungen die Rotationswinkel bei stehenden Testpersonen im Bereich von $\pm 0.4°$ bis $\pm 1.75°$ lagen. Entsprechend wur-den CT-Aufnahmen in solchen Phantompositionen durchgeführt, die erlaubten, die Rotationsbewegungen mit den Bewegungsparametern von $0.1°$ bis $2°$ zu simulie-ren. Damit kleine und langsame Bewegungen simuliert werden können, wurde ein Winkelinkrement von $0.1°$ verwendet.

Folgende Rotationsbewegungen können mit den akquirierten Projektionen simu-liert werden:

- Rotation des Kopfes nach links und rechts (Rotation um die z-Achse)

- Neigung des Kopfes nach links und rechts (Rotation um die y-Achse)

- Nicken des Kopfes nach vorne und hinten (Rotation um die x-Achse)

- Nicken des Kopfes schräg nach vorne und hinten (Rotationen um eine zwi-schen x und y liegende Achse, und zwischen $-x$ und y liegende Achse, Abbildung 5.1).

Für die Verschiebungen des Kopfes wurden die gleichen Achsen verwendet wie für die Rotation: Eine Translation entlang der y-Achse führt zur Verschiebung des Phantomkopfes nach vorne bzw. nach hinten. Die Kopfverschiebungen nach links und rechts können durch die Translation entlang der x-Achse und nach oben/unten durch die Translation entlang der z-Achse realisiert werden. Außerdem wurden Translationen entlang von zwei in der xy-Fläche liegenden Achsen durchgeführt, den Achsen, die auch bei der schrägen Rotation verwendet wurden (Abbildung 5.1).

Beispiele, inwieweit Phantom-Bewegungen die Rekonstruktionsergebnisse be-einflussen, sind in der Abbildung 5.2 dargestellt. Es wurden drei Bewegungsarten ausgewählt, die zu starken, mittleren und schwachen Artefakten in den rekonstru-ierten Bildern führten. Eine Spalte stellt eine Bewegungsart dar, wobei die Bewe-gungsparameter in der angegebenen Richtung wachsen. Das Kippen des Kopfes nach vorne/hinten führt zu den gut sichtbaren Artefakten (in der linken Spalte zu sehen). Die mittelstarken Artefakte sind bei Rotation des Kopfes um die vertikale Achse entstanden. Die Verschiebung des Kopfes zur Seite führt zu den schwachen

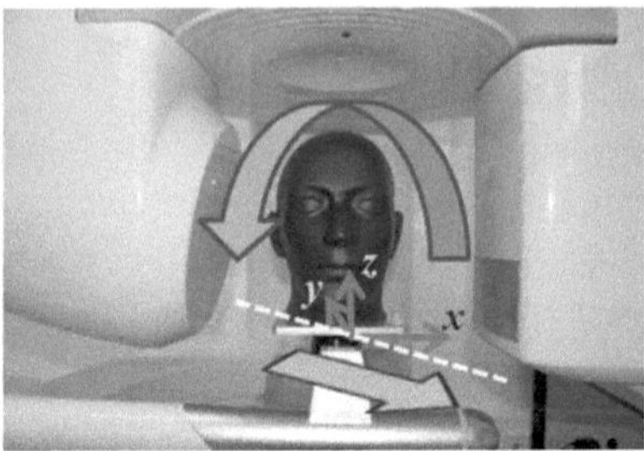

Abbildung 5.1: Die Bewegungen des Kopfphantoms beim Nicken schräg nach vorne und hinten, d. h. Rotationen bezüglich der $[-1, 1, 0]$- und $[1, 1, 0]$-Achsen, und die Translationen entlang dieser Achsen sind durch Pfeile dargestellt. Die jeweiligen Bewegungsachsen sind durch gestrichelte Linien verdeutlicht.

Artefakten (in der rechten Spalte sind die Rekonstruktionen bei Verschiebung entlang der x-Achse dargestellt).

Da die Auflösung des verwendeten Dental-CT 0.2 mm beträgt, reicht es aus, bei den Translationsbewegungen ein Inkrement von 0.2 mm zu verwenden. In Abbildung 5.3 wurde die Stärke der $0.1°$ Rotationsbewegung und der Translationsbewegung von 0.2 mm an Beispielen veranschaulicht. Die Bilder zeigen die Unterschiede zwischen zwei rekonstruierten Schichten des Phantoms für die sich jeweils um $0.1°$ oder 0.2 mm unterscheidenden Positionen. Es wurden die Beispielbilder ausgewählt, in welchen die Differenzen gut sichtbar waren. So sind die Änderungen in der Phantomposition bei der Rotation des Patientenkopfes um die y-Achse (die Neigung des Kopfes nach links und rechts) vor allem oben und unten gut sichtbar, da die Rotationsachse horizontal in der Mitte des Bildes verläuft. Die Änderungen bei der Translation des Kopfes entlang der y-Achse sind gleichmäßiger, da alle Punkte des Objekts ähnlich verschoben werden.

5.3 Simulierte Daten

Durch die Verwendung von tatsächlichen Aufnahmen eines anthropomorphen Kopfphantoms zur Erstellung der Datensätze mit Patientenbewegung wurde eine enge Verbindung zur klinischen Realität gewährleistet. Allerdings sind die Aussagen, die anhand solcher Daten getroffen werden können, wegen mehrerer Besonderheiten des Aufbaus und des Akquisitionsprozesses eines Dental-CTs nicht allgemeingültig. Für die Evaluierung der in dieser Arbeit vorgeschlagenen Methoden und Vorgehensweisen werden deshalb zusätzlich Simulationsdaten verwendet, die weniger

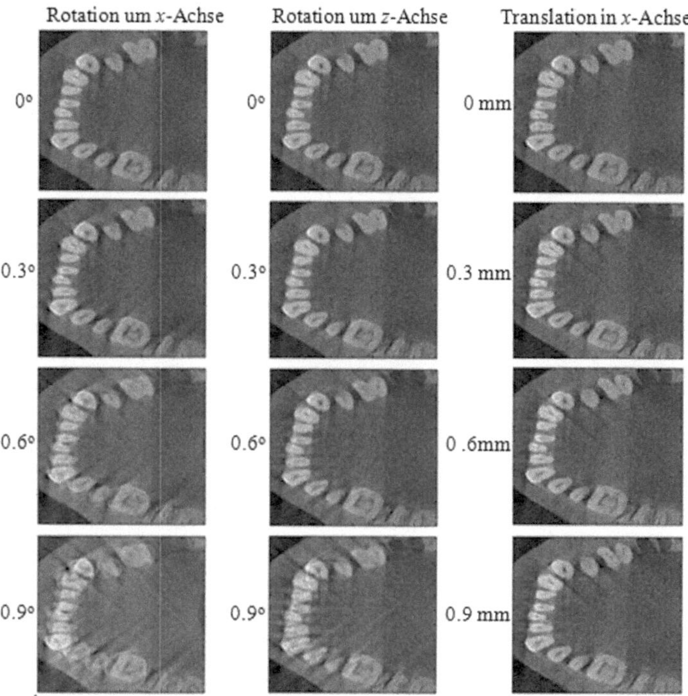

Abbildung 5.2: Rekonstruktionen einer Phantom-Schicht für drei unterschiedliche Bewegungsarten. Für die Bewegungsparameter 0.3°, 0.6° und 0.9° sind links Rekonstruktionen zur Simulationen des Nickens des Kopfes nach vorne (Rotation um x-Achse) und in der Mitte zur Simulation der Drehung des Kopfes nach links (um die vertikale z-Achse) dargestellt. Rechts sind die Rekonstruktionen für die Translation des Kopfes nach rechts (entlang der x-Achse) mit den Parametern 0.3 mm, 0.6 mm und 0.9 mm zu sehen.

begrenzende Eigenschaften aufweisen als die realen Daten eines Dental-CTs. Vor allem ist die Abgeschnittenheit (truncation) der Projektionen und das starke Rauschen als kritische Punkte zu betrachten, die auf die Ergebnisse der Bewegungsdetektion und Korrektur einen entscheidenden Einfluss ausüben könnten. Um die Auswirkung der beiden Faktoren zu untersuchen, wird in dieser Arbeit die rein softwarebasierte Simulation der Daten verwendet.

Um die Anzahl der Einflussfaktoren zu reduzieren, wurde das gleiche anthropomorphe Phantom benutzt wie für die oben beschriebenen Dental-CT-Simulationen.

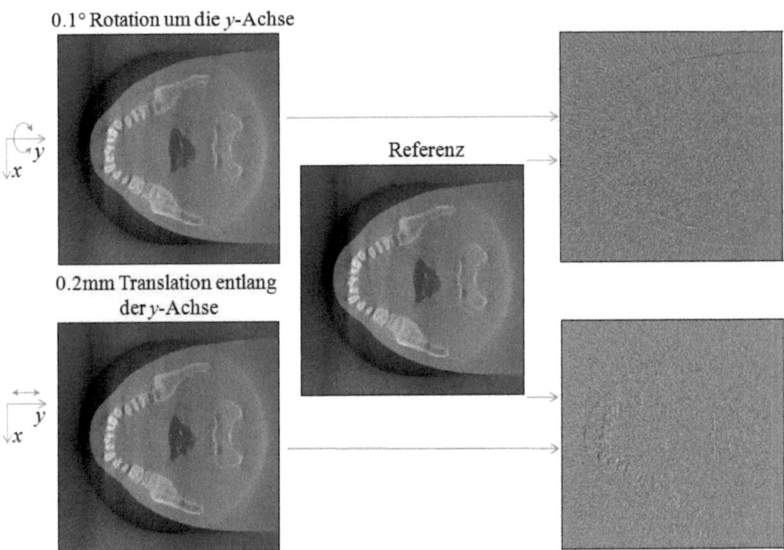

Abbildung 5.3: (links) Die rekonstruierten Schichten des Phantoms für die sich um $0.1°$ und $0.2\,$mm von der Referenz (Mitte) unterscheidenden Phantompositionen. Die Bewegungsachsen mit der Verdeutlichung der Positionsänderung sind ebenfalls dargestellt. Die Differenzen zu dem Referenzbild (rechts) verdeutlichen die Stärke und die Art der Veränderung von Phantomposition.

In diesem Fall wurde aber eine Aufnahme mit einem konventionellen CT durchgeführt. Das Phantom ist kleiner als das FOV des CTs und das rekonstruierte Volumen enthält das Volumen komplett und ohne Truncation-Artefakte. In Abbildung 5.4 (a) ist eine rekonstruierte Schicht des Phantoms dargestellt. Da bei der Rekonstruktion kein Einfluss auf die Voxelgröße des rekonstruierten Volumens bestand, wurde die Standardrekonstruktion verwendet. Das rekonstruierte Volumen wurde im Anschluss auf die benötigte Größe umgerechnet (durch Interpolation auf einem größeren Gitter). Die Auflösung und die Position des Kopfphantoms innerhalb des Volumens weichen von denen bei dem rekonstruierten Dental-CT-Volumen ab. Da aber kein direkter Vergleich benötig wird, kann das so erstellte Volumen als ein angemessenes Software-Phantom für die Simulation dienen.

Durch die Verwendung der Vorwärtsprojektion können künstliche Projektionen erstellt werden. Dabei wurden die Projektionsmatrizen der Dental-CT verwendet. Ein Beispiel einer erstellten Projektion ist in Abbildung 5.4 (b) zu sehen. Die erstellten Projektionen enthalten die vollständigen Abbildungen des Kopfphantoms und

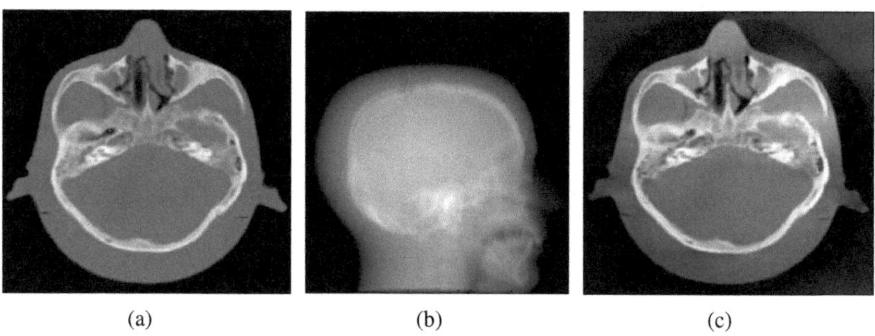

Abbildung 5.4: Eine Schicht des Volumens mit dem verwendeten Kopfphantom, das für die Erzeugung der simulierten Projektionen verwendet wurde. Das Volumen wurde mit Hilfe einer konventionellen CT-Akquisition rekonstruiert. In (b) ist eine mit Hilfe der Vorwärtsprojektion erzeugte Projektion, wobei das Volumen aus (a) und Projektionsmatrizen des Dental-CTs verwendet wurden, abgebildet. In (c) ist die Rekonstruktion der simulierten Projektionen zu sehen.

werden für die Erstellung der Rekonstruktionen verwendet, die keine Truncation-Artefakte enthalten. Da bei einem konventionellen CT stärkere Röntgenstrahlung verwendet wird als bei einem Dental-CT, sind die Projektionen und entsprechend die Rekonstruktionen weniger verrauscht. In Abbildung 5.4 (c) ist eine Schicht des Phantoms dargestellt, die aus simulierten Projektionen rekonstruiert wird. Dabei wurde eine voxelbasierte Rekonstruktion verwendet. Die rekonstruierte Schicht weist im Gegensatz zu der ursprünglichen Schicht des Volumens (Abbildung 5.4 a) eine Reihe von Artefakten auf, da sowohl während der Vorwärtsprojektion als auch während der anschließenden Rekonstruktion eine gewisse Ungenauigkeit, unter Anderem durch die diskrete Form der Daten und die benötigte Interpolation, den Daten zugeführt wird. Es wurden die Projektionsmatrizen des Dental-CT verwendet, um der Bezug zu dem verwendeten Dental-CT zu erhalten.

Für die Simulation von rigiden Bewegungen des zu untersuchenden Objektes können zwei unterschiedliche Strategien verwendet werden. Zum einen kann das Volumen selbst modifiziert werden. Zum anderen kann die Bewegung des Volumens über die Änderung der Projektionsrichtung (z. B. über Positionsänderung von Quelle und Detektor) realisiert werden. Obwohl der Ansatz, bei dem das Volumen selbst „bewegt" wird, intuitiver erscheint, kann deren Realisierung mehrere Schwierig-keiten verursachen. Für die voxelbasierte Vorwärtsprojektion ist es ausreichend, alle Voxelpositionen mit der entsprechenden Bewegungstransformationsmatrix zu multiplizieren. Die neuen Voxelpositionen können direkt mit Hilfe einer Projek-tionsmatrix auf die Detektorfläche projiziert werden. Allerdings kann, wie schon früher erwähnt, bei der Verwendung von voxelbasierter Vorwärtsprojektion keine ausreichende Qualität der erzeugten Projektionen erreicht werden. Für die strahlbasierte Vorwärtsprojektion dagegen müssen entweder für alle Voxeln die Verläufe der Voxelgrenzen aufwendig neu angepasst werden oder eine Interpolation der neuen Voxelwerte auf dem festen ursprünglichen Gitter durchgeführt werden. In dieser Arbeit wird deshalb die Simulation der Objektbewegungen über die Manipulation der Projektionsrichtung, wie unten beschrieben, realisiert. Um die in der Projektionsmatrix gekapselte Projektionsrichtung zu ändern, soll eine Zerlegung der Projektionsmatrix und ein Extrahieren der Aufnahmerichtung R durchgeführt werden. Dafür wird der vordere 3×3 Teil M der Projektionsmatrix

$$M = \begin{pmatrix} p_{11} & p_{12} & p_{13} \\ p_{21} & p_{22} & p_{23} \\ p_{31} & p_{32} & p_{33} \end{pmatrix} = KR = \begin{bmatrix} k_{11} & k_{12} & k_{13} \\ 0 & k_{22} & k_{23} \\ 0 & 0 & k_{33} \end{bmatrix} \begin{bmatrix} r_{11} & r_{12} & r_{13} \\ r_{21} & r_{22} & r_{23} \\ r_{31} & r_{32} & r_{33} \end{bmatrix} \tag{5.1}$$

mit Hilfe der QR-Zerlegung in das Produkt zweier Matrizen aufgeteilt. Da die Bedingung $\det(M) > 0$ erfühlt werden soll, müssen gegebenenfalls die Vorzeichen der Elemente von K und R invertiert werden. Der Translationsteil $t = [I\,|{-}C]$ (Abschnitt 3.3) der Projektionsmatrix kann als

$$t = (K \cdot R)^{-1} P$$

bestimmt werden. Die Translationsbewegung, deren Parameter in der Translationsmatrix T gespeichert sind, wird durch die Multiplikation

$$P^{\text{transl}} = K \cdot R \cdot (t - T)$$

realisiert. Wenn während der Vorwärtsprojektion die neue Projektionsmatrix P^{transl} verwendet wird, wird die Röntgenquelle um die Parameter aus T verschoben, was der Verschiebung des Objektes um $-T$ bei fest bleibender Quelle entspricht. Die Rotationsmatrix R_{rot} wird folgenderweise angewendet:

$$P^{\text{neu}} = R_{\text{rot}} \cdot \left(P^{\text{transl}} \right)^T$$

Die neue Projektionsmatrix, die aufgrund der homogenen Darstellung bis auf einen Skalierungsfaktor genau ist, soll so normiert werden, dass für das Element $p_{34}^{\text{neu}} = 1$ gilt. Bei der Verwendung der neuen Projektionsmatrix P^{neu} findet sowohl eine Translation der Röntgenquelle als auch eine Rotation des Quelle-Detektor-Systems statt.

Durch diese Vorgehensweise lassen sich die Projektionsbilder des Kopfphantoms in unterschiedlichen Positionen und damit für diverse imitierte Bewegungsszena-

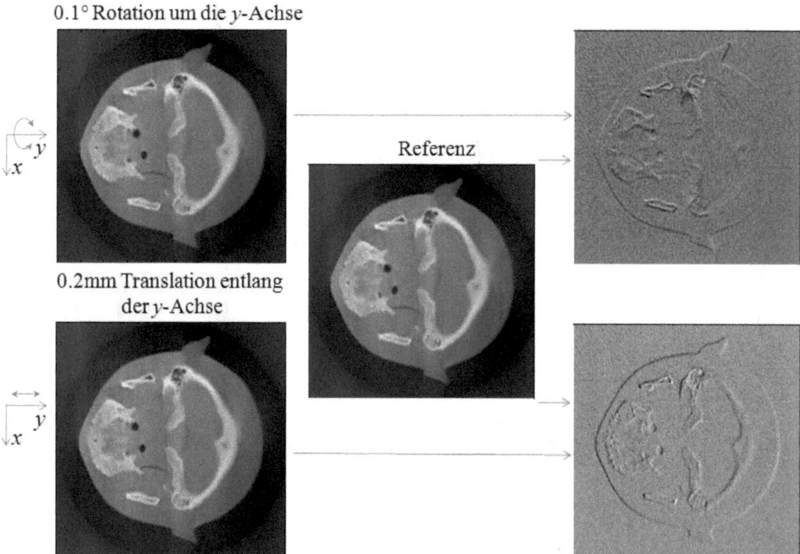

Abbildung 5.5: Die rekonstruierten Schichten aus den simulierten Dental-CT-Daten des Kopfphantoms (links), deren Positionen sich um $0.1°$ und $0.2\,\mathrm{mm}$ von der Referenz (Mitte) unterscheiden. Die Bewegungsachsen mit der Verdeutlichung der Positionsänderung sind ganz links zu finden. Die Differenzbilder (rechts) verdeutlichen die Unterschiede in den Phantompositionen der rekonstruierten Schichten und der Referenz.

rien erzeugen. Um deren Vergleichbarkeit zu Dental-CT-Bewegungsszenarien zu gewährleisten, wurden hier die gleichen Bewegungsparameter und Bewegungsachsen verwendet. In Abbildung 5.5 wurde analog zu Abbildung 5.3 die Auswirkung einer $0.1°$ Rotationsbewegung und einer Translationsbewegung um $0.2\,\mathrm{mm}$ für die simulierten Daten veranschaulicht. Die Bilder zeigen die Differenzen zwischen zwei rekonstruierten Schichten des Kopfphantoms für die sich jeweils um $0.1°$ oder $0.2\,\mathrm{mm}$ unterscheidenden Positionen (simuliert durch die Transformation der Dental-CT-Projektionsmatrizen). Da die simulierten Daten weniger Rauschen als die realen Dental-CT-Akquisitionen aufweisen, sind die Unterschiede in der Position in den Differenzbildern der simulierten Daten besser sichtbar als in denen der realen Akquisitionen. So sind die Änderungen in der Phantomposition während der Rotation des Patientenkopfes um die y-Achse (was eine Neigung des Kopfes nach links oder rechts, und einer horizontal durch die Mitte des Bildes verlaufenden Rotationsachse entspricht) nicht nur oben und unten gut sichtbar, sondern auch in der Nähe der

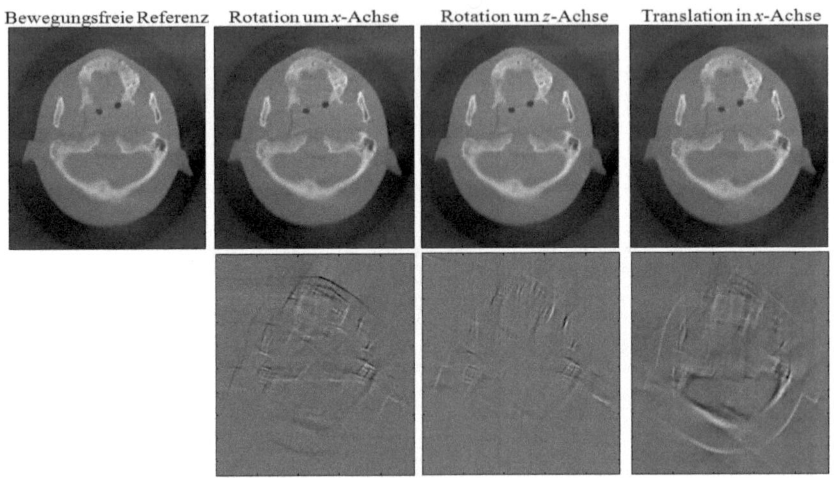

Abbildung 5.6: Oben, von links nach rechts sind die Rekonstruktionen simulierter Projektionen ohne Bewegung, mit $0.5°$ Rotation des Phantoms um die x-Achse, mit $0.5°$ Rotation um die z-Achse und mit 0.5 mm Translation entlang der x-Achse dargestellt. Unten sind die Differenzbilder zur Referenz zu sehen.

Rotationsachse. Die Änderungen während der Translation des Kopfes entlang der y-Achse sind gleichmäßig verteilt und viel deutlicher als für die nicht simulierte Akquisition aus Abbildung 5.2. Im Gegensatz dazu, sind die Bewegungsartefakte in den rekonstruierten Schichten der simulierten Projektionsdaten weniger deutlich sichtbar als bei den realen Akquisitionen.

In Abbildung 5.7 sind Ausschnitte aus den Rekonstruktionen einer Phantomschicht dargestellt, wobei für die Rekonstruktion die simulierten Projektionen verwendet wurden. Analog zu dem in Abbildung 5.2 präsentierten Beispiel (wo für die realen Daten mit der Verwendung eines Roboterarms bestimmte Bewegungen erzeugt wurden) wurden auch hier drei Bewegungsarten veranschaulicht, die zu starken, mittleren und schwachen Artefakten in den rekonstruierten Bildern führen. Eine Spalte stellt je eine Bewegungsart dar, wobei die Bewegungsparameter von oben nach unten stärker sind. Das Kippen des Kopfes nach vorne/hinten führt auch für die simulierten Daten zu den gut sichtbaren Artefakten (in der linken Spalte zu sehen). Bei der Rotation des Kopfes um die vertikale Achse entstanden mittelstarke Artefakte (mittlere Spalte). Die Verschiebung des Kopfes zur Seite führt zu den schwachen Artefakten (in der rechten Spalte sind die Rekonstruktionen bei Verschiebung entlang der x-Achse dargestellt). Analog zu den Rekonstruktionen in Abbildung 5.2 befand

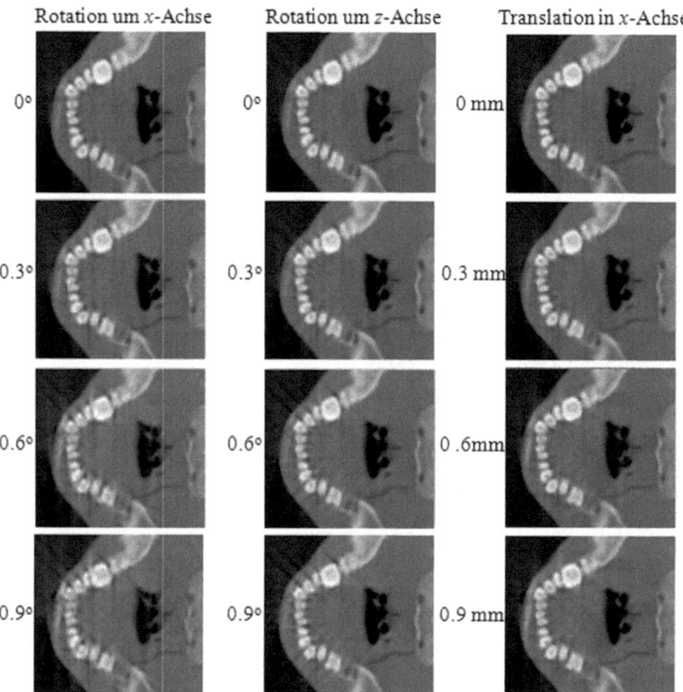

Abbildung 5.7: Die Ausschnitte aus den Rekonstruktionen einer Schicht des Kopf-phantoms: Die verwendeten Projektionen wurden für die drei unterschiedlichen Bewegungsarten simuliert. Für die Bewegungsparameter $0.3°$, $0.6°$ und $0.9°$ sind links Rekonstruktionen beim Nicken des Kopfes nach vorne (Rotation um x-Achse) und in der Mitte bei Rotation des Kopfes nach links (um die vertikale z-Achse) dargestellt. Rechts sind die Rekonstruktionen für die Translation des Kopfes nach rechts (entlang der x-Achse) mit den Parametern $0.3\,$mm, $0.6\,$mm und $0.9\,$mm zu sehen.

sich das Phantom in der Hälfte der Projektionen in einer und in der zweiten Hälfte der Projektionen in einer anderen Position.

Bei dem Vergleich der Abbildungen 5.7 und 5.2 fallen mehrere Unterschiede zwischen den rekonstruierten Ausschnitten der realen und der simulierten Daten auf: Die Bewegungsartefakte in den rekonstruierten Schichten der simulierten Projektionsdaten sind weniger ausgeprägt als bei den realen Akquisitionen. In Abbildung 5.7 wurden kleinere Ausschnitte aus den Rekonstruktionen einer Schicht des Kopfphantoms dargestellt, die unterschiedlich starke Bewegungsartefakte aufweisen. Die Rekonstruktionen der simulierten Projektionen sind weniger verrauscht aber auch unschärfer als die Rekonstruktionen der gemessenen Projektionen. Wobei es für die Unschärfe folgende Gründe gibt: Zum einen führt die oben erwähnte Interpolation während der Erstellung des Phantomvolumens, das für die Erzeugung der Vorwärtsprojektionen verwendet wird, zu Unschärfe. Zum anderen wird eine zusätzliche Unschärfe durch den Vorwärtsprojektions-Algorithmus verursacht. Letztendlich ist der dargestellte Ausschnitt der simulierten Daten kleiner als der Ausschnitt bei den realen Daten. Das rekonstruierte Volumen von $512 \times 512 \times 512$ Voxeln beinhaltet die Informationen über einen Teil des Kiefers des Phantoms, wenn die realen Daten betrachtet werden. Das gleiche Volumen enthält jedoch das ganze Kopfphantom, wenn mit simulierten Daten gearbeitet wird.

Es hat sich gezeigt, dass die Artefakte der Rekonstruktionen aus den simulierten Projektionen zwar weniger sichtbar aber trotzdem vorhanden sind. In Abbildung 5.6 sind mehrere rekonstruierte Schichten der simulierten Projektionsdaten dargestellt. Ganz links ist eine Schicht ohne Bewegung des Phantoms zu sehen, daneben ist eine Aufnahme, die eine $0.5°$ Rotation des Phantoms um die x-Achse repräsentiert. Des Weiteren sind in der Abbildung die Aufnahmen mit einer Rotation von $0.5°$ um die z-Achse (zweite von rechts) und mit einer Translation um $0.5\,\mathrm{mm}$ entlang der x-Achse (rechts) dargestellt. In allen Beispielen fanden die Bewegungen nach der Hälfte der Akquisition statt. Die untere Reihe der Bilder stellt eine Differenz zwischen der bewegungsfreien Referenz (links) und den entsprechenden Rekonstruktionen dar. Erst in den Differenzbildern sind die Bewegungsartefakte in den simulierten Daten deutlich sichtbar.

Im Fokus dieser Arbeit steht das reale Dental-CT mit allen seinen Besonderheiten. Deswegen werden im Weiteren vor allem die entsprechend gemessenen Projektionen verwendet. In manchen Fällen werden die in diesem Abschnitt beschriebenen simulierten Projektionen betrachtet, um den Einfluss des begrenzten FOV's zu verdeutlichen.

6

Detektion der Bewegungspositionen

Mehrere Bewegungskorrekturmethoden, wie zum Beispiel die Data-Driven Motion-Correction (Abschnitt 4.4) und auch die in dieser Arbeit vorgeschlagene Bewegungs-korrekturmethode, benötigen Aufteilung der Projektionen in die bewegungsfreie Abschnitte. Alle Projektionen, die zwischen zwei Bewegungen akquiriert sind, bilden einen bewegungsfreien Abschnitt. Alle Projektionen eines solchen Abschnittes entsprechen der gleichen Position und Lage des zu untersuchten Objektes. Bei einer schnellen abrupten Bewegung wird angenommen, dass der Bewegungszeitpunkt zwischen zwei Projektionen liegt (die Bewegung während der Akquisition einer Projektion wird vernachlässigt, da die Akquisitionsdauer sehr kurz ist). Wenn von einer Bewegungsstelle gesprochen wird, werden Projektionsindizes i und $i+1$ gemeint, $i \in \mathbb{N}$, so dass das zu untersuchende Objekt in der Projektion i in einer Position und in der Projektion $i+1$ in einer anderen Position ist. Bei langen Bewegungen sind mehrere Projektionen in einer Bewegung involviert. Die Bewegungsstelle besteht in diesem Fall aus mehreren Projektionsindizes $\{i, i+1, \ldots, i+\Delta_i\}$, $\Delta_i \in \mathbb{N}$, wobei Δ_i die Anzahl der Projektionen ist, die akquiriert werden, während das untersuchte Objekt sich bewegt.

Als Erstes wird die Frage der Bewegungsdetektion adressiert, wobei darunter nur die Bestimmung der Bewegungspositionen gemeint ist, die zur Aufteilung von akquirierten Daten in die bewegungsfreien Abschnitte verwendet werden können. Die Bestimmung der Bewegungsparameter findet bei der von uns vorgeschlagenen Vorgehensweise im nächsten Schritt statt (Kapitel 7).

Zur Evaluierung der Methoden der Bewegungsdetektion werden die mit dem Dental-CT akquirierten Daten verwendet, wobei die Bewegungen, wie im Abschnitt 5.1 beschrieben, erzeugt werden. Für die bessere Vergleichbarkeit der Ergebnisse,

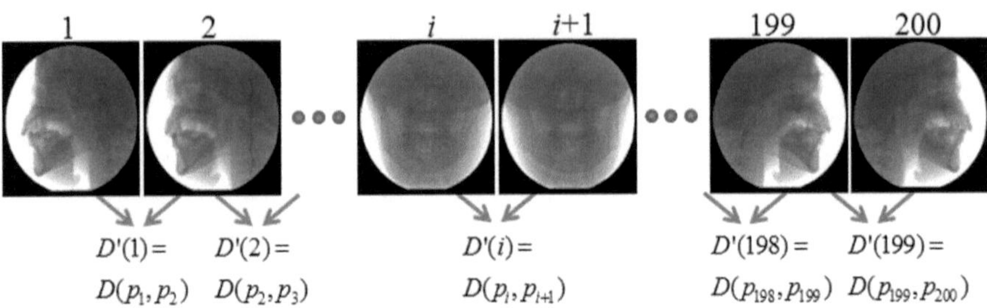

Abbildung 6.1: Illustration der Idee der Anwendung von referenzbasierten Metriken zur Detektion von Positionen der Objektbewegungen.

wird in allen Abschnitten das gleiche Bewegungsszenario verwendet, welches in Abschnitt 6.1 anhand eines Beispiel vorgestellt wird. Dabei finden an definierten Stellen drei Bewegungen gleicher Bewegungsstärke statt. Insgesamt wurden Datensätze mit den Bewegungsparametern von $-2°$ bis $2°$ mit $0.1°$ Inkrement für Rotationsbewegungen und von $-2\,\text{mm}$ bis $2\,\text{mm}$ mit $0.2\,\text{mm}$ Inkrement bei Translationsbewegungen verwendet.

Die Bestimmung der Bewegungspositionen im unten beschriebenen Verfahren (Abschnitt 6.1) findet ausschließlich unter Verwendung von Projektionen in der Reihenfolge deren Akquisition statt. Da weder Rekonstruktionen noch Vorwärtsprojektionen verwendet werden, wird diese Vorgehensweise als projektionsbasierte Bewegungsdetektion bezeichnet. Eine Metrik $D(f, g)$ wird auf je zwei aufeinander folgende Projektionsbilder angewendet (Abbildung 6.1). Die $f(i, j)$ und $g(i, j)$ sind hier zwei diskrete Projektionsbilder eines Datensatzes, die mit einem Cone-Beam-CT erzeugt und über demselben Bereich $1 \leq i, j \leq N$, $N \in \mathbb{N}$ definiert sind. Mehrere referenzbasierte Metriken werden auf deren Anwendbarkeit für diese Vorgehensweise untersucht. Gesucht ist eine Metrik, die für zwei Projektionen des Objektes in gleicher Position ähnliche Werte liefert. An den Stellen, wo eine Bewegung stattgefunden hat, soll die Metrik einen signifikand abweichenden Wert liefern. Die Bewegungsstellen können so als Ausreißer der Metrikwerte bestimmt werden. Die Schwierigkeit besteht darin, dass je zwei aufeinander folgende Projektionen bereits ein gewisses Maß an Unähnlichkeit besitzen, welches durch die rotierende Bewegung des Quelle-Detektor-Systems und folglich sich ständig ändernden Überlagcrungen der Objektstrukturen entsteht. Auch die Abgeschnittenheit der Projektionen trägt dazu bei, dass die Werte auch an den bewegungsfreien Stellen wesentlichen Schwankungen unterliegen können. Ein Anstieg der Metrikwerte kann zum Beispiel durch das Heranwandern einer Objektstruktur mit hohe Schwächungseigenschaft, welche in den Projektionen davor nicht in FOV zu sehen war, in das FOV verursacht werden.

Im Abschnitt 6.2 wurden mehrere Möglichkeiten untersucht, unter ausschließlicher Verwendung von Projektionen weitere Informationen über die stattgefundene Bewegung zu erhalten. Nachdem Bewegungsstellen mit einer der Metrik aus Abschnitt 6.1 bestimmt sind, werden die zwei Projektion verwendet, zwischen welchen eine Bewegung stattgefunden hat, um zu ermitteln um welche Bewegung es sich handeln könnte. Da nur die Projektionen dabei verwendet werden, kann auch nur die Projektion der stattgefundenen Bewegung ermittelt werden. Ein eindeutiger Rückschluss auf die 3D-Bewegung ist ohne Heranziehen weitere Informationen nicht möglich. Die Menge aller Bewegungen kann aber dadurch stark begrenzt werden. Dies kann zur Beschleunigung der Bewegungskorrektur verwendet werden. Es hat sich gezeigt, dass die im Abschnitt 6.2 beschriebenen Verfahren zwar theoretisch auch zu der Detektion der Bewegungsstellen verwendet werden können, aber bei den von uns verwendeten Daten eine viel höhere Rate der falsch-positiven Detektionen ausweisen als bei der Bewegungsdetektion mit Hilfe von Referenzmetriken. Deshalb sind die Methoden aus dem Abschnitt 6.2 nicht als Ersatz für die metrikbasierte Bewegungsdetektion, sondern als Erweiterung bzw. Weiterführung der Verfahren aus dem Abschnitt 6.1 zu sehen.

Die Methoden aus Abschnitt 6.3 basieren auf der Verwendung eines Metallmarkers. Dieser wird so befestigt, dass der in allen Projektionen sichtbar ist. Dadurch ist dessen Position in jeder Projektion ermittelbar. Die in diesem Abschnitt verwendeten Metriken liefern ebenfalls für jede zweite Projektion einen Wert, sodass die Bewegungsstellen als Ausreißer der Metrikwerte bestimmt werden.

6.1 Bewegungspositionen Detektion mit referenzbasierten Metriken

6.1.1 Vorgehensweise

Es wurden mehrere Metriken auf deren Anwendbarkeit zur Bewegungsdetektion untersucht. Gesucht ist solche Metrik $d_i = D(p_i, p_{i+1})$, p_i bezeichnet die i-te gemessenen Projektion, dass $\{d_i \mid 1 \leq i \leq N\}$ an den Bewegungsstellen, also für die entsprechenden zur Bewegung gehörenden Projektionsindizes i, auffällig hohe Werte aufweisen. Außerdem soll die gesuchte Metrik ähnliche Werte für die bewegungsfreien Projektionen liefern. Die Positionen mit hoheren Werten können dann durch die Verwendung von Ausreißerdetektion ermittelt werden.

Wie die Ausreißerbestimmung in den Metrikwerten stattfindet, wird hier anhand eines Beispiels erklärt. In Abbildung 6.2 oben ist beispielhaft ein Verlauf der Werte einer Metrik D dargestellt. In diesem Beispiel wurde als Ähnlichkeitsmaß zweier aufeinanderfolgenden Projektionen der normalisierte, absolute Abstand verwendet (Abschnitt 6.1.2). Der Bewegungsdatensatz wurde so konstruiert, dass er an drei

Stellen (zwischen den Projektionen 49 / 50, 99 / 100 und 149 / 150) eine abrupte Positionsveränderung des Phantoms enthält. Hier wurde eine Rotation von 0.6° um die vertikale Achse durchgeführt. Die Veränderungen in den aufeinanderfolgenden Projektionsbildern sind deutlich in den in Abbildung 6.2 dargestellten Differenzbildern zu sehen. Differenzbilder zweier Projektionen, zwischen welchen eine Bewegung stattgefunden hat (b, d und f), enthalten in der Regel deutlich mehr signifikant abweichende Werte (helle und dunkle Bereiche) als die Differenzbilder ohne die Bewegung zwischen den Projektionen (a, c und e). Demzufolge unterscheiden sich die Metrikwerte an den drei Bewegungsstellen, auf welche die Pfeile von den Differenzbildern mit einer Bewegung zeigen, von den Werten in deren Umgebung. In diesem Beispiel weist der Verlauf der Metrikwerte an den Bewegungsstellen deutliche Peaks auf und diese können entsprechend als Ausreißer betrachtet und detektiert werden.

Für die Detektion der Bewegungsstellen werden der Median m_i (in Abbildung 6.2 schwarze Kurve) und die mittlere absolute Abweichung vom Median s_i (in Abbildung 6.2 punktierte Kurve) verwendet, wobei diese für jeden i-ten Distanzwert in seiner Umgebung $\{i-k, i+k\}$ mit $k \in \mathbb{N}$ bestimmt werden. Alle Positionen mit den Metrikwerten, welche größer als ein vordefinierter Schwellwert sind, werden als Ausreißer bzw. Bewegungsstellen klassifiziert. Als Schwellwert wird hier $\pm 4s_i$ verwendet. Die außerhalb der Schwelle liegenden Metrikwerte sind in den beiden Graphen aus der Abbildung 6.2 durch Kreise markiert und entsprechen den detektierten Bewegungsstellen. Wie am Verlauf der Metrikwerte im oberen Graph (Metrik D) zu sehen ist, konnte eine Bewegungsstelle zwischen der einhundertsten und einhundertersten Projektion trotz der Verwendung der Umgebungen für die Bestimmung der statistischen Maße nicht erfasst werden. Um auch solche Bewegungsstellen detektieren zu können, wird eine lokale Normierung der Metrikwerte mit dem Median einer kleinen Umgebung empfohlen. Das heißt statt D sollen die normierten Werte $D'(i) = D(i)/\text{median}\{D(i-k), D(i+k)\}$ mit $k = 4$ für die Ausreißerdetektion verwendet werden. In Abbildung 6.2 unten ist das ermittelte Distanzmaß nach der Normierung dargestellt. Durch Normierung ist es möglich geworden, auch die mittlere Bewegungstelle (zwischen Projektion 100 und 101) zu detektieren. Trotz der Normierung sollen bei der Ausreißerdetektion anhand der D'-Werte lokale Schwellwerte der Umgebungen verwendet werden, um falschpositive Detektionen zu vermeiden, die durch objektspezifische Schwankungen des Distanzmaßes verursacht werden. So z. B. würde im Beispiel aus Abbildung 6.2 eine falsch-positive Detektion an Position 80 stattfinden, wenn ein globaler Schwellwert verwendet wird.

Das Szenario aus der Abbildung 6.2 wird auch in den folgenden Abschnitten verwendet. Ausgehend von einer Grundposition, um die alle aufgenommen Phantompositionen liegen und welche gut als Ausgangsposition für die Bewegungen dienen kann, wird eine Art der Bewegung für einen Bewegungsparameter simuliert. Zu den

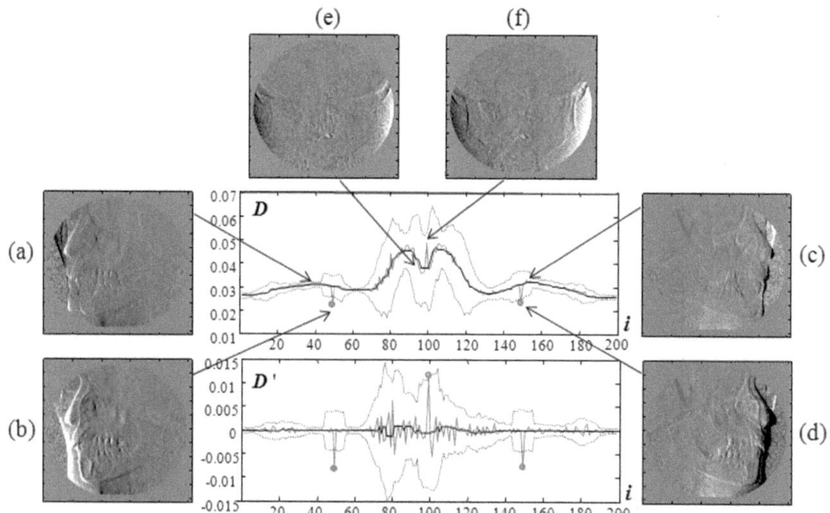

Abbildung 6.2: Ein Beispiel für den Verlauf der Metrikwerte D für einen Datensatz mit simulierten Bewegungen. Oben ist der Verlauf der ursprünglichen Metrik und unten der Verlauf der Metrik nach der Anpassung im Bereich von vier benachbarten Werten dargestellt. Median m_i und Schwellwerte s_i (punktiert) wurden für die ±20-Werte-Umgebungen bestimmt. Die detektierten Stellen sind durch Kreise markiert. Dargestellt sind außerdem die Differenzbilder für aufeinanderfolgende Projektionen mit der Kopfbewegung dazwischen (b, d und f) und ohne Bewegung des Kopfes (a, c und e).

drei Zeitpunkten wird die Phantomposition verändert. Für die ersten 49 Projektionen befindet sich das Phantom in der Grundposition, für die Projektionen 50 bis 99 in einer anderen Position (zum Beispiel rotiert um $0.5°$ um eine Achse), dann wieder in der Grundposition für die Projektionen 100 bis 149. Die restlichen Projektionen werden aus dem Datensatz für die gleiche Bewegung wie zuvor (im Beispiel wieder rotiert um $0.5°$ um eine Achse) ausgewählt.

Alle Graphen der folgenden Abschnitte haben die gleiche horizontale Achse. Die auf der vertikalen Achse aufgetragenen Werte des jeweiligen Ähnlichkeitmaßes zweier aufeinanderfolgenden Projektionen werden in der Abhängigkeit von den fortlaufenden Nummern der Projektionspaare dargestellt. Das Ähnlichkeitsmaß zweier Projektionen i und $i + 1$ wird an der Position i dargestellt. Da die verwendeten Dental-CT-Akquisitionen aus 200 Projektionen bestehen, werden für jeden Datensatz 199 Ähnlichkeitswerte bestimmt. Die Schwellte der Ausreißerdetektion $\pm4s_i$ wird immer punktiert dargestellt. Die verwendeten Umgebungen betragen für alle Metriken aus dem Abschnitt 6.1 ± 70-Werte, da beobachtet wurde, dass bei dieser Umgebungsgröße für alle Metriken gute Ergebnisse erzielt werden können. Zwar können manche falsch-positive Detektionen durch eine geschicktere Wahl der Umgebungsgröße vermieden werden, aber durch die Verwendung gleicher Umgebungsgrößen wird die beste Vergleichbarkeit der Ergebnisse angestrebt. Auf die Wahl der optimalen Umgebungsgröße für die besten Metriken wird in Abschnitt 6.1.3 genauer eingegangen.

6.1.2 Referenzbasierte Metriken

Gegeben seien zwei diskrete Bilder $f(i,j)$ und $g(i,j)$, die über demselben Bereich $1 \leq i, j \leq N$, $N \in \mathbb{N}$ definiert sind. Gesucht sei nun eine Funktion $D(f,g)$, die die Ähnlichkeit zweier Bilder bestimmt. Dies bedeutet, dass eine große Ähnlichkeit einer kleinen Distanz zweier Bilder entspricht und durch die kleinen Werte des Distanzmaßes dargestellt werden soll. So dass gilt $D(f,g) = 0$, wenn $f = g$ und $D(f,g)$ nimmt einen größeren Wert ein, je unterschiedlicher die Bilder sind.

Die in dieser Arbeit verwendeten und in diesem Abschnitt beschriebenen Metriken stellen keine vollständige Liste dar. In der Literatur sind viele weitere Ähnlichkeitsmaße zu finden. Diese werden vor allem im Bereich der Bildregistrierung verwendet. Es wäre unmöglich und überflüssig die Verwendung aller Metriken zu testen, da viele Variationen gleicher Metriken existieren. Die bekannten referenzbasierten Metriken können in drei Gruppen unterteilt werden [Kub08]: intensitätsbasierte Ähnlichkeitsmaße, räumlich intensitätsbasierte Ähnlichkeitsmaße und histogrammbasierte Ähnlichkeitsmaße. Aus jeder Gruppe werden mehrere Vertreter verwendet.

Eines der ältesten und meist verwendeten Distanzmaße ist die Summe der quadrierten Differenzen (SSD) [PFTV92], definiert durch

$$D^{\mathrm{SSD}}(f,g) = \sum_{i=1}^{N} \sum_{j=1}^{N} (f(i,j) - g(i,j))^2. \tag{6.1}$$

Bei diesem Maß werden die beiden Bilder pixelweise verglichen. Je größer die Differenzen der einzelnen Pixel an der gleichen Position in den zu vergleichenden Bilder sind, desto größer ist der gemeinsame SSD-Abstand zweier Bilder und entsprechend desto unterschiedlicher sind die Bilder. Eine mögliche Normierung des SSD-Maßes

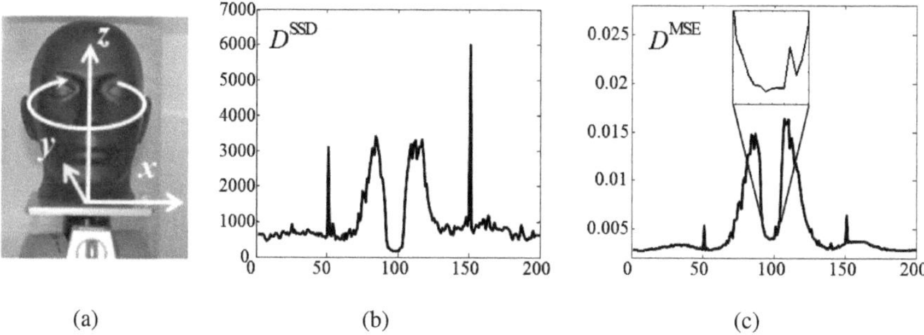

(a)   (b)   (c)

Abbildung 6.3: Die Distanzwerte SSD und MSE für ein Datensatz mit den Bewegungsstellen an 50, 100 und 150 Stellen (zwischen den Projektionen $49/50$, $99/100$ und $149/150$) sind in (b) und (c) dargestellt. Der Phantomkopf wurde um die vertikale Achse um $0.6°$ rotiert. Die Bewegungsrichtung ist in (a) verdeutlicht. Ein Ausschnitt des Kurvenverlaufs um den 100-sten Ähnlichkeitswert verdeutlicht den Unterschied zwischen dem Verhalten beider Maße an dieser Bewegungsstelle.

ist der mittlere quadratische Fehler bekannt als Mean Squared Error (MSE)

$$D^{\mathrm{MSE}}(f,g) = \sqrt{\frac{\sum_{i=1}^{N}\sum_{j=1}^{N}(f(i,j)-g(i,j))^2}{\sum_{i=1}^{N}\sum_{j=1}^{N}(f(i,j)-\bar{f})^2}}, \quad \text{wobei} \quad \bar{f} = \frac{1}{N^2}\sum_{i=1}^{N}\sum_{j=1}^{N}f(i,j) \quad (6.2)$$

die mittlere Intensität des Bildes ist.

Ein Nachteil der MSE-Metrik ist deren durch Quadrieren der Pixeldifferenzen verursachte Empfindlichkeit gegenüber Rauschen und einzelner stark abweichenden Werte. Durch das Quadrieren der Pixeldifferenzen werden die großen Abweichungen stärker gewichtet. So können schon wenige starke Wertdifferenzen, die unter anderem durch Rauschen verursacht werden können, zu einem großen Wert von D führen. Aus diesem Grund können die Bilder als sehr unterschiedlich eingestuft werden, sogar wenn die meisten Grauwerte gleich sind und nur wenige starke Abweichungen vorhanden sind.

In Abbildung 6.3 sind die Metrikwerte D^{SSD} und D^{MSE} für das Bewegungsszenario aus Abschnitt 6 dargestellt. Während die Bewegungsstellen zwischen Projektion 49 und 50 sowie zwischen 149 und 150 in dem Verlauf der beiden Kurven deutlich zu sehen und leicht zu detektieren sind, sind die Veränderungen der Metrikwerte an der einhundertsten Stelle viel schwächer. Die Projektionen in der Mitte der Akquisition haben wegen des begrenzten FOVs keine leeren Bereiche, in denen Strahlen ungeschwächt an dem Detektor ankommen. Deshalb ist die Verteilung der Schwächungswerte innerhalb solcher Projektionsbereiche relativ gleichmäßig. Da bei beiden Metriken die einzelnen Differenzen der Pixelwerte unabhängig von deren Umgebungen betrachtet werden, auch wenn eine Bewegung stattgefunden hat, ändern sich zwar die Projektionswerte innerhalb des Schwächungsbereiches, die Differenzen der einzelner Pixelwerte zu denen der vorhergehenden Projektion bleiben aber für alle Pixel klein. Entsprechend sind Metrikwerte der Projektionen dieses Abschnittes, zwischen welchen keine Bewegung stattgefunden hat, ungefähr gleich den Metrikwerten der Projektionen, zwischen welchen eine Bewegung vorhanden ist. Die Normierung der Ähnlichkeitswerte durch Division mit dem Median der lokalen Umgebung von vier benachbarten Werten (wie im Abschnitt 6 beschrieben) bringt keine Abhilfe bei solchen nicht ausreichenden objekt- und geometrieabhängigen Veränderungen der Metrikwerte. In Abbildung 6.5 (a) ist die Kurve der normierten D^{MSE} dargestellt. Als gestrichelte Linie sind die Schwellwerte der hier verwendeten Ausreißerdetektion dargestellt. Zwar wurden die zwei äußeren Bewegungsstellen dadurch korrekt detektiert, die Bewegungsstelle in der Mitte (beim einhundertsten Projektionspaar) ist auch hier nicht erkannt worden.

Wenn nicht die Projektionen mit Originalwerten, sondern die mit den Projektionssummen als Pixelwerte verwendet werden, d. h. die Projektionen nach der Normierung auf die Röntgenintensität I_0 und dem Logarithmieren (Abbildung 6.4) wurde bei der Anwendung der gleichen Parameter der Bewegungsdetektion wie oben auch die mittlere Bewegungsstelle detektiert (Abbildung 6.5 b). Hier fand allerdings eine falsch-positive Detektion statt. Diese Stelle wurde in der Abbildung durch einen Kreis markiert (korrekt-positive Detektionen sind durch Rechtecke verdeutlicht).

Bei dem normierten absoluten Abstand (NAD) werden alle Wertdifferenzen gleich gewichtet, d. h.

$$D^{\mathrm{NAD}}(f,g) = \frac{\displaystyle\sum_{i=1}^{N}\sum_{j=1}^{N}|f(i,j)-g(i,j)|}{\displaystyle\sum_{i=1}^{N}\sum_{j=1}^{N}|f(i,j)|} \tag{6.3}$$

Rauschen und Ausreißer fließen aber trotzdem (wenn auch in geringerem Maße) in das Distanzmaß ein. Um den Einfluss dieser Störquellen zu unterdrücken, können geeignetere Gewichtungen verwendet werden.

Im Feld der Computer Vision wurden weitere Distanzmaße entwickelt, die robuster gegenüber Rauschen und Ausreißern sind. Es existieren verschiedene Typen sol-

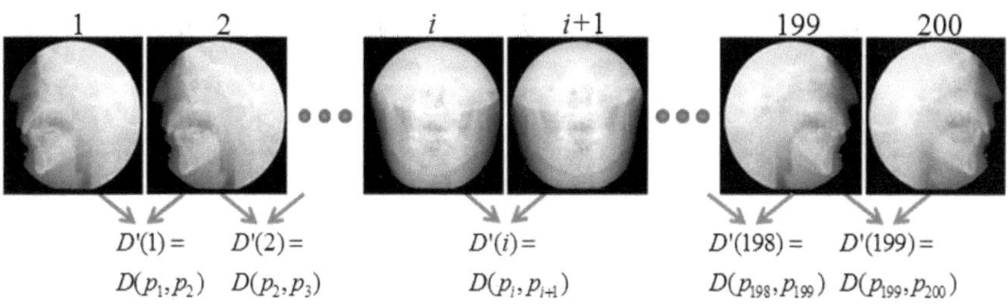

Abbildung 6.4: Anwendung referenzbasierten Metriken zur Detektion von Positionen der Objektbewegungen, wobei die Projektionen nach der Normierung auf die Röntgenintensität I_0 und dem Logarithmieren verwendet werden.

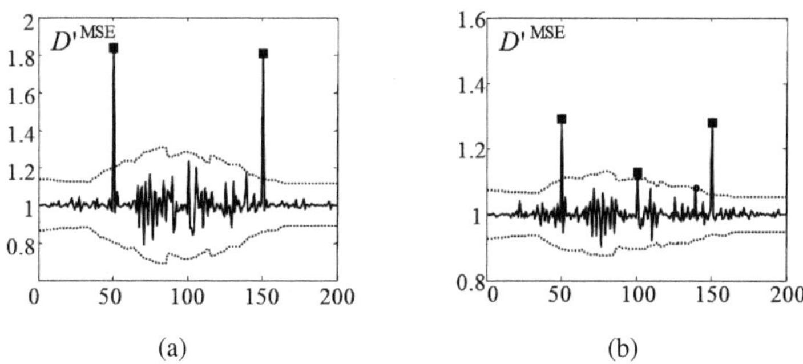

Abbildung 6.5: Die normierten Werte der MSE-Metrik. In (a) wurden die Projektionen mit den gemessenen Projektionswerten verwendet (Abbildung 6.1) und in (b) nach der Normierung auf I_0 und dem Logarithmieren (Abbildung 6.4). Die Schwelle der Ausreißerdetektion $\pm 4s_i$ (punktiert) und Median mi wurden für die ± 70-Werte-Umgebungen bestimmt. Die korrekt detektierten Stellen sind durch Rechtecke und falsch-positive Detektionen durch Kreise markiert.

cher sogenannter „Schätzer". Ein Überblick darüber kann [MMRK90] oder [BR96] entnommen werden. Als Hauptnachteil darauf basierender Distanzmaße wird der hohe Rechenaufwand bei der Verwendung solcher Maße genannt. Die populärste Art solcher robusten Schätzer sind die sogenannten M-Schätzer (Maximum-Likelihood-Schätzer). Deren Rechenaufwand ist vergleichsweise niedrig und es wurde festgestellt, dass in der Praxis bei den Daten die bis zu 45 % Rauschen enthalten, die M-Schätzer gute Ergebnisse liefern. Ein Beispiel solcher Funktionen ist der so genannte Geman-McClure-Schätzer (GMcC) [BR96], der durch

$$D^{\mathrm{GMcC}}(f,g) = \frac{\displaystyle\sum_{i=1}^{N}\sum_{j=1}^{N}(f(i,j)-g(i,j))^2}{\displaystyle\sum_{i=1}^{N}\sum_{j=1}^{N}C^2 + (f(i,j)-g(i,j))^2}, \quad C \in \mathbb{R} \tag{6.4}$$

definiert ist. Dabei werden Differenzen größer als eine Schwelle, definiert durch die Konstante C, gedämpft und der Einfluss des Rauschens und einzelner Ausreißer reduziert.

Die Ergebnisse der Anwendung von D^{NAD} und D^{GMcC} auf den Datensatz mit der Rotation um die vertikale Achse um $0.6°$ sind in der Abbildung 6.6 dargestellt. Die Kurven sind nach der Normierung dargestellt, da die nicht normierten Kurven den gleichen allgemeinen Verlauf wie die vorherigen Metriken aufweisen. Bei der Anwendung von D^{NAD} auf die originalen (a) und modifizierten Projektionen (b) konnten die Bewegungsstellen korrekt detektiert werden, aber es fand auch eine falsch-positive Detektion an der gleichen Stelle statt wie bei der Verwendung von D^{MSE} bei den modifizierten Projektionen. Im Gegensatz dazu wurden bei der Verwendung von D^{GMcC} in beiden Fällen nur die korrekten Bewegungsstellen erkannt (abgebildet wurde nur die Kurve für originale Projektionen wegen deren Ähnlichkeit). Es wurde $C = 1000$ verwendet, wobei die am Detektor gemessenen Werte im Bereich $[0, 3500]$ liegen.

Der Korrelationskoeffizient (Korr) [PFTV92] ist ein Maß, das den Grad des linearen Zusammenhangs zwischen zwei Merkmalen beschreibt. Es ist definiert durch

$$D^{\mathrm{Korr}}(f,g) = \frac{\displaystyle\sum_{i=1}^{N}\sum_{j=1}^{N}\left(f(i,j)-\bar{f}\right)\left(g(i,j)-\bar{g}\right)}{\sqrt{\displaystyle\sum_{i=1}^{N}\sum_{j=1}^{N}\left(f(i,j)-\bar{f}\right)^2}\sqrt{\displaystyle\sum_{i=1}^{N}\sum_{j=1}^{N}\left(g(i,j)-\bar{g}\right)^2}} \tag{6.5}$$

Dabei sind $\bar{f}$ und $\bar{g}$ wie in Gleichung 6.2 definiert. Der Korrelationskoeffizient ist ein aus der Statistik stammendes Maß (Pearson product-moment correlation coefficient), das den Grad des linearen Zusammenhangs zwischen zwei Merkmalen beschreibt [Zöf03]. Wenn der Korrelationskoeffizient den Wert 0 annimmt, hängen die beiden Merkmale nicht voneinander ab (es besteht kein linearer Zusammenhang). Wenn die Grenzwerte -1 und 1 angenommen werden, besteht ein vollständig positiver (bzw. negativer) linearer Zusammenhang zwischen den betrachteten Merkmalen.

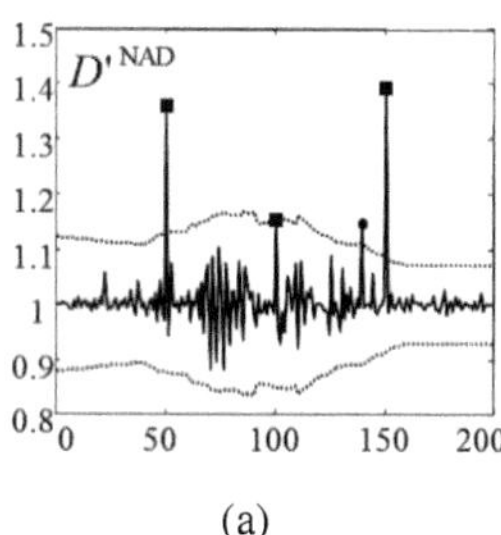

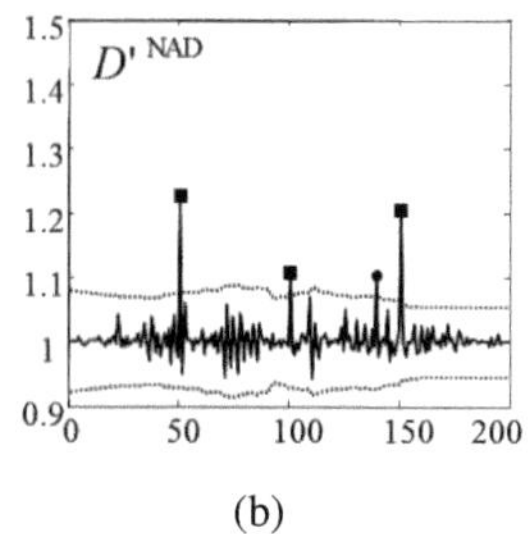

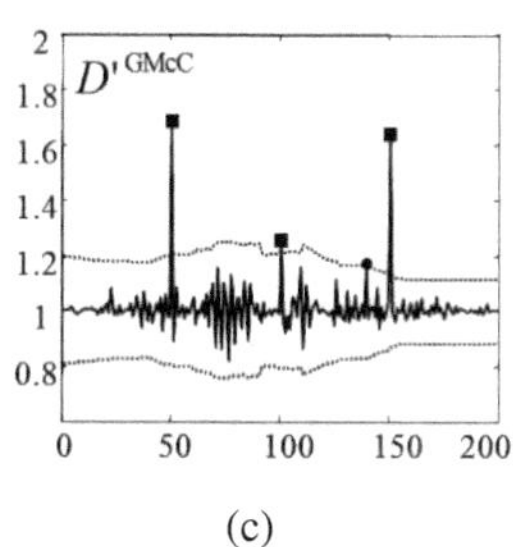

Abbildung 6.6: Die normierten Werte der NAD-Metrik für originale Projektionen (a) und Projektionen mit den Projektionssummen (b). Verwendung von D^{GMcC} auf die originalen Projektionen ist in (c) abgebildet. Die Schwelle der Ausreißerdetektion $\pm 4s_i$ (punktiert) und Median mi wurden für die ± 70-Werte-Umgebungen bestimmt. Die korrekt detektierten Stellen sind durch Rechtecke und falsch-positive Detektionen durch Kreise markiert.

Entsprechend gilt für die Verwendung des Korrelationskoeffizienten für die Bestimmung der Ähnlichkeit zweier Bilder: Der Korrelationskoeffizient ist 1 für zwei gleiche Bilder und wird kleiner im Absolutbetrag je unähnlicher die zu vergleichende Bilder sind.

Ein besonderes Distanzmaß, das nicht die Grauwerte zweier Bilder, sondern die in Bildern vorhandenen Kanten verwendet, ist das normalisierte Gradienten-Feld (NGF) [HM05, HM06]. Zwei Bilder weisen eine hohe Ähnlichkeit auf, wenn deren Kanten die gleiche Richtung haben, d. h. linear abhängig sind. Es ist zu erwarten, dass sich bei einer Objektbewegung der Kanterverlauf ändert und die Bewegungsstellen auffällige NGF-Werte aufweisen.

Da die Ortsableitung die Kanteninformation enthält, werden die Bildgradienten als Indikatoren für die Kanten verwendet. Die Höhe der Kante soll nicht berücksichtigt werden, deshalb werden die Gradienten normiert. Für die Bestimmung der linearen Abhängigkeiten dienen das Kreuz- oder Skalarprodukt. Die Norm des Kreuzproduktes ist die Fläche des Parallelogramms, das durch die zwei Gradienten (in x- und y-Richtung) aufgespannt ist. Wenn das Kreuzprodukt und damit die aufgespannte Fläche gleich Null sind, weisen zwei Bildkanten die gleiche Richtung auf. Wenn die Fläche des aufgespannten Parallelogramms maximal ist (im Fall von normierten Gradienten ist die maximale mögliche Fläche gleich Eins), sind die Gradienten senkrecht zueinander, und dies spricht für die maximale Unähnlichkeit der Bilder.

Somit wird das NGF-Distanzmaß folgendermaßen formuliert

$$D^{\mathrm{NGF}}(f,g) = \sum_{i=1}^{N}\sum_{j=1}^{N} \left\| \frac{\nabla f(i,j)}{\|\nabla f(i,j)\|} \times \frac{\nabla g(i,j)}{\|\nabla g(i,j)\|} \right\|^2 \tag{6.6}$$

Die Verwendung des Kreuzproduktes hat den Nachteil, dass es bei der Bestimmung der Wertdifferenzen zum Auslöschungsphänomen kommen kann. Daher ist es ratsamer das Skalarprodukt zu verwenden.

Im Gegensatz zum Kreuzprodukt ist das Skalarprodukt Eins, wenn die normierten Gradienten linear abhängig sind und Null bei der linearen Unabhängigkeit. Um dem Begriff Distanz gerecht zu bleiben, wobei ein minimaler Wert für die maximale Ähnlichkeit spricht, wird das NGF-Ähnlichkeitsmaß wie folgt formuliert:

$$D^{\mathrm{NGF}}(f,g) = \sum_{i=1}^{N}\sum_{j=1}^{N} 1 - \left(\frac{\langle \nabla f(i,j), \nabla g(i,j) \rangle}{\|\nabla f(i,j)\| \cdot \|\nabla g(i,j)\|} \right)^2 . \tag{6.7}$$

In Abbildung 6.7 sind die Verläufe der D^{Korr}- und D^{NGF}-Kurven für das verwendete Beispiel (mit den drei Rotationsbewegungen) dargestellt. Auch bei der Verwendung von Korrelationskoeffizient und NGF-Metrik stellt von allem die Bewegungsstelle in der Mitte der Akquisition eine Herausforderung an die beiden Metriken. Bei der Bestimmung der Metriken aus der oberen Reihe wurden die Projektionen mit den originalen Messwerten verwendet. Für die Kurven aus der unteren Reihe wurden Projektionen nach der Normierung auf I_0 und Logarithmieren verwendet. Die Kurvenverläufe unterscheiden sich in Abhängigkeit von der Art der verwendeten Projektionen deutlich. Durch das Logarithmieren wurde eine Verbesserung der Detektion erreicht. Der Grund dafür ist die Abwesenheit einer sehr prominenten, in allen Projektionen gleichen Kante an der Grenze des FOV, welche sich auch in Projektionen mit einer Bewegung dazwischen an der gleicher Position befindet. Das Vorhandensein dieser Kante führt dazu, dass die Bilder als ähnlicher eingestuft werden als wenn nur die Grauwerte innerhalb des FOV betrachtet werden. Nach dem Logarithmieren ist eine deutliche in allen Projektionen sichtbare Kante nur an den Stellen vorhanden, an welchen das untersuchte Objekt über das FOV ragt (sehe zwei Projektionen in der Mitte der Abbildung 6.4). Entsprechend ändert sich bei einer Bewegung die Länge der Kante und der NGF-Wert, bestimmt zwischen zwei solchen Projektionen, verändert sich stärker.

Zwar wurden bei D^{NGF} für die logarithmierten Projektionen alle Bewegungsstellen detektiert, aber auch eine bewegungsfreie Stelle (bei Projektionen 83/84) weist einen genau so rapiden Anstieg des Wertes auf wie an den Bewegungsstellen. Dieses Verhalten entspricht nicht den gestellten Voraussetzungen an eine Metrik und spricht gegen die Verwendung von D^{NGF}.

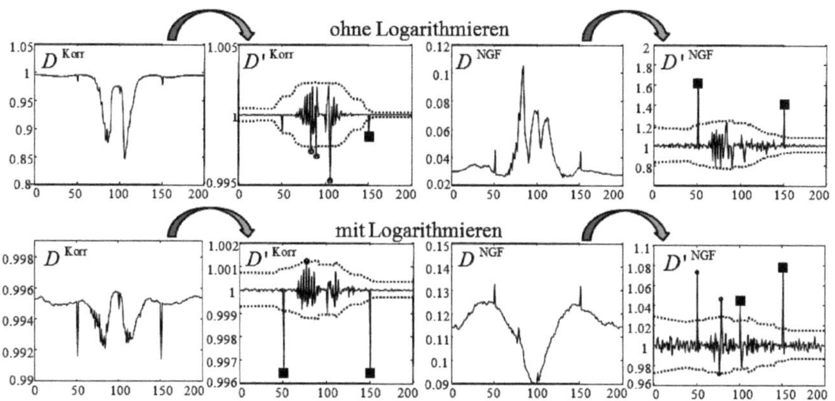

Abbildung 6.7: Metriken D^{Korr} und D^{NGF} angewendet auf die Projektionen mit den originalen Werten (oben) und auf die Projektionen nach der Normierung auf I_0 und Logarithmieren (unten). Die korrekt detektierten Stellen sind durch Rechtecke und falsch-positive Detektionen durch Kreise markiert.

Das von P. A. Viola in [Vio95] und [VW97] vorgestellte Mutual-Information-Distanzmaß (MI) wurde mittlerweile zum Standardmaß für das Vergleichen multimodaler Bilder. Einen guten Überblick über die verschiedenen existierenden Definitionen von MI gibt es in [Hel06]. Im Gegensatz zu den oben dargestellten Distanzmaßen wird bei der MI keinerlei Information über die Abhängigkeiten der Bildintensität verwendet. Die Ähnlichkeit der Bilder wird über deren Informationsgehalt bzw. die Grauwertverteilung bestimmt und kann als Maß für die stochastische Abhängigkeit verstanden werden.

Ein Bild lässt sich als eine Zufallsvariable über der Menge möglicher Grauwerte auffassen. Die Häufigkeit des Auftretens eines Grauwertes im Bild entspricht seiner Wahrscheinlichkeit. Um die Entropie eines Bildes zu bestimmen, wird deshalb zuerst eine Häufigkeitsverteilung h erstellt, das die Häufigkeit des Auftretens jedes der n vorhandenen Grauwerte t_i $(i = 1, \ldots, n)$ enthält. Dann wird die Entropie als

$$H = -\sum_{i=1}^{n} h(t_i) \log_2 h(t_i) \tag{6.8}$$

bestimmt. Sie liefert die Information über die Verteilung der Grauwerte des Bildes.

Die Verbundentropie zweier Zufallsvariablen, die in unserer Anwendung zwei Bilder sind, bestimmt wie viel Entropie/Information ein gemeinsames System dieser Zufallsvariablen (Bilder) enthält. Um diese zu bestimmen, werden alle möglichen

Paare (t_i^f, t_j^g), $i, j \in \{1, \ldots, n\}$ der Grauwerte zweier Bilder f und g betrachtet. Für jedes Paar wird deren Auftrittshäufigkeit $h(t_i^f, t_j^g)$ bestimmt. Anschließend wird die Verbundentropie als

$$H(f,g) = -\sum_{i=1}^{n}\sum_{j=1}^{n} h(t_i^f, t_j^g) \log_2 h(t_i^f, t_j^g) \tag{6.9}$$

bestimmt.

Um den Informationsgehalt zweier Bilder zu vergleichen, kann als Distanzmaß die Mutual Infomation der Bilder verwendet werden, die als

$$\mathrm{MI}(f,g) = H(f) + H(g) - H(f,g) \tag{6.10}$$

definiert ist. Die MI liefert die Information über die Verteilung der Grauwerte des Bildes und kann als Maß für die stochastische Abhängigkeit verstanden werden. Wenn zwei Bilder stochastisch unabhängig und damit maximal unterschiedlich sind, gilt MI $= 0$. Um die MI in Einklang mit dem Begriff Distanzmaß zu bringen, wird folgende Definition verwendet:

$$D^{\mathrm{MI}}(f,g) = -\mathrm{MI}(f,g) \tag{6.11}$$

Die Verwendung von $D^{\mathrm{MI}}(f,g)$ auf die Datensätze mit $0.6°$ Rotation und $0.2\,\mathrm{mm}$ Translation sind in Abbildung 6.8 dargestellt. Mit Hilfe von MI-Metrik wurden aller drei Bewegungsstellen detektiert. Wenn aber z. B. das Bewegungsszenario 1 mit der $0.2\,\mathrm{mm}$ Translation entlang der vertikalen Achse verwendet wird (Abbildung 6.8 links), wurde nur eine Bewegungsstelle detektiert. Auch die falsch-positive Detektion fällt in diesem Beispiel negativ auf. Allerdings, wie im nächsten Abschnitt gezeigt wird, sind die Detektionsergebnisse deutlich besser als bei den vorher beschriebenen Metriken.

Das nächste Distanzmaß kommt aus dem Bereich der Beurteilung der Bildqualität. Deshalb liegt der Schwerpunkt in der Beurteilung des visuell wahrnehmbaren Fehlers zwischen dem Bild, dessen Qualität gemessen wird, und dessen Referenz. Die meisten Methoden der Beurteilung der wahrnehmbaren Qualität, eine detaillierte Zusammenfassung ist in [WBSS04] zu finden, basieren auf dem mittleren quadrierten Fehler zwischen dem Bild und seiner Referenz. Die Erweiterungen dieses Maßes basieren auf der Idee der Zerlegung des quadrierten Fehlers in mehrere Bänder, die in Abhängigkeit von visuellen Empfindlichkeiten für das menschliche Auge unterschiedlich gewichtet werden. Solche, auf punktweiser Differenz zweier Bilder basierende Methoden, berücksichtigen nicht die starken Abhängigkeiten, die zwischen den Pixeln eines natürlichen Bildes bestehen. Entsprechend weisen sie eine Reihe von Nachteilen und Einschränkungen auf.

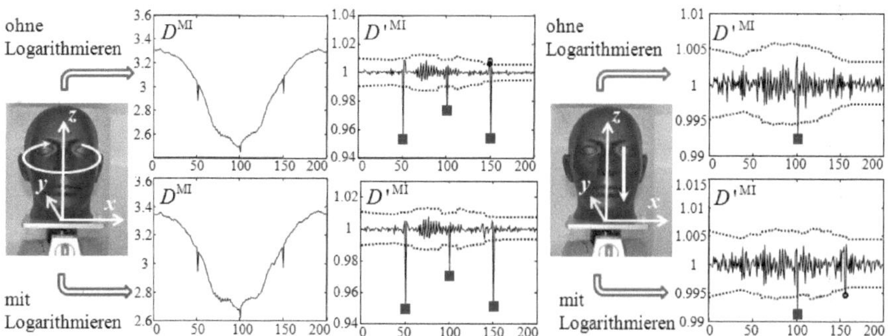

Abbildung 6.8: Metrik D^{MI} angewendet auf die Projektionen mit den originalen Werte (obere Zeile) und auf die Projektionen nach der Normierung auf I_0 und Logarithmieren (untere Zeile). Links wurde $0.6°$ Rotation und rechts $0.2\,$mm Translation entlang der vertikalen Achse durchgeführt. Die korrekt detektierten Stellen sind durch Rechtecke und falsch-positive Detektionen durch Kreise markiert.

Die hier verwendete Metrik basiert auf einem anderen Prinzip. Unter der Annahme, dass das menschliche Wahrnehmungssystem vor allem auf die Extraktion von struktureller Information ausgerichtet ist, wurde von Z. Wang eine Methode vorgeschlagen, welche gerade diese Eigenschaft des menschlichen Gehirns nachzuahmen anstrebt. Man geht davon aus, dass die Erfassung von Veränderungen der Bildstrukturen einen guten Aufschluss über die wahrnehmbare Bildqualität bietet. Deshalb trägt dieses Distanzmaß im Englischen den Namen Structural SIMilarity (SSIM). Die Bestimmung der SSIM-Ähnlichkeit zweier Bilder besteht aus drei Komponenten: Vergleich von Helligkeit, Kontrast und Struktur. Diese drei Komponenten werden schließlich zu einem Distanzmaß kombiniert.

Die Helligkeit eines diskreten Bildes $f(i,j)$ ist als mittlere Intensität

$$\mu_f = \frac{1}{N^2} \sum_{i=1}^{N} \sum_{j=1}^{N} f(i,j) \tag{6.12}$$

definiert. Der Vergleich der Helligkeiten zweier Bilder $f(i,j)$ und $g(i,j)$ kann als Funktion

$$l(f,g) = \frac{2\mu_f\mu_g + C_1}{\mu_f^2 + \mu_g^2 + C_1} \tag{6.13}$$

bestimmt werden. Dabei verhindert die Konstante C_1 die Instabilität, die entstehen

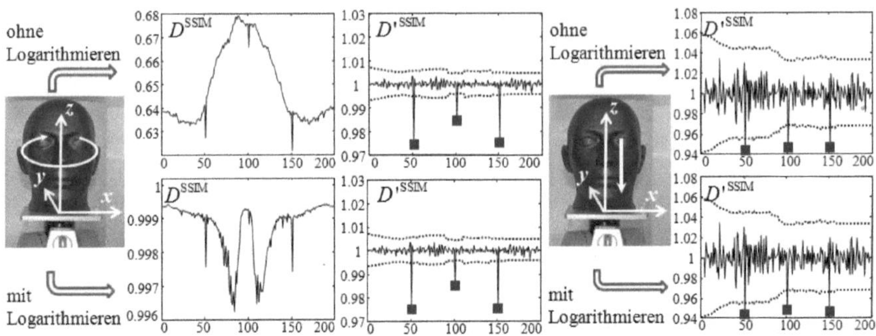

Abbildung 6.9: Metrik D^{SSIM} angewendet auf die Projektionen mit den originalen Werten (obere Zeile) und auf die Projektionen nach der Normierung auf I_0 und Logarithmieren (untere Zeile). Die korrekt detektierten Stellen sind durch Rechtecke und falsch-positive Detektionen durch Kreise markiert. Rechts wurde Rotation um $0.6°$ um die vertikale Achse durchgeführt und links Translation entlang der vertikalen Achse um $0.2\,\text{mm}$.

kann, wenn Wert im Nenner sehr nah an Null ist (in dieser Arbeit wurde $C_1 = 1$ verwendet).

Die Standardabweichung eines Bildes

$$\delta_f = \sqrt{\frac{1}{(N-1)^2} \sum_{i=1}^{N} \sum_{j=1}^{N} \left(f(i,j) - \mu_f \right)^2} \qquad (6.14)$$

kann als dessen Kontrast interpretiert werden. Die Funktion für den Vergleich von Kontrast wird analog zur Helligkeit als

$$c(f,g) = \frac{2\delta_f \delta_g + C_2}{\delta_f^2 + \delta_g^2 + C_2} \qquad (6.15)$$

definiert. Dabei wird wieder eine Konstante C_2 für die Stabilität verwendet (in dieser Arbeit wurde $C_2 = 1$ verwendet).

Die Struktur der Bilder wird anschließend verglichen. Dafür werden die normalisierten Bilder $\frac{f-\mu_f}{\delta_f}$ und $\frac{g-\mu_g}{\delta_g}$ verwendet. Diese haben durch die Normalisierung die gleiche Helligkeit und den gleichen Kontrast. Deshalb ist die verbleibende Bildinformation die Information über die Strukturen der Bilder. Analog zum NGF-Distanzmaß wird für die Quantifizierung der strukturellen Ähnlichkeit das Skalarprodukt beider normalisierter Bilder verwendet:

$$s(f,g) = \frac{1}{(N-1)^2} \sum_{i=1}^{N} \sum_{j=1}^{N} \left\langle \frac{f-\mu_f}{\delta_f}, \frac{g-\mu_g}{\delta_g} \right\rangle = \frac{\delta_{fg}+C_3}{\delta_f \delta_g + C_3} \qquad (6.16)$$

Wobei δ_{fg} der Korrelationskoeffizient zwischen den Bildern f und g ist. Diese drei Komponenten werden in folgender Weise zu einem Distanzmaß kombiniert:

$$D^{\text{SSIM}}(f,g) = [l(f,g)]^{\alpha} [c(f,g)]^{\beta} [s(f,g)]^{\gamma}, \qquad (6.17)$$

wobei α, β und γ sind die Gewichtungen, die in Abhängigkeit von der angenommenen Wichtigkeit der einzelnen Komponenten variiert werden können. Wenn $\alpha = \beta = \gamma = 1$ und $C_3 = \frac{C_2}{2}$ gewählt wird, nimmt das SSIM-Distanzmaß folgende Form an:

$$D^{\text{SSIM}}(f,g) = \frac{\left(2\mu_f \mu_g + C_1\right)\left(\delta_{fg}+C_2\right)}{\left(\mu_f^2 + \mu_g^2 + C_1\right)\left(\delta_f^2 + \delta_g^2 + C_2\right)}. \qquad (6.18)$$

Obwohl die Metrik auf dem Prinzip der visuellen Wahrnehmung der Bildunterschiede basiert, bringt die Verwendung von D^{SSIM} auch zur Bewegungsdetektion gute Ergebnisse (Abbildung 6.9). Für die Erstellung der in der oberen Reihe dargestellten Kurven wurden gemessene Werte der Projektionen und in der unteren Reihe die Werte nach dem Logarithmieren der Projektionen (und Normieren auf I_0) verwendet. Da D^{SSIM}, bestimmt anhand gemessener Projektionen, deutlich besser den gestellten Anforderungen an die gesuchte Metrik entspricht, wird bei der Bestimmung dieser Metrik keine Modifizierung der Projektionswerte vorgenommen. In Abbildung 6.9 links sind die Ergebnisse der Anwendung von D^{SSIM} zur Detektion von $0.6°$ Rotation um die vertikale Achse dargestellt. Es sind sowohl die originalen Kurven als auch die Kurven nach der Ausreißerdetektion zu finden. Bei der Verwendung der gemessenen Projektionswerte, sind die Bewegungsstellen im Kurvenverlauf deutlich zu sehen und wurden ohne falsch-positive Detektionen erkannt. Um zu verdeutlichen, dass durch die Verwendung von D^{SSIM} bessere Detektionsergebnisse als mit den zuvor beschriebenen Metriken erzielt werden können, wurden zusätzlich die Detektionsergebnisse für den Bewegungsszenario 1 mit der Translation um $0.2\,\text{mm}$ entlang der vertikalen Achse in Abbildung 6.9 rechts dargestellt. Keine der anderen Metriken konnte für diese Bewegungsart auch für die stärkeren Bewegungen alle drei Bewegungsstellen detektieren. Im Gegensatz dazu konnten mit der D^{SSIM}-Metrik die Bewegungsstellen auch für kleine Bewegungen festgestellt werden.

6.1.3 Ergebnisse und Diskussionn

Die Methoden wurden anhand des schon in vorherigen Abschnitten verwendeten Bewegungsszenarios mit drei Bewegungsstellen getestet, wobei unterschiedliche Bewegungsstärken und Bewegungsarten verwendet wurden (Abschnitt 5.2). Da im Fokus dieser Arbeit die Bewegungsdetektion und -korrektur der realen Dental-CT-Daten steht, wurde keine Evaluierung anhand der durch die Vorwärtsprojektion simulierten Daten ohne des begrenzten FOVs (Abschnitt 5.3) durchgeführt. Der Erfolg der Bewegungsdetektion hängt vor allem von der Bewegungsstärke ab. Deshalb werden bei der Evaluierung die verschiedenen Bewegungsarten nach der Stärke der Bewegung zusammengefasst.

In Tabelle 6.1 und 6.2 sind die Ergebnisse der Detektion für verschiedene Distanzmaße zusammengefasst. Bei der Verwendung der NGF-Metrik finden viele falsch-positive Detektionen statt [EJHB10]. Deshalb wird diese Metrik nicht weiter betrachtet. Da die Verwendung von Projektionssummen der am Detektor gemessener Intensität der Röntgenstrahlung nur bei NGF-Metrik zu einer deutlichen Verbesserung der Detektionsergebnisse führt, werden für die Bestimmung der Detektionsraten der verbleibenden Metriken die Projektionen ohne das Logarithmieren der gemessenen Werte verwendet.

Da vor allem bei der Detektion der schwachen Bewegungen ein deutlicher Unterschied bei der Anwendung unterschiedlichen Metriken besteht, wurden die Bewegungsstärken von $\pm0.1°$ bis $\pm0.5°$ und von $\pm0.6°$ bis $\pm1°$ getrennt betrachtet. Die abrupten Bewegungen mit der Amplitude von $1°$ oder $1\,\mathrm{mm}$ bis $2°$ oder $2\,\mathrm{mm}$ werden hier nicht betrachtet, da die Detektionsrate bei solchen starken Bewegungen für alle Metriken $100\,\%$ beträgt. Die Translationsbewegungen werden unabhängig von den Rotationen betrachtet, da bei der gleichen Bewegungsstärke (z. B. $0.2°$ Rotation und $0.2\,\mathrm{mm}$ Verschiebung) kommt die Rotationsbewegung sowohl in Projektionen als auch in Rekonstruktion deutlicher zum Vorschein als bei der entsprechenden Translation (Abschnitt 5.2). Folglich ist die Detektionsrate bei den Translationsbewegungen deutlich kleiner als bei den Rotationsbewegungen. In den Tabellen 6.1 und 6.2 sind die Richtig-Positiv-Detektionsrate (RPR) und Falsch-Positiv-Detektionsrate (FPR) dargestellt, wobei als Schwellwert der Ausreißerdetektion $4 * s_i$ verwendet wurde (sehe Abschnitt 6).

Wie aus den beiden Tabellen deutlich ersichtlich ist, zeigen die Metriken SSIM und MI die besten Detektionsergebnisse, wobei die SSIM etwas besser als MI ist (höhere RPR und kleinere FPR). Durch die Kombination der Ergebnisse zweier Metriken kann die RPR weiter erhöht werden (Tabelle 6.3). Dabei werden Metrikwerte unabhängig voneinander bestimmt und die durch Anwendung beider Metriken detektierten Bewegungsstellen gemeinsam betrachtet. Die Ergebnisse der Bewegungsdetektion bei der Verwendung von SSIM-Metrik mit anderen Metriken sind in der Tabelle 6.3 dargestellt.

Tabelle 6.1: Ergebnisse der Bewegungsdetektion für die Bewegungen bis $\pm 0.5°$ bei Rotation und ± 0.5 mm bei Translation. Es sind Richtig-Positiv-Detektionsrate(RPR) und Falsch-Positiv-Detektionsrate(FPR) für Rotations- (R) und Translationsbewegungen (T) dargestellt.

		SSD	MSE	NAD	GMcC	Korr	SSIM	MI
RPR (%)	R	33.3	30.7	53.3	55.3	26.7	90.7	78.0
	T	10.0	6.7	28.3	28.3	3.3	75.0	60.0
FPR (%)	R	0.7	0.6	0.9	1.0	0.9	0.2	0.3
	T	1.2	1.0	0.6	0.7	1.2	0.1	0.3

Tabelle 6.2: Ergebnisse der Bewegungsdetektion für die Bewegungen ab $\pm 0.5°$ bis $\pm 1°$ bei Rotation und ± 0.5 mm bis ± 1 mm bei Translation. Für Rotations- (R) und Translationsbewegungen (T) sind Richtig-Positiv-Detektionsrate (RPR) und Falsch-Positiv-Detektionsrate (FPR) eingetragen.

		SSD	MSE	NAD	GMcC	Korr	SSIM	MI
RPR (%)	R	68.0	67.3	84.0	86.7	65.3	98.7	98.0
	T	51.1	51.1	75.6	81.1	42.2	97.8	88.9
FPR (%)	R	0.6	0.6	0.7	0.9	0.8	0.1	0.2
	T	0.8	0.9	0.6	0.7	1.0	0.1	0.2

Im Gegensatz zu der mittleren RPR von 90.55 % bei der ausschließlichen Verwendung von SSIM weist die Kombination mit NAD-Metrik die RPR von 93 % und mit MI 93.8 % auf. Wenn nur die SSIM-Metrik verwendet wird, ist die Falsch-Positive-Detektionsrate am kleinsten. Da aber die falsch-positive Detektionen lediglich zur einer längeren Bewegungskorrektur führen, kann eine etwas höhere FPD in Kauf genommen werden solange mehr tatsächliche Bewegungspunkte detektiert wurden. Zwar ist die Richtig-Positiv-Detektionsrate bei der zusätzlichen Verwendung von MI etwas größer und die mittlere Falsch-Positive-Detektionsrate kleiner im Vergleich zur zusätzlichen Verwendung der NAD-Metrik (0.35 % gegen 0.775 %), trotzdem empfiehlt es sich die Verwendung von NAD in Kombination mit SSIM aus folgenden Gründen: Zum einen ist die Berechnung der MI viel zeitintensiver als die der NAD. Zum Vergleich, bei einer Implementierung in Matlab dauert die Bestimmung der NAD-Werte zwischen allen jeweils zwei Projektionen einer Datenakquisition des verwendeten Dental-CTs ca. 6 Sekunden, während die Bestimmung aller MI-Werte ca. 13 Minuten benötigt. Der Grund dafür ist die bei der MI-Metrik bestehende Notwendigkeit der Bestimmung eines für zwei Projektionsbilder gemeinsamen Histogramms.

Tabelle 6.3: Ergebnisse der Bewegungsdetektion bei der Verwendung von je zwei Metriken. Für Rotations- (R) und Translationsbewegungen (T) sind Richtig-Positiv-Detektionsrate (RPR) und Falsch-Positiv-Detektionsrate (FPR) eingetragen, wobei eine Unterscheidung zwischen der Bewegungsstärke bis $\pm 0.5°$ (bei Rotation) und bis ± 0.5 mm (bei Translation) und von $\pm 0.6°$ und ± 0.6 mm bis $\pm 1°$ und ± 1 mm stattfindet.

			SSIM+					
			SSD	MSE	NAD	GMcC	Korr	MI
RPR (%)	R	bis 0.5°	90.7	90.7	92.0	92.0	90.7	93.3
		ab 0.6°	99.3	99.3	100	98.7	99.3	99.3
	T	bis 0.5 mm	75.0	75.0	76.7	76.7	75.0	80.0
		ab 0.6 mm	98.9	98.9	98.9	98.89	98.9	98.9
FPR (%)	R	bis 0.5°	0.9	0.7	1.0	1.2	1.2	0.5
		ab 0.6°	0.8	0.7	0.7	1.0	0.9	0.3
	T	bis 0.5 mm	1.3	1.1	0.7	0.8	1.3	0.4
		ab 0.6 mm	0.9	1.0	0.7	0.8	1.1	0.2

Entsprechend bleibt das Verhältnis der Berechnungsdauer auch bei einer optimierten Implementierung erhalten. Zum anderen wurden bei der Verwendung von NAD auf die Projektionen mit stärkeren Bewegungen (ab $\pm 0.6°$ und ab ± 0.6 mm) alle vorhandenen Bewegungsstellen erkannt. Die Detektionsrate bei schwächeren Bewegungen ist zwar kleiner als bei MI, allerdings führen schwächere Bewegungen auch zu weniger deutlichen Artefakten in rekonstruierten Bildern. Deshalb empfiehlt es sich, für die Detektion der Bewegungsstellen die SSIM und NAD Metriken gemeinsam zu verwenden (im Weiteren als SSIM+NAD bezeichnet).

Wenn die Projektionen vor der Bestimmung der SSIM+NAD Metriken mit einem Gaußfilter geglättet werden, kann eine weitere Verbesserung erzielt werden. Die Glättung führt dazu, dass kleine Veränderungen, die zwischen zwei Projektionen aufgrund der Rotation des Quelle-Detektor-Systems oder von Rauschen entstehen, gedämpft werden. Folglich unterscheiden sich Metrikwerte an den Positionen mit Bewegung stärker von den restlichen Werten.

Durch die Faltung mit einem 5×5 Pixel großen Gaußfilter mit der Standardabweichung von 0.8 stieg die Richtig-Positiv-Detektionsrate der Bewegungen mit der Bewegungsstärke ab $\pm 0.6°$ und ab ± 0.6 mm auf 100% (bei FPR von 0.8%). Auch für die Translationsbewegungen bis 0.5 mm führte die Glättung mit dem Gaußfilter zu der Erhöhung der RPR auf 81.67% (FPR $= 0.8\%$). Die Glättung sollte aber nicht übermäßig stark sein, da dadurch grundsätzlich der Unterschied zwischen zwei

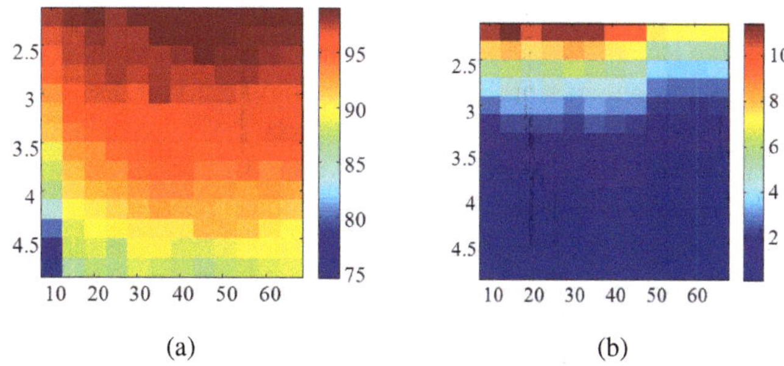

Abbildung 6.10: Links sind die Werte der Richtig-Positiv-Detektionsraten bei Verwendung von SSIM+NAD für unterschiedliche Umgebungsgrößen t und Faktoren l farblich kodiert dargestellt. Die vertikale Achse entspricht den verwendeten Faktoren l und horizontale den Umgebungsgrößen t. Rechts sind die entsprechenden Falsch-Positive-Detektionsraten dargestellt.

aufeinander folgenden Projektionen kleiner wird und die Bewegungsstellen weniger prominent werden. So wurde die Detektionsrate schlechter, wenn eine Filterung der Projektionen mit dem Medianfilter durchgeführt wurde. Die Hochpassfilterung der Projektionen führte zu keiner Verbesserung der Detektionsergebnisse.

Die Detektionsergebnisse können durch die Veränderung von Umgebungsgrößen und Schwellwerten der Ausreißerdetektion verändert werden. In Abbildung 6.10 sind RPR und FRP bei der Verwendung von SSIM+NAD dargestellt, wobei unterschiedliche Schwellwerte $\pm ls_i$, $l = 2.2, \ldots, 4.6$ (vertikale Achse) und Umgebungsgrößen $t = 10, 16, \ldots, 60, 66$ (horizontale Achse) verwendet wurden. Hier wurde weder zwischen Rotation und Translation noch zwischen starken (ab $\pm 0.6°$ bei Rotation und $\pm 0.6\,\text{mm}$ bei Translation) und schwachen (bis $\pm 0.5°$ und $\pm 0.5\,\text{mm}$) Bewegungen unterschieden. Eine starke Abhängigkeit von der Umgebungsgröße t existiert nicht, allerdings spielt die Wahl des Faktors l eine wichtige Rolle. Da die Bereiche mit hohen RPR-Werten den Bereichen entsprechen, wo auch die FPR hoch ist, ist eine Verbesserung der RPR nur durch die Verschlechterung der FPR möglich. Auch bei der Verwendung von Kombination aus SSIM mit MI sieht die Abhängigkeit der Detektionsraten von t und l sehr ähnlich der von SSIM+NAD aus.

Lange Bewegungen wurden ebenfalls simuliert. Die Projektionen wurden so kombiniert, dass an den gleichen drei Stellen (Projektionensübergänge 49 / 50, 99 / 100 und 149 / 150) jeweils eine lange Bewegung beginnt. Dabei wurden Bewegungsinkremente $0.1°$, $0.2°$, $0.3°$ und $0.4°$ bei Rotations- und $0.2\,\text{mm}$ und $0.4\,\text{mm}$ bei Translationsbewegungen verwendet. Bei Translationen betrug der Abstand des Kopfphantoms in einzelnen Akquisitionen $0.2\,\text{mm}$ (Abschnitt 5.2), deshalb ist es für diesen Bewegungstyp nicht möglich, Bewegungen mit ungeraden Inkrementen zu erzeugen. Für die Rotationsbewegungen ist es aber möglich, noch längere Bewegungen mit $0.1°$ Inkrement zu simulieren. In Abhängigkeit von der Bewegungsdauer wurden Bewegungen erstellt, die unterschiedlich stark sind. So wurden bei Rotationsinkrement von $0.1°$ die Bewegungen von $\pm0.2°$ bis $\pm2°$ erstellt, wobei die Bewegungslänge sich entsprechend von 2 Projektionen bei $\pm0.2°$ bis 20 Projektionen bei $\pm2°$ Rotation erstreckt. Für die $0.3°$-Inkremente beträgt die stärkste Bewegung $\pm1.9°$ und ist auf sieben Projektionen aufgeteilt. Da bei den Translationen das kleinste mögliche Bewegungsinkrement 0.2 mm beträgt, kann in diesem Fall die längste Bewegung von 2 mm erzeugt werden, welche sich über zehn Projektionen erstreckt.

In Abbildung 6.11 sind Beispiele für die Detektion von langen Bewegungen mit Hilfe der SSIM-Metrik für die zwei Datensätze mit den Rotationen um die vertikale Achse dargestellt. An drei Bewegungsstellen wurden ausgedehnte Bewegungen mit einem $0.1°$-Bewegungsinkrement zwischen je zwei Projektionen innerhalb einer Bewegung simuliert. In (a) wurde die $0.5°$ und in (b) die $1°$ Rotation durchgeführt. Entsprechend erstrecken sich die Bewegungen in (a) über fünf Projektionen (zwischen den Projektionen mit den Nummern 50 bis 55, 100 bis 105 und 150 bis 155) und in (b) über zehn Projektionen (zwischen 50 und 60, 100 und 110 und 150 und 160). Bei den Bewegungsstellen, die sich über mehrere Projektionen erstrecken, wird eine Bewegungsstelle als detektiert betrachtet, wenn mindestens eine Stelle innerhalb der ausgedehnten Bewegung als Ausreißer erfasst wurde. Die detektierte einzelne Bewegungsstelle innerhalb einer langen Bewegung ist ausreichend um zwei bewegungsfreie Abschnitte definieren zu können. Die an die erkannte Bewegungsstelle angrenzenden Projektionen sollen aus weiteren Überlegungen ausgeschlossen werden, da diese innerhalb einer Bewegung entstanden sein könnten.

Alle drei Bewegungsstellen sind sowohl bei fünf als auch bei zehn Projektionen langen Bewegungen deutlich sichtbar. Bei der Bestimmung der Ausreißer der Metrikwerte wurden für die Erfassung der langen Bewegungen in diesem Beispiel die Umgebungsgröße $t = 50$ und Faktor $l = 3.5$ verwendet. Da die Schwellwerte der Ausreißerdetektion aus den Metrikwerten bestimmt werden, wird für lange Bewegungen unabhängig von abrupten Bewegungen bessere Umgebungsgröße t und Faktor l bestimmt. Da die Metrikwerte der Projektionen mit einer Bewegung dazwischen mit in die Bestimmung der Standardabweichung einfließen, führt dies bei langen Bewegungen zum Abstieg der Standardabweichung der entsprechenden Umgebungen. Die Metrikwerte der Bewegungspositionen stellen in einem solchen Fall keinen Ausreißer der Daten dar und werden nicht detektiert. In dem dargestellten Beispiel wurde die Standardabweichung der Umgebungen durch die große Anzahl der hohen Werte an den bewegungsfreien Stellen zwischen den Projektionen 70 und 80 zusätzlich verstärkt. Deshalb wurde eine Bewegungsstelle, die sich zwischen den Projektionen 50 und 60 erstreckt (6.11 b) nicht erfasst. Bessere RPR kann für die

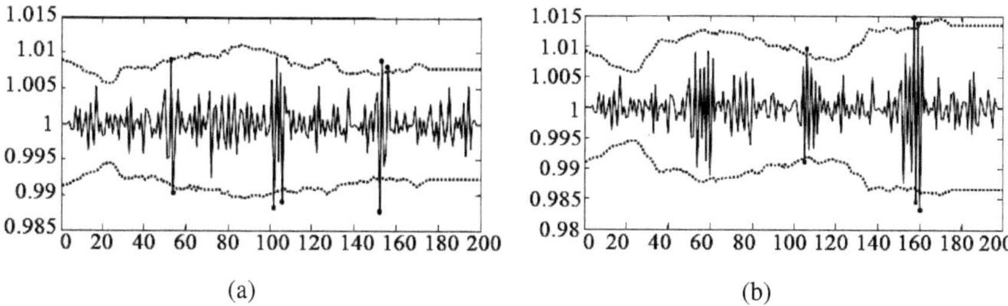

(a)   (b)

Abbildung 6.11: SSIM-Metrik mit den detektierten Bewegungsstellen (durch Kreise verdeutlicht) für zwei Akquisitionen mit je drei Bewegungsstellen. In (a) wurden Bewegungen von 0.5° simuliert, die sich über 5 Projektionen erstrecken. In (b) beträgt die Bewegungsdauer 10 Projektionen und ist 1° stark (in beiden Fällen beträgt der Bewegungsinkrement 0.1°). Für die Außreißerdetektion wurden Umgebungsgröße $t = 50$ und Faktor $l = 3.5$ verwendet.

längere Bewegungen erzielt werden in dem die größeren Umgebungen und kleinere Faktor l verwendet wird. So werden für die Beispiele aus Abbildung 6.11 alle Bewegungsstellen korrekt detektiert ohne falsch-positive Detektionen wenn $t = 70$ und $l = 3$ verwendet werden.

In Abbildung 6.12 sind drei Kurven für die RPR bei der Verwendung von unterschiedlichen Umgebungsgrößen und Faktoren für die Rotationen von 0.2° bis 2° mit 0.1° Bewegungsinkrement dargestellt. Die horizontale Achse entspricht der Länge der Bewegung (als Anzahl der in eine Bewegung involvierten Projektionen) n^{proj} und die vertikale Achse entspricht dem RPR. Wenn wie im Beispiel aus Abbildung 6.11 $t = 50$ und $l = 3.5$ verwendet wird (Abbildung 6.12 a), sinkt die RPR bei steigender Bewegungsdauer. Bei der Verwendung von Umgebungen mit $t = 70$, wird die RPR bei Bewegungen, die mehr als zehn Projektionen umfassen, besser (Abbildung 6.12 b). Wenn zusätzlich zu der größeren Umgebung $l = 3$ verwendet wird, beträgt die durchschnittliche RPR 85 % unabhängig von der Dauer der Bewegung (Abbildung 6.12 c). Dabei kann aber die Anzahl der falsch-positiven Detektionen steigen.

Je größer der Bewegungsinkrement zwischen einzelnen Projektionen innerhalb einer Bewegung ist, desto zuverlässiger ist die Bewegungsdetektion. In Abbildung 6.13 sind RPR für die Detektion von Bewegungen mit 0.2° (in a) und 0.3° (in b) Bewegungsinkremente dargestellt. Die horizontale Achse entspricht der Bewegungslänge und die vertikale Achse der RPR.

Es ist also möglich, sowohl abrupte als auch lange Bewegungen mit Hilfe von SSIM-Metrik mit akzeptabler Detektionsrate zu bestimmen. Dadurch kann die Menge aller Projektionen in die Abschnitte unterteilt werden, innerhalb welcher keine

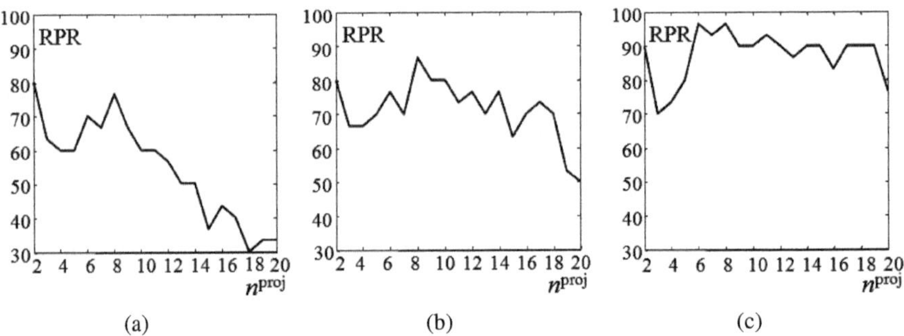

(a)   (b)   (c)

Abbildung 6.12: RPR in Abhängigkeit von der Bewegungsdauer für die Rotationsbewegungen mit $0.1°$ Bewegungsinkrement. Für die Ausreißerdetektion wurden in (a) $t = 50$ und $l = 3.5$, in (b) $t = 70$ und $l = 3.5$ und in (c) $t = 70$ und $l = 3$ verwendet.

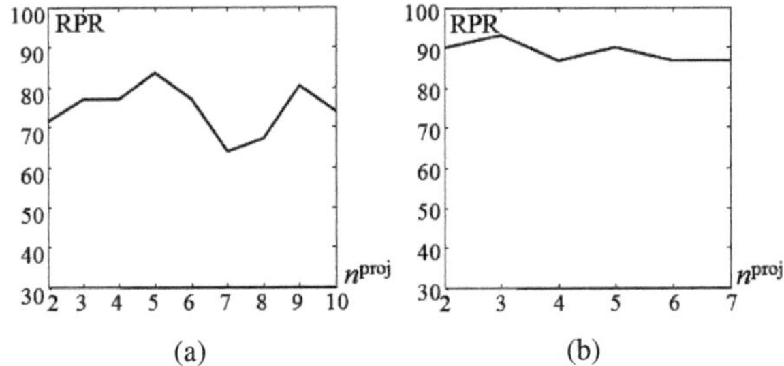

(a)   (b)

Abbildung 6.13: RPR für die Rotationsbewegungen mit $0.2°$ Bewegungsinkrement (a) und $0.3°$ Bewegungsinkrement (b). Da die simulierten Bewegungen maximal $2°$ sein können, kann die längste Bewegung bei dem Bewegungsinkrement von $0.2°$ über 10 Projektionen und bei $0.3°$ über 7 Projektionen verteilt sein.

Bewegung stattfand. In dem darauffolgenden Abschnitt wird untersucht, wie anhand von der letzten Projektion eines solchen bewegungsfreien Abschnittes und der ersten Projektion des nächsten Abschnittes darauf geschlossen werden kann, welche Bewegungen dazwischen stattgefunden haben.

6.2 Beschränkung des Raumes möglicher Bewegungen

Die Verwendung der Distanzmaße bietet eine Möglichkeit, die Bewegungspositionen zu bestimmen. Allerdings liefert sie keine Information über die Art und Typ der Bewegung. Anhand von Projektionen könnte nur die Bewegungsrichtung innerhalb des Projektionskoordinatensystems bestimmt werden. Diese Information kann nicht direkt zur Bewegungskorrektur verwendet werden, da die tatsächlich stattgefundene 3D-Bewegung daraus nicht eindeutig bestimmt werden kann. Die Bewegungsrichtung innerhalb der Projektionsflächen kann aber als guter Startparameter der Bewegungskorrektur verwendet werden. Dadurch wird diese beschleunigt und es wird vermieden, dass bei der Bewegungskorrektur die falschen Bewegungsparameter verwendet werden.

In den nächsten Kapiteln werden unterschiedliche Möglichkeiten untersucht, wie anhand von zwei Projektionsbildern, zwischen welchen eine Bewegung stattfand, die Projektion der Bewegungsrichtung auf die Detektorfläche ermittelt werden kann. Ermittelten Vektoren können dann während der Bewegungskorrektur zur Begrenzung der Menge aller 3D-Bewegungen, die bei der Korrektur angewendet werden können, verwendet werden.

Zwar können auch die Bewegungszeitpunkte analog mit der Vorgehensweise aus Abschnitt 6.1.1 als Ausreißer in den jeweiligen Parametern bestimmt werden, es hat sich aber gezeigt, dass die Verwendung der Metriken aus Abschnitt 6.1.2 eine zuverlässigere Detektion der Bewegungspositionen erlaubt. Die Idee ist also, zuerst die Bewegungsstellen, wie im Abschnitt 6.1 beschrieben ist, zu ermitteln und danach gezielt die Projektion, die zu den unterschiedlichen Objektpositionen gehören, zu verwenden, um weitere zur Bewegungskorrektur verwendbare Informationen zu erhalten.

6.2.1 Massezentrum und landmarkenbasierte Registrierung

Es wurde untersucht, ob am Verlauf des Massezentrums der Projektionen einer Datenakquisition die Bewegungsrichtung erkannt werden kann. Für jedes diskrete Projektionsbild $f(i,j)$, $1 \leq i,j \leq N$, $N \in \mathbb{N}$ werden die Koordinaten dessen Massezentrums (c^1, c^2) als

$$c^1(f) = \frac{\sum\limits_{i,j}^{N} i \cdot f(i,j)}{\sum\limits_{i,j}^{N} f(i,j)} \quad \text{und} \quad c^2(f) = \frac{\sum\limits_{i,j}^{N} j \cdot f(i,j)}{\sum\limits_{i,j}^{N} f(i,j)} \tag{6.19}$$

bestimmt. Als Ähnlichkeitsmaß zweier Bilder $f(i,j)$ und $g(i,j)$ wird der Abstand zwischen deren Massezentren betrachtet. Also gilt

$$D^{\mathrm{M}}(f,g) = \sqrt{\left(c^1(f) - c^1(g)\right)^2 + \left(c^2(f) - c^2(g)\right)^2}. \qquad (6.20)$$

Bei der Bestimmung der Massezentren sollen die Projektionen nach der Normierung auf I_0 und Logarithmierung verwendet werden, da sonst die leeren Bereiche (Luft) die größten Werte aufweisen und das Massezentrum der Projektion sich in die Richtung der leeren Bereiche verschiebt. In Abbildung 6.14 sind links eine Projektion, das Massezentrum dieser Projektion als schwarzer und das Massezentrum der vorherigen Projektion als weißer Kreis dargestellt. Die rechts dargestellte Projektion entstand nach der Translation des Kopfes nach links entlang einer ungefähr parallel zur dieser Projektion verlaufenden Achse. In weiß ist das Massezentrum für die Projektion davor und in schwarz für die aktuelle Projektion dargestellt. Hier wurde die Translation um 2 mm durchgeführt. Für die zwei dargestellten Projektionen ist die Bewegungsrichtung entgegengesetzt der Detektorbewegung, was dazu führt, dass der Unterschied zwischen den Projektionen noch zusätzlich verstärkt wird.

Natürlich kann durch die ausschließliche Verwendung der Projektionen nicht eindeutig die tatsächliche 3D-Bewegung erkannt werden. So konnte zum Beispiel die gleiche Verschiebung des Massezentrums durch die Rotation des Phantoms um die vertikale Achse verursacht werden. Allerdings können dadurch manche Bewegungen ausgeschlossen werden, was den Suchraum bei der Bestimmung der Bewegungsparameter einschränkt und die Suche beschleunigt.

Leider ist die Verwendung des Massezentrums nicht zuverlässig. Zum Beispiel bei dem im vorherigen Abschnitt verwendeten Beispiel mit der $0.6°$ Rotation um die y-Achse, wo zwischen der 99-sten und 100-sten Projektion eine für das menschliche Auge deutliche Bewegung stattfindet, verändert sich die Position des Massezentrums kaum. Der Grund dafür ist die Abgeschnittenheit der Projektionen: Bei einer Bewegung werden ganze Bereiche des Objektes aus dem FOV herausgeschoben. Besonderes, wenn diese Bereiche eine starke Schwächung aufweisen, kann dies zu einer starken Veränderung der Position des Massezentrums führen. Wenn Objektstrukturen in dem FOV in Folge einer Bewegung erscheinen, die vorher nicht da waren, ist die Veränderung auch stark. Die Position des Massezentrums verändert sich viel stärker, als das durch die Bewegung des Objektes selber der Fall sein würde. Die Richtung der Verschiebung hängt in so einem Fall nicht von der Bewegungsrichtung ab, sondern von der jeweiligen Konstellation der Strukturen, die sich aus den FOV bewegen, und derer, die neu am Rand des FOVs erscheinen. Dieses Verhalten kann vor allem in den Projektionen am Anfang und Ende des Akquisitionsprozesses beobachtet werden solange keine Symmetrie der Objektstrukturen in den Projektionen vorhanden ist (vergleiche mit Abbildung 6.4). Anders sieht es in den Projektionen

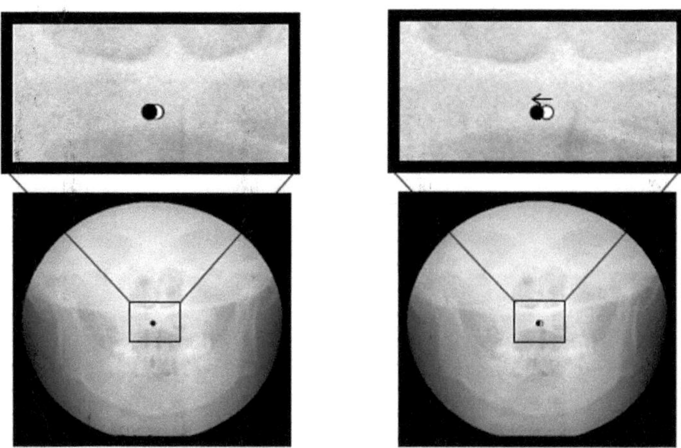

Abbildung 6.14: Links ist eine Projektion mit der als schwarzen Kreis dargestellte Position des Massezentrums zu sehen. Rechts ist nächste Projektion nach der Verschiebung des Kopfphantoms nach links entlang einer Achse, die ungefähr parallel zu der Bildfläche verläuft, dargestellt. Der weiße Kreis ist die Position des Massezentrums der Projektion davon und schwarze der aktuellen Projektion. Ein Ausschnitt verdeutlicht, dass die Verschiebung des Massezentrums der Bewegung des Kopfphantoms entspricht.

aus, bei denen die Strahlen frontal durch den Kopf des Patienten (im unseren Fall des Kopfphantoms) gehen. Die Strukturen auf einer Seite des FOV werden durch die Bewegung aus dem FOV herausgeschoben, während die Strukturen mit ähnlicher Schwächungseigenschaft durch diese Bewegung in den FOV von der anderen Seite hineingeschoben werden. Dies führt dazu, dass die Position des Massezentrums sich trotz stattgefundener Bewegung kaum verändert.

Der Einfluss der sich in und aus dem FOV bewegenden Objektstrukturen ist oft stärker als die durch die Bewegungen der Objekte verursachten Veränderungen. Deshalb kann die Positionsänderung des Massezentrums von anderen Faktoren und nicht von der Bewegungsrichtung abhängen. In Abbildung 6.14 ist ein Beispiel dargestellt, bei dem die Bewegungsrichtung (projiziert auf die Projektionsfläche) aus der Verschiebung des Massezentrums ermittelt werden kann. Im Gegensatz dazu zeigt Abbildung 6.15 ein Beispiel, bei welchem das Begrenzen des FOVs die Positionsänderung des Massezentrums so beeinflusst, dass dieses sich in die der Bewegung entgegen gesetzte Richtung verschiebt. Dabei wurde eine Translation des Phantomkopfes um 2 mm nach oben entlang der vertikalen Achse durchgeführt. Obwohl das Kopfphantom nach oben verschoben ist, wofür die hellen (d. h. posi-

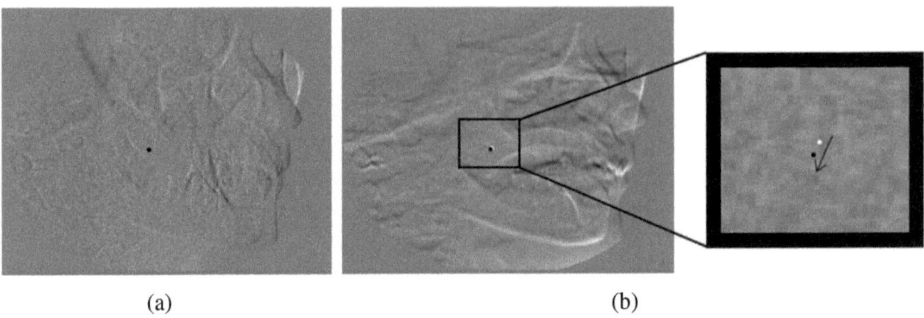

Abbildung 6.15: (a) Differenz zweier Projektionen ohne Bewegung dazwischen mit der markierten Position des Massezentrums der zweiten Projektion. (b) Differenz zwischen dem zweiten Bild aus (a) und dem danach folgenden Projektionsbild, wobei dazwischen Translation des Kopfphantoms nach oben entlang der vertikaler Achse, die ungefähr parallel zu der Bildfläche verläuft, durchgeführt wurde. Die weiße Markierung ist die Position des Massezentrums der Projektion vor der Bewegung und die schwarze der Projektion danach. Ein Ausschnitt verdeutlicht, dass sich das Massezentrum (trotz der Bewegung nach oben) nach unten verschiebt.

tiven) Schatten unter den Objektstrukturen des Differenzbildes sprechen, liegt das Massezentrum in der zweiten Projektion (schwarz) unterhalb des Massezentrums davor (weiß). Eine Verschiebung nach links ist durch die Quelle-Detektor-Rotation verursacht und entspricht dem erwarteten Verhalten. Die inkorrekte Verschiebung des Massezentrums nach unten (statt sich nach oben zu verschieben) kann wie folgt begründet werden: Durch die Verschiebung des Phantoms nach oben, werden die großen Teile des Schädels, welche starke Absorptionseigenschaften aufweisen, aus dem FOV herausgeschoben. Damit verschwindet ein Gegengewicht für die Strukturen unten (Kieferknochen und Zähne) und das Massezentrum verschiebt sich folglich in Richtung dieser Strukturen.

Wie anhand der simulierten Daten des Kopfphantoms zu sehen ist, entspricht die Verschiebung des Massezentrums der durchgeführten Bewegung dann, wenn der FOV das zu untersuchende Objekt komplett enthält. In dem Beispiel mit der Translation des Kopfphantoms nach oben entlang der vertikalen Achse verschiebt sich das Massezentrum der entsprechenden kompletten Projektionen erwartungsgemäß nach oben. In Abbildung 6.16 sind die Differenzbilder zweier aufeinander folgenden Projektionen ohne Bewegung (in a) und mit einer 2 mm Translation nach oben (in b) dargestellt. Die Position des Massezentrums, wobei die komplette Projektion verwendet wurde, ist als ein schwarzer Punkt markiert und befindet sich in der Mitte der Projektion. Die weiße Markierung in der Mitte der in (b) dargestellten

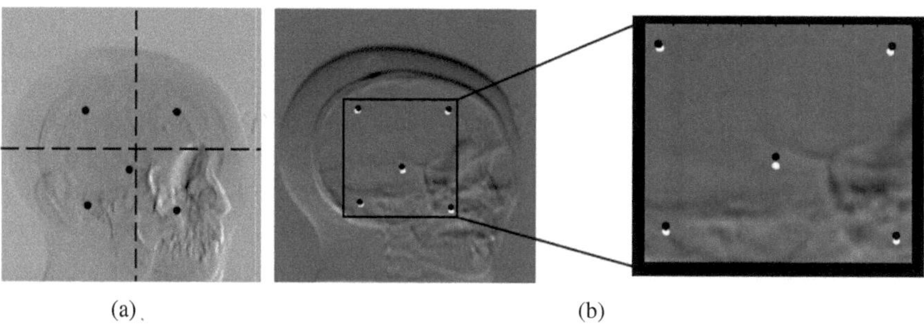

(a).   (b)

Abbildung 6.16: (a) Differenz zweier Projektionen ohne Bewegung dazwischen. Die Positionen der Massezentren der zweiten Projektion sind als schwarze Punkte markiert. Es wurde eine komplette Projektion verwendet für das Massezentrum in der Mitte und die rechteckige Teilprojektionen (durch gestrichelte Linien begrenzt) für die seitlichen Massezentren. (b) Differenz zwischen dem zweiten Bild aus (a) und dem danach folgenden Projektionsbild, wobei dazwischen die Translation des Kopfphantoms nach oben entlang der vertikalen Achse (die ungefähr parallel zu der Bildfläche verläuft) durchgeführt wurde. Die weißen Markierungen sind die Positionen der Massezentren der Projektion vor der Bewegung und die schwarzen gehören zu der Projektion danach. Ein Ausschnitt verdeutlicht, dass die Massezentren sich entsprechend der Bewegung nach oben verschieben.

Differenz zweier Projektionen ist das Massezentrum der i-ten Projektion (Projektion vor der Bewegung) und die schwarze Markierung das Massezentrum der $i+1$-ten Projektionen (Projektion nach der Bewegung).

Wenn also die Projektionen ohne den begrenzten FOV vorhanden sind, kann durch die Bestimmung der Verschiebung der Massezentren die Bewegungsrichtung innerhalb der Projektionen ermittelt werden. Diese stellt die Projektion der tatsächlichen 3D-Bewegung auf der Detektorfläche dar und kann eine Abhilfe bei der Bewegungskorrektur schaffen.

Um mehr Informationen über die Veränderungen in Projektionsbildern zu erhalten, kann jedes Projektionsbild in vier gleiche Bereiche aufgeteilt werden (in Abbildung 6.16 (a) sind deren Grenzen als gestrichelten Linien angezeigt). Wenn für jedes Teil ein separates Massezentrum bestimmt wird (vier seitliche Markierungen), können auch die Rotationen innerhalb der Projektionen erfasst werden. Weiße Markierungen sind die Massezentren der Projektion vor der Bewegung und schwarze gehören zu der Projektionen danach. An den vier Massezentren kann landmarkenbasierte Registrierung [Mod04] angewendet werden. Hier wurde die in Matlab verfügbare Implementierung verwendet. Für zwei aufeinander folgende

Projektionen f und g werden vier Paare der Positionen der Massezentren (x_f^i, y_f^i) und (x_g^i, y_g^i), $i = \{1,2,3,4\}$ verwendet, um auf die mögliche rigide Transformation $T = (\alpha, t_x, t_y)$ zwischen den beiden Projektionen zu schließen. Dabei bezeichnet α den Rotationswinkel um die Bildmitte und t_x t_y die Translationen in horizontaler und vertikaler Richtung. Die Transformationen mit unterschiedlichen Parametern werden auf eins der Bilder angewendet (hier Projektion g). Gesucht sind solche Parameter, die die Landmarken $(x_{T(g)}^i, y_{T(g)}^i)$ des transformierten Bildes $T(g)$, auf die Landmarken des Referenzbildes (x_f^i, y_f^i) am besten anpassen. Das wird durch Minimierung des Abstandes zwischen beiden Punktsets, d. h. Minimierung der Fehlerfunktion

$$D^{\mathrm{LM}}(f, T(g)) = \sum_{i=1}^{4} \sqrt{\left(x_f^i - x_{T(g)}^i\right)} \tag{6.21}$$

realisiert. Zwar kann zwischen den Projektionen auch eine Skalierung stattfinden, wenn das Objekt sich in Richtung des Detektors oder von dem Detektor weg bewegt. Dieser Fall wird in diesem Abschnitt der Einfachheit halber nicht betrachtet. Da die Bestimmung der Bewegungsparameter innerhalb der Projektionen nur eine Hilfe für die Bewegungskorrektur liefern soll, um die Geschwindigkeit der Korrektur zu reduzieren, ist es nicht kritisch, wenn nicht für alle Bewegungen ein Vorwissen über die mögliche Bewegungsrichtung vorhanden ist.

Für das oben dargestellte Beispiel mit der Translation entlang der vertikalen Achse um 2 mm liefert die landmarkenbasierte Registrierung eine Verschiebung von 2.0661 mm in vertikaler und 0.28 mm in horizontaler Richtung, wobei die letzte durch die Rotation des Quelle-Detektor-Systems verursacht und damit legitim ist. Die ermittelte Rotation beträgt $0.1°$. Wenn aber eine Rotation zwischen den Projektionen stattfindet, wie z. B. bei der simulierten Bewegung aus Abbildung 6.17, liefert die landmarkenbasierte Registrierung der vier Massezentren eine Rotation von $1.68°$ (bei erwarteten $2°$ Rotation) und Verschiebungen von 0.3 mm in vertikaler und 0.1 mm in horizontaler Richtung.

Allerdings liefert die Verwendung dieser Methode für die Bestimmung der Rotationsbewegungen nicht immer korrekte Ergebnisse. Da hier die Teile der Projektionen betrachtet werden, sind die gleichen Probleme vorhanden, wie bei dem begrenzten FOV der Dental-CT-Projektionen. Die Positionen der Massezentren der Teilprojektionen können sich aufgrund von Objektstrukturen, die sich in das Teilbild und aus dem Teilbild verschieben, stärker ändern als unter dem Einfluss der stattgefundenen Bewegung.

Der Fokus dieser Arbeit liegt in der Bewegungsdetektion bei der Verwendung von einem Dental-CT, der ein abgeschnittenes FOV besitzt. Deswegen wurde diese Vorgehensweise nicht weiter evaluiert. Es wäre auch schwer, eine Aussage über das Verhalten des Algorithmus mit ausschließlicher Verwendung der simulierten Daten

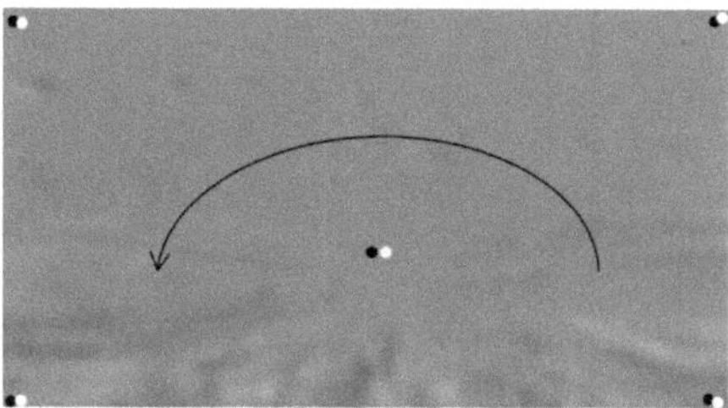

Abbildung 6.17: Differenz zweier Projektionen, zwischen welchen eine 2° Rotation stattfindet. Die Bewegungsrichtung ist durch einen Pfeil verdeutlicht. Weiße Punkte markieren die Messezentren der Projektion vor der Bewegung. Schwarze Punkte sind Massezentren der Projektion nach der Bewegung. Die Punkte in der Mitte des Bildes sind Massezentren, die für komplette Projektionen ermittelt sind. Die Punkte in den Ecken des Bildes sind die Massezentren, die bei der Aufteilung des Bildes in vier Bereiche (Abbildung 6.16 a) ermittelt sind.

zu treffen, da diese die durch Rekonstruktion und Vorwärtsprojektion verursachte Artefakte bzw. Ungenauigkeiten aufweisen.

6.2.2 Grauwertbasierte Registrierung

Im Gegensatz zu der Vorgehensweise aus dem vorherigen Abschnitt, bei der einzelne Landmarken bzw. Massepunkte registriert werden, um eine mögliche Bewegung des zu untersuchenden Objektes zu ermitteln, wird hier, angelehnt an die Arbeit von [CFD+93] (im Abschnitt 4.4 vorgestellt), die Möglichkeit untersucht, rigide Registrierung aufeinanderfolgender Projektionen zur Ermittlung der Bewegungsrichtung für die Bewegungskorrektur zu verwenden.

Bei der landmarkenbasierten Registrierung wird eine Transformation zwischen einer begrenzten Anzahl der Abbildungen der Objektpunkte auf die Detektorfläche ermittelt. Es findet keine allgemeine Anpassung aller Grauwerte statt. Folglich kann im Allgemeinen keine Plausibilität der ermittelten Transformation gewährleistet werden. Dabei wird vorausgestzt, dass die Landmarken in den zu registrierenden Bildern korrekt gesetzt sind, d. h. die Positionen des gleichen Punktes des Objektes in beiden Bildern möglichst exakt ermittelt sind. Allerdings stellt die Ermittlung der Positionen des gleichen Objektpunktes in zwei Bildern ein nicht triviales Problem dar [TMP+94, BHT+03]. In den Projektionsbildern ist diese Aufgabe wegen der Überlagerung der Strukturen noch schwieriger. Folglich ist sowohl ein manuelles als auch ein automatisches Setzen der Landmarken sehr schwierig. Aus diesem

Grund wird hier die Verwendung von grauwertbasierter Registrierung kompletter Projektionen untersucht.

Für die Registrierung wird frei verfügbare Software „Image Registration Toolkit" (IRTK) verwendet, welche in [RSH$^+$99] und [SRQ$^+$01] beschrieben ist. Die Transformation wird durch Minimierung des D^{SSD} Ähnlichkeitsmaßes ermittelt. Dabei wird die *i*-te Projektion als Template und $(i+1)$-te Projektion als Referenz betrachtet. Das heißt die ermittelte Transformation entspricht der Bewegung des in den Projektionen dargestellten 2D-Objektes.

Zur Bestimmung der Bewegungsparameter wird hier mehr Information herangezogen als bei der landmarkenbasierten Registrierung, da nicht vier Punktepaare sondern komplette Projektionen verwendet werden. Deshalb wurde untersucht, ob zusätzlich zur Rotation und Translation auch eine Skalierung des dargestellten Objektes und damit die Objektbewegungen zur und von der Detektorfläche erfasst werden können. Die Transformation $T = (\alpha, t_{xT}, t_{yT}, s_{xT}, s_{yT})$ wird ermittelt mit dem Rotationswinkel α, (t_{xT}, t_{yT}) zwei Translationen in horizontaler und vertikaler Richtung und den Skalierungsparametern (s_{xT}, s_{yT}) in beide Richtungen. Damit der Ausgleich der entstehenden Bewegung überwiegend über Rotation und Translation stattfindet, wird im ersten Schnitt die rigide Transformation ermittelt, da die meisten Objektbewegungen zur Veränderung dieser Transformationsparameter führen und deshalb von primärem Interesse sind. Danach werden die berechneten Parameter als Startpunkt für die anschließende Bestimmung der Skalierungsparameter verwendet.

Bei der Registrierung von Projektionen zwischen denen keine Bewegung des untersuchten Objektes stattfand, lagen die ermittelten Parameter in folgenden Grenzen: $-0.2 \leq \alpha \leq 0.04$, $-0.9 \leq t_{xT} \leq 0.4$, $-0.2 \leq t_{yT} \leq 0.8$, $0.9947 \leq s_{xT} \leq 1.0037$ und $0.9926 \leq s_{yT} \leq 1.0049$. Diese Werte geben ein Hinweis auf die Genauigkeit der Parameterermittlung. Die Tatsache, dass sich die Werte so stark von Null unterscheidenden, liegt an der inhärenten Bewegung, die durch die Rotationsbewegung des Quelle-Detektor-Systems verursacht ist. Im Minimierungsprozess der Registrierung wird auch die in Folge von Quelle-Detektor-Bewegung entstandene Unterschiede beider Projektionen ausgeglichen, da lediglich ein Minimum des Distanzmaßes erreicht werden soll. Dies bedeutet, das nur die Objektbewegungen, die projiziert auf die Projektionsfläche stärker als diese Grenzen sind, mit der Verwendung der Registrierung ermittelt werden können.

Ein Beispiel, bei welchem die Registrierung zweier zu den unterschiedlichen Positionen gehörenden Projektionen die Bestimmung der entsprechenden Bewegungsparameter in 2D ermöglicht, ist die abrupte Rotation des Kopfphantoms um die *y*-Achse (Neigung des Kopfes nach links und rechts, siehe Abbildung 6.18), die zwischen den Projektionen 49 / 50, 99 / 100 und 149 / 150 simuliert ist (Scenario 1, Abschnitt 6.1.1). In dem in Abbildung 6.18 dargestellten Beispiel wurde eine $\pm 2°$ Rotation simuliert ($+2°$ bei 49 / 50 und 149 / 150 und $-2°$ bei 99 / 100). Die Bilddif-

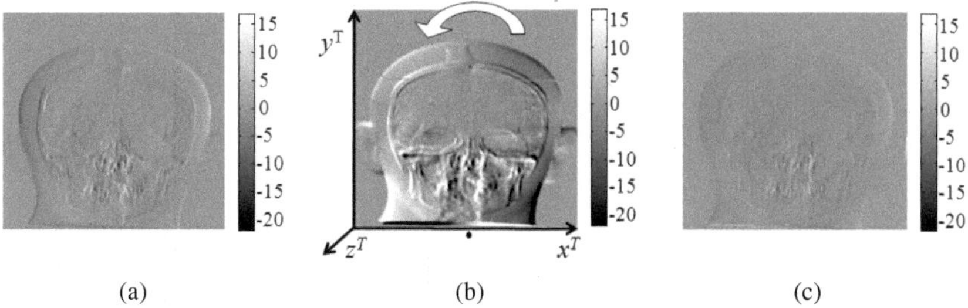

(a) (b) (c)

Abbildung 6.18: (a) Differenz zweier Projektionen ohne dazwischenliegende Bewegung. (b) Differenz zwischen Projektionsbildern, wobei dazwischen eine Rotation des Kopfphantoms stattfand. Die stattgefundene Bewegung wurde durch den Pfeil und den Punkt (Rotationspunkt) verdeutlicht. Die Transformationsparameter werden mit Hilfe der Registrierung bezüglich des Transformationskoordinatensystems mit x^T-, y^T- und z^T-Achsen ermittelt (Achse z ist senkrecht zur Fläche des Blattes).

ferenzen zwischen Projektionen 98 / 99 (keine Bewegung dazwischen) und 99 / 100 (Rotation) sind in der Abbildung 6.18 (a) und (b) dargestellt. Bei den Projektionen 99 / 100, die die frontale Ansicht des Kopfes enthalten, findet die durchgeführte 3D-Rotation in einer zu dem Detektor fast parallel verlaufenden Fläche statt. Damit entspricht die 3D-Rotation der 2D-Rotation um den als schwarzen Kreis dargestellten Punkt (die planare Bewegung wurde durch ein Pfeil verdeutlicht). Eine Registrierung der Projektionen liefert die Parameter $T = (-2.1°, -4.2\,\text{mm}, 3.8\,\text{mm}, 1.0003, 1.0001)$. Damit entspricht der ermittelte Rotationswinkel nahezu der tatsächlichen Objektbewegung. Der Unterschied von $0.1°$ ist eine vernachlässigbare Abweichung, da vor allem die Bewegungsrichtung wichtig ist, die zur Bewegungskorrektur verwendet werden kann. Die Länge der Projektion des Bewegungsvektors auf der Projektionsfläche ist weniger aussagekräftig. Die möglichen Gründe für die Abweichung sind: der Einfluss der Rotation von Quelle-Detektor-Systems, der nicht exakt parallele Verlauf der Projektionsfläche zur der Fläche, auf der die Bewegung stattfand und die Ungenauigkeit der Registrierung.

Die Translationsparameter sind stärker als auf den ersten Blick zu erwarten ist. Da keine Translation des Objektes stattfand, werden nur die Translationsparameter erwartet, die in den für die bewegungsfreien Projektionen ermittelten Grenzen liegen. Wenn allerdings der kegelförmige Verlauf der Röntgenstrahlen berücksichtigt wird, wird klar (sehe Abbildung 6.20 a), dass jede Veränderung der Objektposition meistens auch eine Translation der Objektprojektion nach sich zieht. In Abbildung 6.20 ist ein Beispiel für die Translation in Richtung des Detektors dargestellt. Eine solche Bewegung führt bei der Parallelstrahlgeometrie zu einer Vergrößerung der

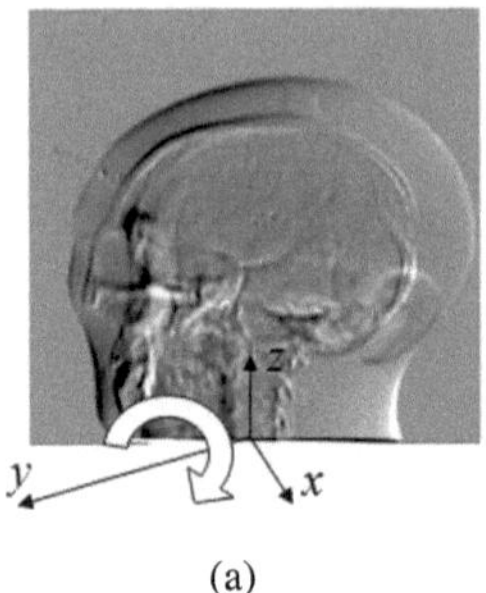
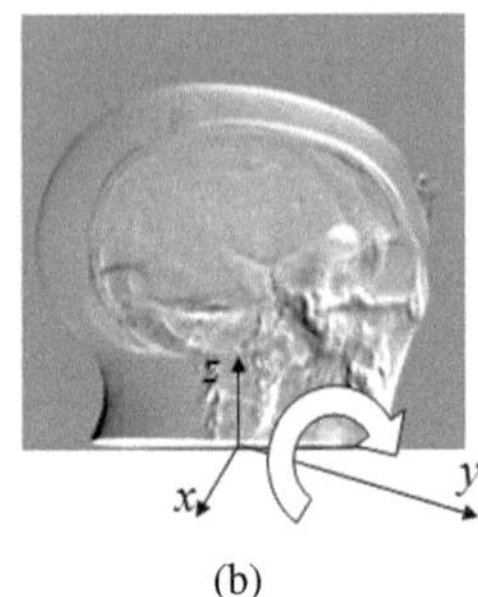

Abbildung 6.19: (a) Differenz zwischen den Projektionsbildern mit den Indizes 49 und 50 mit der Rotation des Kopfphantoms um die y-Achse. Die Bewegungsrichtung wurde durch ein Pfeil verdeutlicht. (b) Differenz zwischen den Projektionsbildern mit den Indexen 149 und 150. Die $2°$-Rotation des Kopfphantoms findet auch hier um die y-Achse statt, welche für die Projektionen 149 / 150 der schrägen Neigung des Phantoms in Richtung der Projektionsfläche entspricht.

Objektabbildung, während bei der Kegelstrahlgeometrie (hier in seitlichen Ansicht) zusätzlich eine Translation stattfindet.

Zwischen den Projektionen 49 / 50 und 149 / 150 fand ebenfalls eine 3D-Rotation von $+2°$ um die y-Achse des Objektes statt, welche aber auf die Projektionsflächen projiziert einer schräge Neigung des Kopfes zum Detektor (für 49 / 50) und vom Detektor (149 / 150) entspricht. Der Verlauf der Bewegungsachse im Bezug auf die Projektionsflächen ist in Abbildung 6.19 verdeutlicht. Es ist zu erwarten, dass die ermittelte Rotation innerhalb der Projektionsfläche (um die z^T-Achse) kleiner als $2°$ ausfällt. Außerdem ist zu erwarten, dass die Skalierungsparameter größer als Eins für die Projektionen 49 / 50 (wegen der Vergrößerung der Abbildung des Objektes durch die Bewegung in Richtung der Projektionsfläche) und kleiner als Eins für die 149 / 150 (wegen der Verkleinerung durch die Bewegung von der Projektionsfläche weg) sein werden. Die ermittelten Parameter entsprechen dem erwarteten Verhalten und betragen (0.97°, 1.75 mm, -1.54 mm, 1.0036, 1.0023) für die Projektionen 49 / 50 und (0.85°, 2.3 mm, -0.92 mm, 0.9958, 0.9918) bei der Registrierung von den Projektionen 149 / 150. Damit entsprechen die ermittelten 2D-Parameter der tatsächlichen Bewegung und können im nächsten Schritt für die Begrenzung des Suchraumes bei der Bewegungskorrektur verwendet werden.

In diesem Beispiel fand eine starke Bewegung statt. Aber auch für die kleineren Bewegungen entsprechen die ermittelten Parameter den zu erwarteten Parametern. So sind z. B. für die $0.4°$-Rotation die ermittelten Bewegungsparameter in der Tabelle

Tabelle 6.4: Ermittelte Parameter bei der Rotation des Phantoms um die y-Achse. Zwischen Projektionen 49/50 und 149/150 fand eine $0.4°$-Rotation und zwischen 99/100 eine $-0.4°$-Rotation statt.

Projektionen	$\alpha(°)$	t_{x^T} (mm)	t_{y^T} (mm)	s_{x^T}	s_{x^T}
49/50	0.06	0.14	-0.15	1.0003	1.0012
99/100	-0.52	-1.03	0.95	1.0001	0.9999
149/150	0.06	0.37	0.04	0.9979	0.9972

6.4 zu finden. Auch hier unterscheidet sich der ermittelte Rotationswinkel zwischen den Projektionen 99 und 100 von der ausgeführten Bewegung um ca. $0.1°$.

Die bei der $2°$-Rotation um die y-Achse entstandenen Neigungen des Phantoms in Richtung des Detektors und vom Detektor weg (Projektionen 49/50 und 149/150 sind in Abbildung 6.19 zu sehen) wurden durch die Ermittlung der Skalierungsparameter erfasst. Bei kleineren Bewegungen unterscheiden sich Skalierungswerte nicht signifikant von den Werten eines bewegungsfreien Datensatzes. Es wird auch anhand weiterer Beispiele deutlich, dass die Bewegungen, die kleiner als $2°$ (bei Rotation) oder 2 mm (bei Translation) sind, und bei denen das Objekt sich in Richtung des Detektors oder vom Detektor wegbewegt, mit Hilfe von Registrierung oft nicht erkannt werden können.

Wie zu erwarten, ist die Rotation um die x-Achse (Neigung des Kopfes nach vorne und hinten) in den seitlichen Projektionen (hier 49/50 und 149/150) gut sichtbar und durch die ermittelten Parameter eindeutig identifizierbar. Nur bei den Projektionen 99/100, bei denen sich das Phantom bei dieser Bewegungsart in Richtung des Detektors (oder vom Detektor Weg) bewegt, bleiben alle Parameter bereits bei einer $1.2°$-Rotation weitgehend unauffällig: $(0.19°, -0.02\,\text{mm}, 0.01\,\text{mm}, 0.9973, 0.9993)$.

Die Rotationen um die vertikale Achse (z-Achse) stellen eine besondere Herausforderung dar. Zwar ist bei der Betrachtung der Projektionen vor und nach der Bewegung eine leichte Veränderung an der Objektgrenze sichtbar, aber eine Änderung findet hauptsächlich innerhalb des Schwächungsbereiches der Projektionen statt. Entsprechend ist bei der Rotation um die z-Achse des Phantoms nicht zu erwarten, dass eine Rotation in Projektionsfläche zu sehen bzw. mit Registrierung zu erfassen ist. Auch in den Translationsparametern ist kein wesentlicher Unterschied zu erwarten. Allerdings stimmen die ermittelten Parameter mit diesen Annahme nicht überein.

Bei der Rotation in die Bewegungsrichtung des Quelle-Detektor-Systems sind sowohl die ermittelten Translationen als auch die Rotation stärker als bei den Projektionen ohne Bewegung. In Tabelle 6.5 sind sowohl die ermittelten Parameter für die Projektionen mit $2°$-Rotation dazwischen als auch für die bewegungsfreien

Tabelle 6.5: Ermittelte Bewegungsparameter bei der Rotation des Phantoms in die gleiche Richtung wie die Bewegung des Quelle-Detektor-Systems. Eine 2°-Rotation um die vertikale z-Achse fand zwischen Projektionen 49/50, 99/100 und 149/150 statt. Die restlichen Projektionen sind bewegungsfrei.

Projektionen	$\alpha(°)$	t_{x^T} (mm)	t_{y^T} (mm)	s_{x^T}	s_{x^T}
48/49	-0.18	-0.47	0.18	1.0016	1.0014
49/50	-0.43	-0.62	0.85	0.9993	0.9998
50/51	-0.18	-0.33	0.31	1.0009	1.0004
98/99	-0.12	-0.03	0.21	0.9999	1.0000
99/100	-0.28	-0.16	0.5	1.0001	1.0000
100/101	-0.10	-0.37	0.17	1.0017	1.0003
148/149	-0.22	-0.18	0.44	0.9978	0.9987
149/150	-0.46	-0.4	1.04	0.9959	0.9964
150/151	-0.25	-0.37	0.76	0.9924	0.9953

Projektionspaare dargestellt. Wenn es sich um eine starke Bewegung handelt, sind die Parameter nicht viel größer als bei den bewegungsfreien Projektionen (vergleiche mit Parameter für die 2°-Rotation um die anderen Achsen). Die Skalierungsparameter liegen sogar für diese starke Rotation innerhalb des Bereiches, in welchem sich auch die Parameter für die bewegungsfreien Projektionen befinden. Irreführend könnten vor allem Rotationsparameter sein, da diese den Parametern bei einer Rotation von ca. 0.4° um y- oder x-Achse (abhängig davon, um welche Projektionsrichtung es sich handelt) sehr ähnlich sind. Anhand der Translationsparameter wird aber der Unterschied zwischen einer Rotation um die vertikale Achse und anderen Bewegungsarten deutlich. Die Translationsparameter sind bei der Rotation um die z-Achse wegen des kegelförmigen Verlaufs der Strahlen viel kleiner als die ermittelten Translationen bei anderen Rotationsarten. Jede Verschiebung des Objektes oder seiner Teile (auch durch Rotation verursacht) führt bei Kegelstrahlgeometrie zur Translation innerhalb der Projektionen (Abbildung 6.20). Da bei der Rotation um die z-Achse aus der Sicht der Projektionsgeometrie die Veränderungen „innerhalb" des Objektes stattfinden, fallen die dadurch verursachten Translationen innerhalb der Projektionen kleiner aus als bei den anderen Bewegungsarten.

Bei der Rotation in die der Bewegung des Quelle-Detektor-Systems entgegengesetzten Richtung entsteht ein Muster, das eindeutig auf diese Art der Bewegung schließen lässt. Wie aus der Tabelle 6.6 für die 2°-Rotation deutlich zu sehen ist, ändert sich bei den Projektionen mit Bewegung (49/50, 99/100 und 149/150) das Vorzeichen der ermittelten Parameter. Trotz der Stärke der Rotation sind die

Tabelle 6.6: Durch Anwendung der bei der Registrierung ermittelten Parameter bei der Rotation des Phantoms in die der Bewegung des Quelle-Detektor-Systems entgegengesetzte Richtung. Eine $2°$-Rotation um die vertikale Achse (z-Achse) fand zwischen Projektionen 49 / 50, 99 / 100 und 149 / 150 statt. Alle anderen Projektionen sind bewegungsfrei.

Projektionen	$\alpha(°)$	t_{x^T} (mm)	t_{y^T} (mm)	s_{x^T}	s_{x^T}
48 / 49	-0.18	-0.47	0.18	1.0016	1.0014
49 / 50	0.19	0.47	-0.18	0.9975	0.9983
50 / 51	-0.19	-0.45	0.28	1.0016	1.0011
98 / 99	-0.13	-0.20	0.18	1.0016	1.0003
99 / 100	0.15	0.21	-0.24	0.9982	0.9998
100 / 101	-0.1	-0.37	0.17	1.0017	1.0003
148 / 149	-0.22	-0.18	0.44	0.9978	0.9987
149 / 150	0.22	0.06	-0.5	1.0024	1.0015
150 / 151	-0.19	-0.05	0.49	0.9973	0.9984

ermittelten Parameter klein, was nicht auf eine Bewegung hindeutet. Allerdings ist das Ändern des Vorzeichens und zwar bei allen drei Parametern (Rotations- und Translationsparameter) ein deutliches Zeichen, dass es sich bei der Bewegung um eine Rotation in die der Bewegung von Quelle-Detektor-Systems entgegengesetzte Richtung handelt.

In der Tabelle 6.7 sind die Ergebnisse der Registrierung aufeinanderfolgender Projektionen dargestellt, wobei zwischen den Projektionen 2 mm-Translationen entlang y-Achse durchgeführt wurden. Für die seitlichen Ansichten (49 / 50 und 149 / 150) bedeutet diese Bewegung hauptsächlich eine Verschiebung entlang der x^T-Achse der Projektionen ($x^T y^T$ -Koordinatensystem ist in Abbildung 6.18 zu sehen). Für die Projektionen 99 / 100 bedeutet dies eine Translation in die Richtung der Detektorfläche. Hier sind entsprechend eine Skalierung und eine durch die Kegelstrahlgeometrie verursachte Translation zu erwarten. Da die seitlichen Projektionen nicht parallel zur y-Achse des Objektes verlaufen (vergl. Abbildung 6.19), weichen die ermittelten Translationsparameter leicht von der durchgeführten Bewegungsstärke ab, was auch dem zu erwartendem Verhalten entspricht. Der Vorzeichenwechsel bei t_{x^T} wurde durch die Rotation des Detektors um das Objekt verursacht, da die x^T Achse des Detektors auf der anderen Seite des Objektes in die entgegengesetzte Richtung zeigt. Die ermittelten Bewegungsparameter für die Bewegungsstelle mit der Translation in Richtung des Detektors weisen keine deutlich ausgeprägten Werte auf, die auf die Art der Bewegung hinweisen könnten.

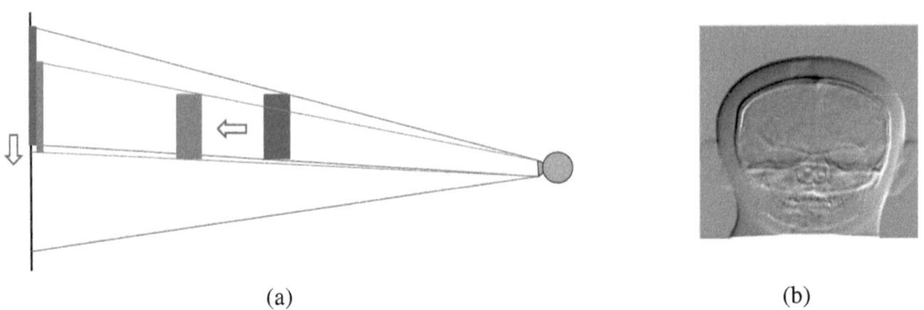

(a)   (b)

Abbildung 6.20: (a) Schematische Darstellung der Kegelstrahlgeometrie in seitlicher Ansicht. Links ist ein Detektor und rechts eine Röntgenquelle gezeichnet. Die Parallelverschiebung eines, nicht in der Mitte des Kegelstrahls befindlichen, Objektes führt zu Skalierung und Verschiebung dessen Abbildung. (b) Differenz der Projektionen 99 und 100, zwischen welchen eine Verschiebung des Phantoms um 2 mm in Richtung der Detektorfläche stattgefunden hat.

Tabelle 6.7: Ermittelte Parameter bei der Registrierung der Projektionen nach einer Translation des Phantoms entlang der y-Achse. Eine Verschiebungen von 2 mm (Bewegung nach vorne) findet bei den Projektionen 49 / 50 und 149 / 150 statt und -2 mm (Verschiebung nach hinten) bei Projektionen 99 / 100.

Projektionen	$\alpha(°)$	t_{x^T} (mm)	t_{y^T} (mm)	s_{x^T}	s_{x^T}
49 / 50	-0.15	-1.58	0.37	0.9989	0.9996
99 / 100	-0.18	-0.29	-1.42	1.0009	1.0003
149 / 150	-0.14	2.85	0.34	0.9988	0.9990

Wie ebenfalls zu erwarten ist, stellt eine Translation in z-Richtung einen einfachen Fall für die Anwendung der Registrierung dar. Das Phantom wurde nach unten zwischen den Projektionen 49 / 50, danach nach oben bei 99 / 100 und wieder nach unten zwischen den Projektionen 149 / 150 um 2 mm verschoben. Diese Bewegungen werden korrekt durch die ermittelten Verschiebungen t_{y^T} widergespiegelt. Bei den Projektionen 99 / 100 ist die Stärke der ermittelten Translation deutlich größer als die durchgeführte Bewegung. Außerdem wurde an dieser Bewegungsstelle eine Skalierung festgestellt, wobei keine Bewegung in Richtung des Detektors stattfand. Dass die ermittelten Bewegungsparameter sich bei 99 / 100 Projektionen von den Werten an den beiden anderen Stellen unterscheiden, könnte am Verlauf der Röntgenquelle (vergl. Abbildung 3.6 aus Abschnitt 3.4) bzw. dem stärker geneigten Strahlenkegel liegen.

Tabelle 6.8: Ermittelte Parameter bei der Registrierung der Projektionen nach einer Translation des Phantoms entlang der z-Achse. Eine 2 mm starke Verschiebungen findet zwischen den Projektionen 49 / 50 (+2 mm), 99 / 100 (-2 mm) und 149 / 150 (+2 mm) statt.

Projektionen	$\alpha(°)$	t_{x^T} (mm)	t_{y^T} (mm)	s_{x^T}	s_{x^T}
49 / 50	-0.14	-0.09	-2.3	0.9989	0.9986
99 / 100	-0.23	-0.53	3.1	1.0007	1.0008
149 / 150	-0.22	-0.18	-2.09	0.9985	0.9978

Es hat sich gezeigt, dass eine Registrierung größere Werte für die Rotation und Translation liefert, wenn eine Rotation stattfand, als dies bei den bewegungsfreien Projektionen der Fall ist. Im Gegensatz dazu sind bei der Translationsbewegung des Objektes (hier Phantoms) nur die Translationsparameter groß. Der Betrag der ermittelten Translation hängt auch hier von der Ausrichtung der Projektionsfläche in Bezug zur Bewegungsrichtung ab.

Eine zusätzliche Schwierigkeit bei der Interpretation der ermittelten Parameter ist durch den kegelförmigen Verlauf der Röntgenstrahlen gegeben. Wie in Abbildung 6.20 anhand der Bewegung in Richtung des Detektors veranschaulicht ist, kann eine 3D-Translation des Objektes zu der Translation innerhalb der Projektion führen, deren Richtung sich von der Projektion der 3D-Bewegung auf die Projektionsfläche unterscheidet. So findet in dem Beispiel aus Abbildung 6.20 nicht nur eine Skalierung sondern auch Verschiebung nach unten statt, wobei das Objekt sich in Richtung des Detektors bewegt. Nur bei der zur Projektionsfläche parallelen Verschiebung findet keine Skalierung statt und die ermittelte Translation der stattgefundenen Bewegung entspricht. Dabei ist aber der Wert der ermittelten Translation etwas größer als die Bewegungsamplitude, was auch durch die Kegelstahlgeometrie verursacht ist. Für die Translationsbewegungen, die in die Richtung des Detektors oder in die entgegengesetzte Richtung stattfinden, gilt das gleiche wie für die Rotationsbewegungen: nur sehr starke Bewegungen führen zu den ausreichend großen Veränderung der Skalierungsparameter, um als solche identifiziert zu werden.

Im Gegensatz zu den oben verwendeten simulierten Projektionen, die den kompletten Schwächungsbereich des untersuchten Objektes erfassen, enthalten die Projektionen des verwendeten Dental-CT nur ein Ausschnitt aus dem Schwächungsbereich (durch ein begrenztes FOV verursacht). Entsprechend bleibt die Position des Objektes aus der Sicht der Registrierung weitgehend erhalten, da bei der Registrierung der gleiche runde Ausschnitt der Projektion als ein Objekt fungiert und es nur Veränderungen innerhalb des zu registrierenden Objektes (in Wirklichkeit eines Ausschnittes) stattfinden. Bei Verwendung von IRTK Registrierung kann das sogenannte „Pad-

Tabelle 6.9: Ermittelte Parameter bei der Translation des Phantoms entlang der z-Achse, wobei die Projektionen eines Dental-CTs mit dem begrenzten FOV verwendet wurden. Die Verschiebungen von +2 mm finden zwischen den Projektionen 49 / 50 und 149 / 150 statt. Zwischen den Projektionen 99 / 100 wurde das Phantom um -2 mm nach oben verschoben.

Projektionen	$\alpha(°)$	t_{x^T} (mm)	t_{y^T} (mm)	s_{x^T}	s_{x^T}
48 / 49	-0.18	0.72	0.7716	0.9995	0.9969
49 / 50	0.09	1.67	4.7920	0.9813	0.9540
50 / 51	-0.18	0.70	0.7866	0.9994	0.9971
98 / 99	-0.11	0.52	2.1267	0.9934	0.9854
99 / 100	-0.11	0.48	2.1093	0.9944	0.9853
100 / 101	0.22	0.58	2.3586	0.9920	0.9848
148 / 149	-0.29	0.11	0.98	1.0003	0.9971
149 / 150	-0.62	-0.68	4.29	0.9978	0.9733
150 / 151	-0.26	-0.06	1.00	1.0000	0.9969

ding" eingeschaltet werden. Dabei werden alle Pixel, deren Wert kleiner ist, als ein vorgegebener Wert, bei der Registrierung nicht berücksichtigt, so dass nicht die kompletten Projektion, sondern nur die Werte innerhalb der Ausschnitte während des Registrierungsprozesses auf einander angepasst werden. Die Ergebnisse von solchen Registrierungen sind nicht vielversprechend. Zum Beispiel liefert die Registrierung für die gleiche Translationsbewegung des Phantoms entlang der z-Achse wie im Beispiel davor folgende in Tab. 6.9 zusammengefasste Werte. Dabei wurden Projektionen vor dem Logarithmieren verwendet.

Die Veränderungen sind nur in den seitlichen Projektionen (49 / 50 und 149 / 150) sichtbar. Wenn aber vor der Registrierung eine Normierung der gemessenen Werte durch die Intensität der ungeschwächten Röntgenstrahlen I_0 und Logarithmieren zu Erhaltung der Projektionssummen durchgeführt wird, sind die Ergebnisse der Registrierung sehr ähnlich: in seitlichen Projektionen ist eine Bewegung zwischen den Projektionen sichtbar, während die Translation zwischen den Projektionen in der Mitte der Datenakquisition unbemerkt bleibt. Trotz der Verwendung von „Padding" spielt die Abgeschnittenheit der Projektionsbereiche eine negative Rolle bei der Registrierung.

Alle Bewegungsarten, die vorher auch für simulierte Daten getestet wurden, wurden auch für reale Dental-CT-Projektionen (mit begrenzte FOV) getestet. Die Analyse der dabei ermittelten Registrierungsparameter hat gezeigt, dass auch bei anderen Bewegungsarten die Registrierung der Projektionen mit einem begrenzten FOV kein brauchbares Ergebnis liefert. Es kann nicht zuverlässig bestimmt werden, wo die Bewegung stattgefunden hat. Teilweise starke Bewegungsparameter wurden zwischen Projektionen ermittelt, zwischen denen keine Bewegung stattfand. Auch lassen die ermittelten Parameter nicht auf die Art der Bewegung schließen, wie aus dem Beispiel für die Translation entlang z-Achse deutlich wird (Tab. 6.9). Zum Beispiel weisen die ermittelten Parameter zwischen den Projektionen 99 / 100 nicht auf eine Bewegung hin und die Parameter für die Projektionen 151 / 152 sind zu stark für zwei Projektionen, zwischen denen keine Bewegung des Objektes stattgefunden hat.

Der Unterschied in den Ergebnissen bzw. der Verwendbarkeit der Registrierung liegt offensichtlich in der Abgeschnittenheit der Schwächungsbereiche des verwendeten Dental-CTs. Während die Ergebnisse für komplette Projektionen für die Verwendung von Registrierung zur Ermittlung der Bewegungsrichtung sprechen, lieferte eine Registrierung der abgeschnittenen Projektionen kein akzeptables Ergebnis.

6.2.3 Optischer Fluss

In diesem Abschnitt wird eine Methode untesucht, mit deren Hilfe Bewegungen (in der Bildfläche) kleiner Bildteile unabhängig zueinander ermittelt werden können. Diese Methode wird optische Fluss (OF) genannt. Es wird angenommen, dass die Farbe/Bildintensität eines Objektpunktes sich zwischen zwei Bildern nicht verändert. Entsprechend kann für jeden Objektpunkt im Bild $B(t)$ die Position desselben Punktes im Bild $B(t+1)$ gefunden werden, wobei unter t und $t+1$ zwei nacheinander liegende Zeitpunkte gemeint sind. Eine der populärsten Methoden, auf deren Basis viele Weiterentwicklungen entstanden sind und welche hier verwendet wird, ist die Lucas-Kanade-Methode [Lucas81]. Es wird angenommen, dass ein Punkt $\mathbf{x} = (x_1, x_2)$ des Bildes $B(t)$ sich im nächsten Bild $B(t+1)$ an der Position $(x_1 + u_1, x_2 + u_2)$ befindet. Es gilt also

$$B(x_1, x_2, t) = B(x_1 + u_1, x_2 + u_2, t+1). \tag{6.22}$$

Gesucht ist der Vektor (u_1, u_2), der die Verschiebung des Punktes bestimmt und der OF an der Stelle $\mathbf{x}$ ist.

Wenn die rechte Seite der Gleichung 6.22 als Taylorentwicklung erster Ordnung um den Punkt (x_1, x_2) dargestellt wird und die Terme höherer Ordnung vernachlässigt werden, entsteht die Gleichung

$$\frac{\partial B}{\partial x_1}\frac{\partial x_1}{\partial t} + \frac{\partial B}{\partial x_2}\frac{\partial x_2}{\partial t} + \frac{\partial B}{\partial t} = 0. \tag{6.23}$$

Die $\frac{\partial B}{\partial x_1} = B_{x_1}$, $\frac{\partial B}{\partial x_2} = B_{x_2}$ und $\frac{\partial B}{\partial t} = B_t$ sind Ableitungen des Bildes $B(t)$ in die

entsprechenden Richtungen. Die Komponenten $\left(\frac{\partial x_1}{\partial t}, \frac{\partial x_2}{\partial t}\right) = (u_1, u_2)$ stellen die
Geschwindigkeit der Positionsänderung und damit des gesuchten OF dar. Da die zwei
Unbekannten u_1 und u_2 nicht mit Hilfe einer Gleichung bestimmt werden können,
wurde bei der Lucas-Kanade-Methode zusätzlich angenommen, dass der optische
Fluss innerhalb eines kleinen Fensters von $n \times n$ $(n > 1)$ Pixel um ein Pixel (x_1, x_2)
konstant ist. Wenn die Pixelpositionen innerhalb des Fensters als (x^i, y^i), $i = 1, \ldots, N$,
$N = n^2$ durchnummeriert sind, kann für ein Fenster ein Gleichungssystem aufgestellt
werden

$$\begin{cases} B_{x_1^1} u_1 + B_{x_2^1} u_2 = B_{t^1} \\ B_{x_1^2} u_1 + B_{x_2^2} u_2 = B_{t^2} \\ \quad \cdots \\ B_{x_1^N} u_1 + B_{x_2^N} u_2 = B_{t^N}. \end{cases} \tag{6.24}$$

Durch Lösung dieses überbestimmten Gleichungssystems können die Gesuchten
(u_1, u_2) bestimmt werden. Ein Gewichtungsfaktor in Form einer Gaußfunktion kann
verwendet werden, um dem Einfluss des mittleren Pixels im Gegensatz zu den
umliegenden Pixeln zu erhöhen.

Bei der Bestimmung des optischen Flusses zwischen zwei aufeinanderfolgenden
Projektionen ist die Grundannahme verletzt, dass sich die „Farbe" eines Objektpunktes vom einen zum anderen Bild (hier Projektion) nicht ändert. In zwei aufeinanderfolgenden Projektionen verändert sich die Überlagerung einzelner Objektstrukturen
in Folge von Rotation des Quelle-Detektor-Systems. Es wird aber angenommen, dass
das Winkelinkrement von $1.02°$ (zwischen zwei aufeinanderfolgenden Projektionen)
ausreichend klein ist und die Veränderung der Pixelwerte aufgrund der internen
Bewegung vernachlässigt werden können. Für die Lösung des Gleichungssystems
wird die Multiplikation mit der Moore-Penrose pseudoinversen Matrix verwendet.
Es wird angenommen, dass der OF innerhalb des 10×10 Pixel großen Projektions-
fensters konstant ist. Es wurde auch der Multiresolutionsansatz (weiter als MRA
abgekürzt) mit zwei und mehr Ebenen [Bou00] getestet. In Abbildung 6.21 ist der
ermittelte optische Fluss für die Projektionen eines Datensatzes mit der simulierten
Verschiebung entlang der vertikalen Achse dargestellt. Zwar wurden die Vektoren
(u_1, u_2) für jeden Pixel der Projektion bestimmt, repräsentiert wurde jedoch jeder
16-ste Wert, um die Darstellung übersichtlicher zu gestalten. Die Vektoren sind als
weiße Pfeile dargestellt. Die Differenz beider Projektionen $P(i)$ und $P(i+1)$ wurde
passend zum OF herunter getastet und dem unterlegt.

In Abbildung 6.21 sind die optische Flusse für zwei Projektionen ohne Bewegung
dazwischen (linke Spalte) und mit einer Verschiebung des Objektes nach unten (rechte Spalte) dargestellt. Dabei wurde für die obere Zeile kein Multiresolutionsansatz
und für die untere ein Multiresolutionsansatz mit zwei Ebenen verwendet. Während
bei der Registrierung der Projektionen die ermittelten Parameter der Bewegungsstär-

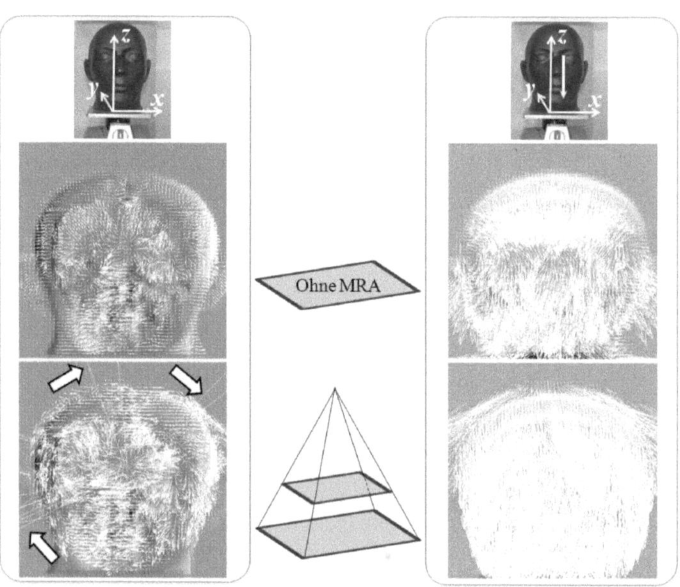

Abbildung 6.21: Vektoren des optischen Flusses sind als weiße Pfeile dargestellt. In der gleichen Auflösung wie OF wurden Differenzbilder zweier Projektionen den Vektoren des OFs unterlegt. Links sind die Vektoren des OFs und Differenzbilder für zwei Projektionen ohne Bewegung dazwischen und rechts mit der simulieren Translation um 2 mm nach unten dargestellt. Für die Bestimmung des OF in der oberen Zeile wurde kein MRA und für die Erstellung der OF in der unteren Zeile MRA mit zwei Ebenen verwendet.

ke, bzw. deren Projektion auf die Projektionsfläche, entsprachen, korreliert die Länge der OF-Vektoren nicht mit der tatsächlichen Bewegungsstärke. Die mittlere Länge der OF-Vektoren hängt unter anderem von der Anzahl der Ebenen in dem MRA ab. In dem Beispiel aus der Abbildung 6.21 beträgt die mittlere Vektorlänge (bestimmt als Median aller Vektoren) des OF für zwei Projektionen mit Bewegung -2 Pixel ohne Multilevelansatz, -7.5 Pixel bei der Verwendung von zwei Ebenen und -11 Pixel bei drei Ebenen. Der ermittelte OF dient also ausschließlich der Ermittlung der Bewegungsrichtung. Für die Ermittlung, um welche Bewegung es sich handelt, wird der mittlere OF betrachtet, welcher als Median aller OF-Vektoren bestimmt ist. Die mittleren OFs aller Projektionen der Akquisitionen ohne Bewegung waren für die simulierten und realen Dental-CT-Projektionen gleich $(0, 0)$. Bei dem Beispiel aus Abbildung 6.21 stimmt die so ermittelte Bewegungsrichtung mit der tatsächlichen

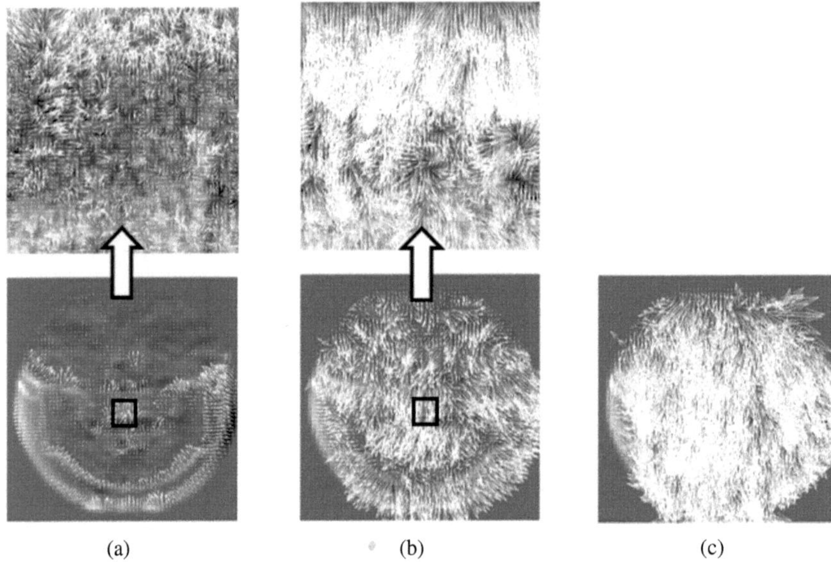

Abbildung 6.22: Differenzbilder zweier Projektionen mit der Translation des Phantoms nach unten (entlang der z-Achse) und die OF-Vektoren, die ohne MRA (in a) und mit MRA mit zwei Ebenen (in b) und drei Ebenen (in c) bestimmt sind.

Bewegung überein, da der mittlere OF-Vektor von $(0, -2)$ der Verschiebung des Objektes nach unten entspricht.

Der Vorteil des OFs besteht darin, dass Verschiebungen einzelner kleine Bildteile unabhängig voneinander ermittelt werden. Bei der Registrierung dagegen wird die Bewegung des Objektes im Ganzen bestimmt. Deshalb stellt für den OF die Abgeschnittenheit der Projektionen kein Hindernis dar. Zwar führt diese dazu, dass die meisten OF-Vektoren der Bildteile, die direkt am Rand liegen, nicht korrekt sind. In der Mitte der Projektionen werden die OF-Vektoren von der Abgeschnittenheit nicht beeinflusst. Wiederrum dadurch, dass keine Information über die globale Objektbewegung verwendet werden kann, ist die Wahrscheinlichkeit hoch, dass OF-Vektoren nicht den durch die Bewegung verursachten Veränderungen der Projektionswerte folgen, sondern den Veränderungen, die durch die CT-Projektionen spezifische Überlagerung der Objektstrukturen verursacht sind. Die den CT-Projektionen typische inhärente Bewegung (durch Quelle-Detektor-Rotation bedingt) führt dazu, dass sich innerhalb der Projektionen einzelne Strukturen des untersuchten Objektes in 2 Richtungen bewegen: Die Strukturen die bezüglich des Rotationsmittelpunktes des

Quelle-Detektor-Systems näher zum Detektor liegen bewegen sich in eine den Objektstrukturen auf der anderen Seite des Rotationsmittelpunktes entgegengesetzten Richtung. Bei simulierten Projektionen, die eine kleinere Auflösung bei der gleichen Projektionsgröße haben und dadurch die Abbildung des kompletten Phantomkopfes enthalten, ist dieser Effekt nicht so stark ausgeprägt, wie bei Dental-CT-Projektionen. Ein Beispiel, dass die durch OF erfassten Bewegungen der Grauwertänderungen innerhalb der Projektion und nicht der tatsächlichen Bewegung folgen können, ist in Abbildung 6.22 dargestellt. Wie anhand der in Abbildung 6.22 a dargestellten OF-Vektoren für zwei Projektionen, zwischen welchen eine Translation des Kopfphantoms in die vertikale Richtung stattfand zu sehen ist, zeigen viele der OF-Vektoren nach oben, obwohl das Kopfphantom in diesem Beispiel nach unten verschoben wurde. Die in (a) dargestellte OF wurde ohne Verwendung von MRA bestimmt. Bei der Bestimmung des OFs mit mehreren Ebenen (Abbildung 6.22 b für zwei und Abbildung 6.22 c für drei Ebenen) zeigen die OF-Vektoren überwiegend in die richtige Richtung. Anhand zweier Ausschnitte aus OF-Feldern ohne MRA und mit wird es deutlich, dass in beiden Fällen die Orientierung mehrerer OF-Vektoren nicht durch die tatsächliche Bewegung des Objektes, sondern durch die lokale Veränderung der Projektionswerte aufgrund der inhärenten Bewegung und CT-spezifischen Überlagerung der Strukturen zustande kam. Durch die Verwendung von MRA und damit iterativen Bestimmung der OF-Vektoren anhand der Projektionsbilder mit unterschiedlichen Auflösungen (von grob zu fein), wird dieses Problem adressiert. Allerdings führt die Verwendung mehrerer Ebenen zu einer Erhöhung der Berechnungszeit und Steigung der Anzahl von nicht plausibel großen Verschiebungsvektoren. In Abbildung 6.21 sind solche Fälle durch Pfeile verdeutlicht.

Es hat sich gezeigt, dass gute Ergebnisse und schnelle Bestimmung des OFs durch herunter Abtastung der Projektionen auf die halbe Größe erreicht werden kann. Die kleineren Projektionen werden für die Kalkulation des OFs mit zwei Ebenen des MRA verwendet. Um die entstehenden nicht korrekten OF-Vektoren, die nicht plausibel große Vektorlängen aufweisen, auszuschließen, werden alle OF-Vektoren, deren Länge einen festgelegten Schwellwert überschreitet, durch einen Null-Vektor ersetzt. Die OF Vektoren an der Grenze des FOV werden ebenfalls aus den darauffolgenden Betrachtungen ausgeschlossen.

Translation entlang der z-Achse: Da bei der Translation entlang der vertikalen Achse die Bewegung in allen Projektionen gleich stark ist und auch zu sehr deutlichen Veränderungen in den Projektionsbildern führt (Abbildung 6.22), ist diese Art der Bewegung leicht zu identifizieren. Bei diesem Bewegungstyp entsprachen die ermittelten Richtungen den stattgefundenen Bewegungen schon ab 0.4 mm bei simulierten Daten und ab 0.6 mm Translation bei realen Dental-CT-Projektionen.

Translation entlang der y-Achse: In der Tabelle 6.10 sind die ermittelten mitt-

Tabelle 6.10: Die ermittelten mittleren OF's (m_{OF}) bei der Translation des Phantoms entlang der y-Achse. Eine Verschiebungen von 2 mm (in 3D Bewegung des Kopfes vorne) findet zwischen den Projektionen 49 / 50 und 149 / 150 und eine Verschiebung von -2 mm (Verschiebung nach hinten) zwischen den Projektionen 99 / 100 statt.

Projektionen	Simulation m_{OF}	Dental-CT m_{OF}
48 / 49	(0,0)	(0,0)
49 / 50	(-0.5,0)	(-0.2,0)
50 / 51	(0,0)	(0,0)
98 / 99	(0,0)	(0,0)
99 / 100	(0,-0.4)	(0,0)
100 / 101	(0,0)	(0,0)
148 / 149	(0,0)	(0,0)
149 / 150	(0.3, 0)	(0.2,0)
150 / 151	(0,0)	(0,0)

leren OF's (m_{OF}) der simulierten und realen Daten für die Projektionen dargestellt, zwischen den eine 2 mm Translation entlang der y-Achse durchgeführt wurde. Für die Projektionen 49 / 50 und 149 / 150 bedeutet diese Bewegung eine Verschiebung entlang der x^T-Achse der Projektionen und für die Projektionen 99 / 100 eine Translation von der Detektorfläche weg. In der oberen Reihe der Abbildung 6.23 sind die Bilddifferenzen mit den Koordinatenachsen zur Verdeutlichung der Bewegungsrichtung für die Dental-CT-Daten und in der unteren Reihe die entsprechenden OF-Vektoren dargestellt. Die Projektionen wurden in neun gleich große Bereiche aufgeteilt und für jeden wurde ein mittlerer OF-Vektor bestimmt. Diese wurden als blaue Vektoren in Abbildung 6.23 d, e und f dargestellt.

Da ausschließlich die Bewegungsrichtung wichtig ist, werden die OF-Vektoren vor der Bestimmung des mittleren OF-Vektors normiert. Die Translationsrichtungen in den seitlichen Projektionen wurden korrekt ermittelt, was den Ergebnissen bei der Anwendung der Registrierung entspricht (vgl. Tabelle 6.10 mit Tabelle 6.8). Allerdings wurde bei der Registrierung auch noch eine Rotation der Phantomabbildung festgestellt. Bei Dental-CT-Daten ist keine Rotation der Phantomprojektion in der Projektionsfläche wahrnehmbar (vgl. Abbildung 6.23 a und c mit Abbildung 6.18 a und b), da hier die Projektionen der Bewegungen viel kleiner ausfallen.

Die Entfernung des Phantoms von der Projektionsfläche (Projektionen 99 / 100), die sich als Skalierung der Phantomprojektion äußert, kann durch Betrachtung des mittleren OF-Vektors nicht erfasst werden. Bei simulierten Daten findet zusätzlich zur Skalierung eine leichte Verschiebung der Phantomprojektion aufgrund der Kegelstrahlgeometrie statt (wie im Abschnitt 6.1.3 beschrieben wurde). Diese wurde durch den OF erkannt. Da der Einfluss der Kegelstrahlgeometrie in Dental-CT-Daten aufgrund des begrenzten FOVs nicht so deutlich ist, wie bei simulierten Daten, wurde hier zwischen den Projektionen 99 und 100 keine Verschiebung festgestellt.

Die Bewegungen eines Objektes in Richtung des Detektor oder vom Detektor weg äußern sich allerdings in charakteristischen Verläufen der OF-Vektoren. Die OF-Vektoren zeigen aus allen Richtungen zur Objektmitte, wenn das Objekt sich zum Detektor bewegt. Bei der Bewegung des Objektes vom Detektor weg, zeigen die OF-Vektoren ausgehend von der Objektmitte in alle Richtungen. Diese zwei Muster der Verläufe der OF-Vektoren können durch Betrachtung von Quellen und Senken der Divergenz der OF-Vektoren ermittelt werden [SS06]. In Abbildung 6.23 g, h und i sind Divergenzen der optischen Flüsse für die drei Bewegungsstellen entsprechend d, e und f dargestellt. Dabei wurde das OF mit dem Gausfilter geglättet und auf 8×8 Pixel Größe reduziert. Die Quellen sind rot und die Senken blau dargestellt. Bei der Bewegung des Phantoms von der Projektionsfläche entsteht eine annähernd kreisförmige Senke in der Mitte der Projektion (Abbildung 6.23 h), während sich bei der Translation die Quelle der Divergenz auf der einen Seite der Projektion und die Senke auf der anderen Seite befindet (Abbildung 6.23 g und i).

In Abbildung 6.24 sind Divergenzen und OF (geglättet und auf 8×8 Pixel Größe reduziert) für die entgegengesetzten Bewegungsrichtungen dargestellt. Hier wurde das Kopfphantom zwischen Projektionen 99 und 100 in Richtung des Detektors verschoben. Dies spiegelt sich in der Divergenz des OFs wieder, indem dieser eine rundliche Quelle in der Mitte der Projektion aufweist (Abbildung 6.24 b). Bei den Translationen in seitlichen Projektionen (6.24 a und c) sind die Positionen von Quelle und Senke umgekehrt.

Für die Erkennung dieses Musters können folgende Schritte durchgeführt werden:

1. Reduzierung der Anzahl der OF Vektoren. Dafür werden abwechselnd Medianfilter und Verkleinerung durch Auswählen jeden zweiten OF-Vektors durchgeführt (im Weiteren werden immer solche „reduzierten" OF dargestellt).

2. Bestimmung der Divergenz. Für jeden OF-Vektor $\mathbf{u} = (u_x, u_y)$ wird der Wert
$$\mathrm{div}\, \mathbf{u}(x,y) = \frac{\partial u_x}{\partial x} + \frac{\partial u_y}{\partial y}$$
bestimmt und an der Position (x,y) des OF-Vektors gespeichert.

3. Aufteilung der Divergenz in zwei vertikale Bereiche und Bestimmung der mittleren Divergenz jeder Hälfte $s_l = \sum_{x < \frac{M}{2}} \sum_y \frac{\mathrm{div}\, \mathbf{u}(x,y)}{(K \cdot M/2)}$ und $s_r = \sum_{\frac{M}{2} < x < M} \sum_y \frac{\mathrm{div}\, \mathbf{u}(x,y)}{(K \cdot M/2)}$, wobei M und K die Größe der Divergenz bezeichnen.

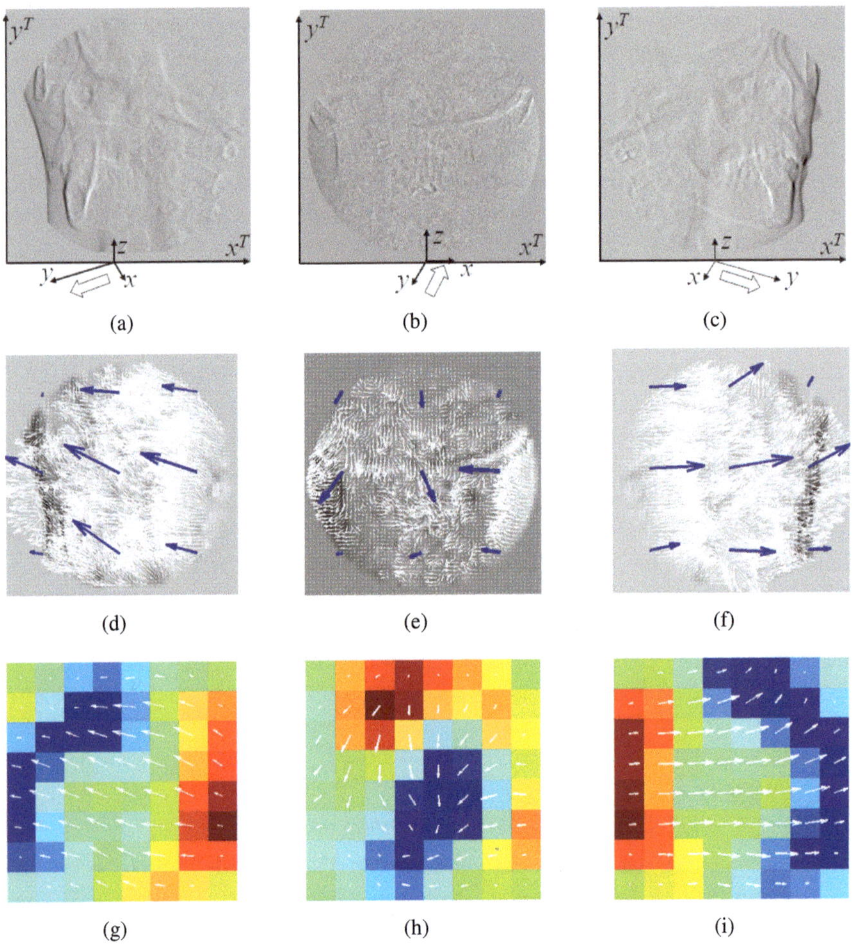

Abbildung 6.23: In der oberen Reihe sind Differenzen zwischen Projektionsbildern mit den Indizes 49 / 50 (a) und 145 / 50 (c) mit der +2 mm Translation des Kopfphantoms entlang der y-Achse dargestellt. In (b) ist die Differenz zwischen den Projektionsbildern mit den Indexen 149 und 150 dargestellt. Hier wurde das Phantom um 2 mm in die negative y-Richtung verschoben. Die stattgefundene Bewegung wurde durch das Koordinatensystem und einen Pfeil in die entsprechende Richtung verdeutlicht. Die mit Hilfe des OFs ermittelte Bewegung ist bezüglich des $x^T y^T$-Koordinatensystems gegeben. Die OFs für die drei Bewegungspunkte sind in (d), (e) und (f) dargestellt. Die untere Reihe (g, h und i) enthält die farblich kodierten Divergenzen der OFs aus (d), (e) und (f) (geglättet und auf 8×8 Pixel Größe reduziert), wobei Quellen rot und Senken blau dargestellt sind.

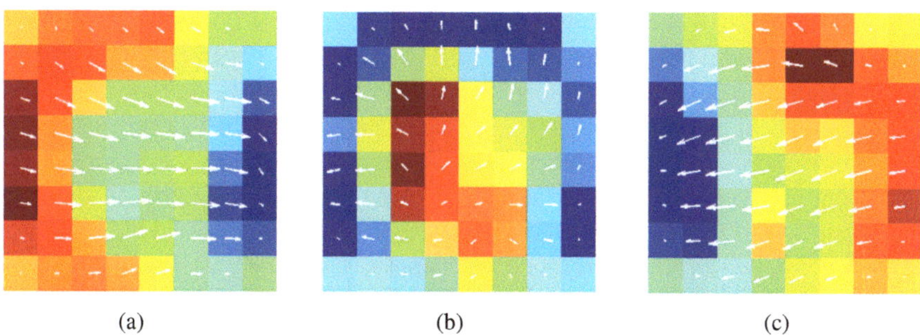

(a)   (b)   (c)

Abbildung 6.24: Farblich kodierte Divergenzen der OFs und die OF-Vektoren für die gleichen Bewegungen wie in Abbildung 6.23 (Translationen entlang der y-Achse um 2 mm und -2 mm), das Phantom wurde aber in die entgegengesetzte Richtung verschoben.

4. Entscheidung, ob eine deutliche Bewegung zwischen diesen zwei Hälften stattfindet. Dafür wird geprüft, ob die Differenz beider Werte s_l und s_r größer als ein festgelegter, empirisch ermittelter Schwellwert ist.

5. Aufteilung der Divergenz in zwei horizontale Bereiche und Bestimmung der mittleren Divergenz jeder Hälfte $s_o = \sum\limits_{x} \sum\limits_{y < \frac{K}{2}} \dfrac{\operatorname{div} \mathbf{u}(x,y)}{(M \cdot K/2)}$ und $s_u =$

$$\sum\limits_{x} \sum\limits_{\frac{K}{2} < y < K} \frac{\operatorname{div} \mathbf{u}(x,y)}{(M \cdot K/2)}.$$

6. Wenn die Differenz beider Werte s_o und s_u größer als der festgelegte Schwellwert ist, existiert eine vertikal gerichtete Bewegung zwischen den Hälften.

7. Wenn weder eine Bewegung in horizontale noch in vertikale Richtung vorhanden ist, handelt es sich um eine Bewegung auf den Detektor zu oder vom Detektor weg.

Rotation um die y-Achse: Bei Rotationsbewegungen ist die Interpretation der OF-Vektoren schwieriger, da mit Hilfe des OFs nur die Verschiebungen einzelner Objektpunkte ermittelt werden können und diese sich bei einer 3D Rotation eines Objektes teilweise in die unterschiedlichen Richtungen ohne ein festes Muster bewegen (im Gegensatz zur Translation eines Objektes zu oder von der Projektionsfläche). Dies ist anhand eines in Abbildung 6.25 dargestellten Beispiels für die Rotation um die y-Achse deutlich zu sehen. In der oberen Reihe sind die Differenzen zweier Projektionen dargestellt, zwischen welchen eine Rotation des Kopfes zur einer Seite

(Projektionen 49/50 in a), dann zurück in die ursprüngliche Position(Projektionen 99/100 in b) und dann wieder zur Seite (Projektionen 149/150 in c) stattfindet. Durch einen Pfeil und das Bewegungskoordinatensystem wurde die Bewegungsrichtung verdeutlicht. In (d), (e) und (f) sind die entsprechenden OFs zu sehen.

Besonderes bei den Projektionen 99/100, zwischen welchen die Rotation sehr ausgeprägt ist, da die Bewegung fast parallel zur Detektorfläche verläuft, kann aus dem Verlauf der OF-Vektoren visuell die Bewegungsart erkannt werden. Aber auch bei den seitlichen Projektionen, bei welchen das Objekt zusätzlich zur und von der Detektorfläche geneigt wurde, deutet der Verlauf der OF-Vektoren auf eine Rotation hin. Da das Ansteigen der Vektoren auf einer Seite der Projektion durch das Abfallen der OF-Vektoren auf der andere Seite kompensiert wird, zweigt der mittlere OF-Vektor horizontal nach rechts bei den Projektionen 49/50 und 149/150 (ist $(0, 6, 0)$ in a und c) und nach links bei den Projektionen 99/100 (ist $(-0.7, 0)$ in b). Um festzustellen, dass es sich um eine Rotation handelt, könnten in diesem Beispiel für jede Projektion zwei mittlere OF-Vektoren betrachtet werden. Eine für die linke und der Zweite für die rechte Seite der Projektion. Wenn die Vorzeichen der y-Koordinaten dieser Vektoren unterschiedlich sind, deutet dies darauf hin, dass es sich um eine Rotation handelt. In Abbildung 6.24 (d), (e) und (f) sind die mittleren OF-Vektoren der Projektionshälften zusammen mit deren Werten dargestellt. Im Allgemeinen ist aber ein solches Verfahren nicht zuverlässig, wie weiter im Abschnitt 6.2.4 beschrieben wird.

Rotation um die z-Achse: Auch bei der Verwendung von OF stellt die Rotation um die vertikale Achse (z-Achse) eine besondere Herausforderung dar. Sowohl kleine Bewegungen als auch die Rotation um die vertikale Achse führen oft zu einem OF, der auf die Bewegung in Richtung des Detektor oder vom Detektor weg hinweist. In Abbildung 6.26 sind OFs für die Rotation um die vertikale Achse dargestellt. Die Bilder in (d), (e) und (f) dienen der Verdeutlichung der Bewegungsrichtung. Ein Punkt wurde mehrmals um die z-Achse bewegt. Für jeden so entstandenen Punkt wurde die Projektion auf die Detektorfläche bestimmt, um eine Vorstellung über die Projektion der Bewegungsrichtung auf die betrachtete Detektorfläche zu vermitteln. Die Verschiebungen der Projektionen des Punktes wurden durch Vektoren visualisiert. Da die gleiche Bewegungsart verwendet wurde, wie bei der Simulation des entsprechenden Datensatzes, gibt der Verlauf der Vektoren eine gute Vorstellung über die entsprechende Bewegung des Phantoms.

Bei der Bewegungsstelle, die in Abbildung 6.26 (b) dargestellt ist, füllt das untersuchte Objekt das FOV komplett aus. Da OF vor allem die Bewegungen der Punkte im Vordergrund verfolgt, wenn Vorverarbeitung der OF-Vektoren (wie mehrstufige Medianfilterung) durchgeführt wurde, bewegen sich alle Punkte des Objektes innerhalb des FOV in die gleiche Richtung. Da OF nur die Projektion der Bewegung auf die Detektorfläche spiegelt, entspricht eine solche Verschiebung der Objektpunkte

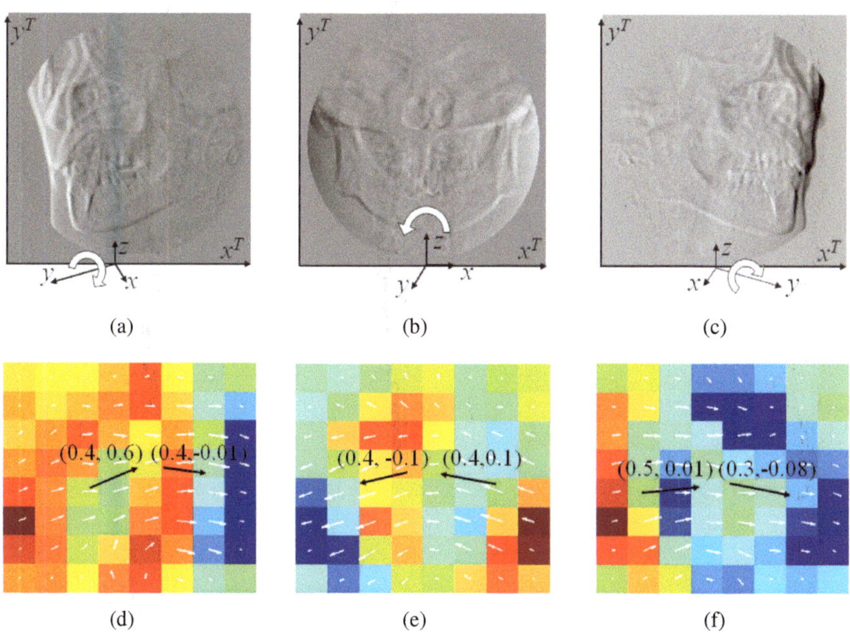

Abbildung 6.25: In der obere Reihe sind die Differenzen zwischen Projektions-bildern mit den Indizes 49 / 50 (in a) , 99 / 100 (in b) und 149 / 150 (in c) mit der 2° Rotation des Kopfphantoms um die y-Achse und $-2°$ (in b) dargestellt. In (d), (e) und (f) enthalten die entsprechenden OFs, wobei diese geglättet und auf 8×8 Pixel reduziert sind. Die mittleren OF-Vektoren für die linke und rechte Hälfte der Projektionen sind als schwarze Pfeile (skaliert für die bessere Darstellung) ebenso wie deren absolute Werte dargestellt.

dem erwarteten Verhalten. Im Gegensatz dazu werden die gleichen Rotationen in den seitlichen Projektionen (6.28 a und c), in denen das Objekt nicht komplett das FOV ausfüllt, als Bewegungen in Richtung des Detektors und vom Detektor weg klassifiziert. Durch die, an der Objektgrenze stattfindende Verwirbelung der OF-Vektoren, weist das Divergenzfeld ein Muster auf, der von dem oben beschriebenen Algorithmus als ein solcher, der Bewegung eines Objektes auf den Detektor zu oder vom Detektor weg entspricht, eingestuft wird. Da die am Rand des Objektes entstehenden Effekte nicht vorhersagbar sind und von der Form des Objekts und der Projektionsrichtung abhängen, wird die Rotation um die vertikale Achse ge-sondert betrachtet und bei der Bewegungskorrektur immer berücksichtigt. Für den

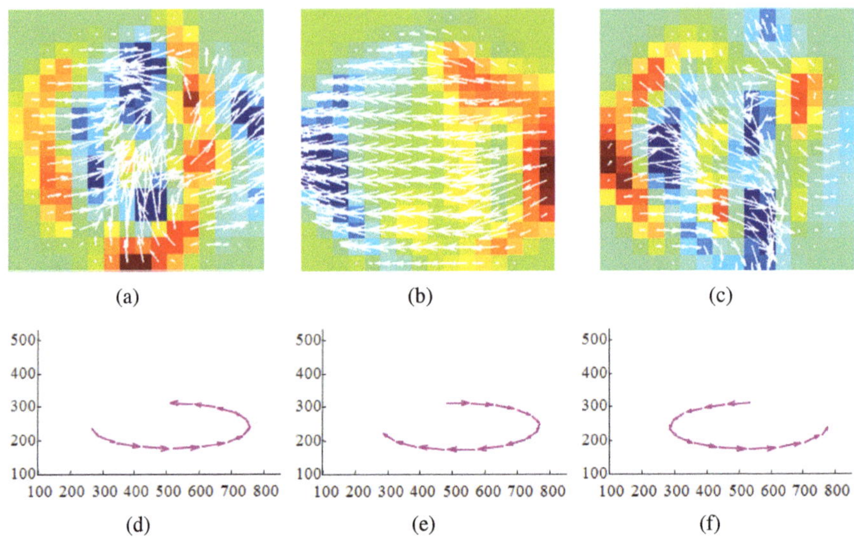

Abbildung 6.26: OF zwischen den Projektionen mit der Rotation um die vertikale Achse des Phantoms, wobei zwischen den Projektionen mit den Nummern 50 und 51 2° Rotation um die z-Achse stattfindet (in a und d), zwischen den Projektionen 100 und 101 $-2°$ (in b und e) und zwischen 150 und 152 wieder 2° Rotation (in c und f). In (d), (e) und (f) sind die Projektionen der Bewegungsvektoren dargestellt, die durch Anwendung der Rotation um die vertikale Achse des Phantoms auf einen Punkt des Volumens erzeugt sind und der Visualisierung der Bewegung dienen.

verwendeten Dental-CT wird folgendermaßen vorgegangen: Wenn eine Projektion Bereiche enthält, die die Schwächungskoeffiziente der Luft aufweisen, dann füllt das Objekt die Projektion nicht komplett aus. Wenn in diesem Fall eine Bewegung als Bewegung vom/zum Detektor klassifiziert wurde, könnte es sich auch um die Rotation handeln. Wenn aber sichergestellt ist, dass FOV komplett durch das Objekt gefüllt ist und es sich um eine vom/zum Detektor Bewegung handelt, dann kann auch ausgeschlossen werden, dass die Rotation um die vertikale Achse stattfand.

Anhand der dargestellten Beispiele wird deutlich, dass die Verwendung von OF zusätzliche Informationen über die statt gefundene Bewegung liefert. Eine statistische Evaluierung der Ergebnisse anhand vorhandener Dental-CT-Projektionen folgt im nächsten Abschnitt.

6.2.4 Ergebnisse und Diskussion

Es hat sich gezeigt, dass die Verwendung von Massezentren der Projektionen für die Ermittlung der Bewegungsrichtungen von der untersuchten Methoden am wenigsten geeignet ist. Zwar können bei Projektionen ohne begrenztes FOV manche Bewegungen erfasst werden, bei Projektionen mit kleinem FOV führt die Abgeschnittenheit der Projektionen dazu, dass die Positionen der Massezentren der Projektionen von den in den FOV und aus den FOV bewegenden Strukturen und nicht von der Bewegungsrichtung abhängen.

Wenn die Projektionen kein begrenztes FOV aufweisen, ist die Anwendung von rigider Registrierung und OF möglich. Durch Verwendung der Registrierung können nur stärkere 3D-Bewegungen erfasst werden, da nur die Projektion der Bewegung auf die Projektionsfläche erfasst werden kann. Dabei kann zusätzlich zur Translation auch die Rotation des Objektes in der Projektionsfläche erfasst werden. So konnten bei den verwendeten geometrischen Verhältnissen und simulierten Projektionen ohne den begrenzten FOV bei Bewegungen ab $\pm 1°/1$ mm gute Ergebnisse erzielt werden. Da für den in dieser Arbeit verwendeten Dental-CT keine Registrierung der Projektionen verwendet werden kann, wird darauf nicht detaillierter eingegangen. Die Ergebnisse bei der Verwendung von OF für die Ermittlung der Bewegungsrichtung in der Projektionsfläche, wenn Projektionen den Schwächungsbereich des untersuchten Objektes komplett enthalten, sind ähnlich den Ergebnissen der Registrierung. Auch OF soll nur zwischen den Projektionen bestimmt werden, die vorher als Bewegungsstellen identifiziert wurden. Da bei der Registrierung auch die ermittelte Bewegungsstärke der Stärke der tatsächlichen Bewegung (bzw. der Projektion auf die Projektionsfläche) entsprach, bietet sich die Verwendung der Registrierung an, wenn die Projektionen das Objekt vollständig enthalten.

Bei realen Dental-CT-Projektionen, die ein begrenztes FOV haben, konnten keine Bewegungsparameter durch Registrierung zweier Projektionen ermittelt werden. In diesem Fall muss OF verwendet werden. Die Länge der ermittelten OF-Vektoren hängt davon ab, welche Parameter für die Bestimmung des OF verwendet wurden. Zum Beispiel von der Anzahl der verwendeten Ebenen, wenn der empfohlene MRA verwendet wird. Deshalb kann mit Hilfe von OF keine Aussage über die Bewegungsstärke getroffen werden, lediglich über eine Bewegungsrichtung, welche auf die Projektionsfläche projiziert ist.

Die Abschätzung der stattgefundenen Bewegung soll mit der Auswertung der Divergenz des OFs starten, um sowohl die schwachen Bewegungen als auch Bewegungen auf den Detektor zu oder vom Detektor weg, als auch Rotation um die vertikale Achse (für die seitlichen Projektionen) auszuschließen. Da als Indikator der Bewegungsrichtung der Mittelwert aller OF-Vektoren verwendet werden kann, sollen diese Bewegungen ausgeschlossen werden, da sie ein Muster aufweisen, für welches die Richtung des mittleren OF-Vektors nicht aussagekräftig ist. Deswegen

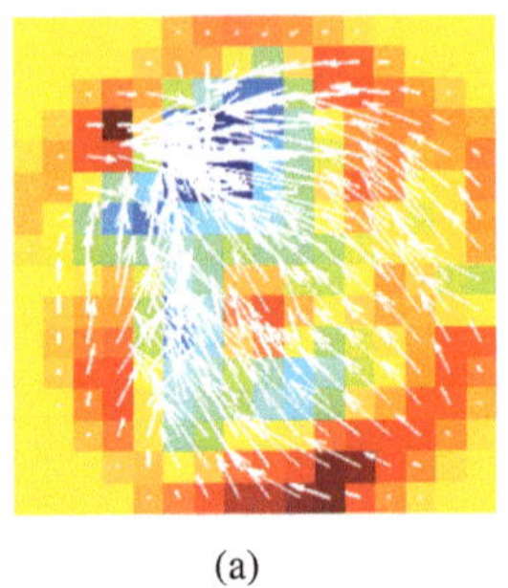

(a)   (b)

Abbildung 6.27: OF-Vektoren und OF-Divergenz bei der -1 mm Translation entlang des (1, 1, 1) Vektors. Links ist OF zwischen den seitlichen Projektionen (50-ste und 51-ste Projektion) und rechts für die Projektionen in der Mitte (100-ste und 101-ste Projektion) dargestellt. Die Divergenz zeigt ein ausgeprägtes Muster, das der Bewegung auf den Detektor zu oder vom Detektor weg entspricht.

sollen die oben genannten Bewegungsarten nicht in die Auswertung mit einbezogen werden.

Die zur Evaluierung verwendeten Dental-CT-Daten (Abschnitt 5.2) enthalten lediglich einen Fall mit einer deutlichen Bewegung auf den Detektor zu oder vom Detektor weg. Wenn der Detektor sich vor dem Patienten befindet (Projektion 100), entspricht die Translation entlang der y-Achse des Phantoms einer Bewegung von/zur Projektionsfläche. In manchen anderen Fällen, wie z. B. bei der Rotation des Phantoms um die x-Achse (Neigung des Kopfes nach vorne und nach hinten) findet auch eine leichte Verschiebung der oberen Teil des Kopfes zum/vom Detektor statt. Diese Verschiebung ist allerdings nur ein Teil der Bewegung und weist deshalb nicht das Muster auf, das bei der Bewegung zum/vom Detektor entsteht. Dies entspricht dem erwarteten Verhalten und wurde korrekt durch die im Abschnitt 6.2.3 beschriebene Vorgehensweise klassifiziert. Lediglich bei einer Bewegungsrichtung entsprach das Muster der OF-Divergenz nicht dem erwarteten Muster: Für die Bewegungsparameter von -1 mm bis -2 mm führten die Translationen entlang des (1, 1, 1) Vektors zum OF, der dem Muster für die Bewegung vom/zum Detektor entsprach. In der Abbildung 6.27 sind zwei entsprechende Beispiele dargestellt. Zwar findet in diesem Fall tatsächlich eine leichte Verschiebung vom/zum Detektor statt, der Translationsanteil sollte jedoch viel stärker sein, sodass OF kein so ausgeprägtes Muster aufweisen sollte. Dieses Muster wurde auch mit Hilfe des oben beschriebenen Verfahrens als ein solches für die Bewegung vom/zum Detektor klassifiziert. Allerdings entspricht das Muster nicht dem zu erwartenden Ergebnis und stellt damit eine falsch-positive Detektion dar.

Bei den Bewegungen, die stärker als $0.6°/0.6$ mm waren, wurden die Bewegungen auf den Detektor zu oder vom Detektor weg zuverlässig mit $100\,\%$ RPR detektiert. Die falsch-positive Detektionsrate betrug ca. $3\,\%$, wenn alle Testdatensätze (Translation und Rotation) verwendet wurden. 10 der falsch als Bewegung auf den Detektor zu oder vom Detektor weg klassifizierten Bewegungsstellen (von insgesamt 324) sind die Translationen entlang des $(1, 1, 1)$ Vektors (wie oben beschrieben).

Nachdem ausgeschlossen ist, dass zwischen zwei Projektionen nicht die Bewegung in Richtung des Detektor oder vom Detektor weg stattgefunden hat, kann der mittlere OF verwendet werden, um eine Aussage über eine mögliche Bewegungsrichtung zu treffen. Für viele Bewegungen konnte aus OF visuell festgestellt werden, ob es sich um eine Rotation oder Translation handelt. In offensichtlichen Fällen, wie in Abbildung 6.24, konnte diese Unterscheidung auch automatisch durch Betrachtung des Winkels zwischen zwei mittleren OF-Vektoren für die linke und rechte Hälfte der Projektionen durchgeführt werden. Da alle möglichen Bewegungen des Kopfes durch seine Befestigung am Hals begrenzt sind und dieser auch als Rotationspunkt der Bewegungen dient, findet bei den meisten Bewegungen eine Verschiebung der Objektpunkte von einer Seite der Projektion zur anderen Seite statt. Deshalb liefern mittlere OF-Vektoren der linken und der rechten Seite in vielen Fällen ausreichend Information über die Bewegungsart, wenn die Rotationsbewegung ausreichend stark ist. Allerdings finden bei einer solchen Vorgehensweise viele falsche Detektionen statt. Ein Beispiel, bei welchem visuell leicht festgestellt werden kann, dass es sich um eine Rotation handelt, dies aber durch die Verwendung von zwei mittleren OF-Vektoren unerkannt bleibt, ist die Rotation um die x-Achse des Phantoms. Die entsprechenden OF-Vektoren und die Divergenz für die drei Bewegungsstellen 50, 100 und 150 sind in der Abbildung 6.28 (a), (b) und (c) dargestellt. Die Bilder in (d), (e) und (f) dienen der Verdeutlichung der Bewegungsrichtung. Es ist deutlich sichtbar, dass der Verlauf der OF-Vektoren die stattgefundene Bewegung korrekt widerspiegelt. Dass es sich um eine Rotation handelt, ist aus (a) und (c) deutlich erkennbar. Die mittleren OF-Vektoren zweier Projektionshälften, die als rote Pfeile dargestellt sind, zeigen jedoch fast in die gleiche Richtung. Entsprechend kann hier eine Verwechslung mit der Translation stattfinden, da der Winkel zwischen den Vektoren sehr klein ist.

Die Verwendung der landmarkenbasierten Registrierung anhand der ermittelten OF-Vektoren hat sich als eine bessere Alternative erwiesen, als die Verwendung zweier mittlerer OF-Vektoren. Für zwei aufeinander folgende Projektionen f und g werden die Paare der Positionen (x_f^i, y_f^i) und (x_g^i, y_g^i), $i = 1, 2, \ldots, M$ verwendet, um auf eine mögliche rigide Transformation $T = (\alpha, t_x, t_y)$ zwischen den beiden Projektionen zurück zu schließen. Dabei sind (x_f^i, y_f^i) die Punkte in denen die OF-Vektoren anfangen und (x_g^i, y_g^i) die Koordinaten der Endpunkte der OF-Vektoren. Wenn der ermittelte Rotationswinkel α größer ist als ein festgelegter Schwellwert, ist

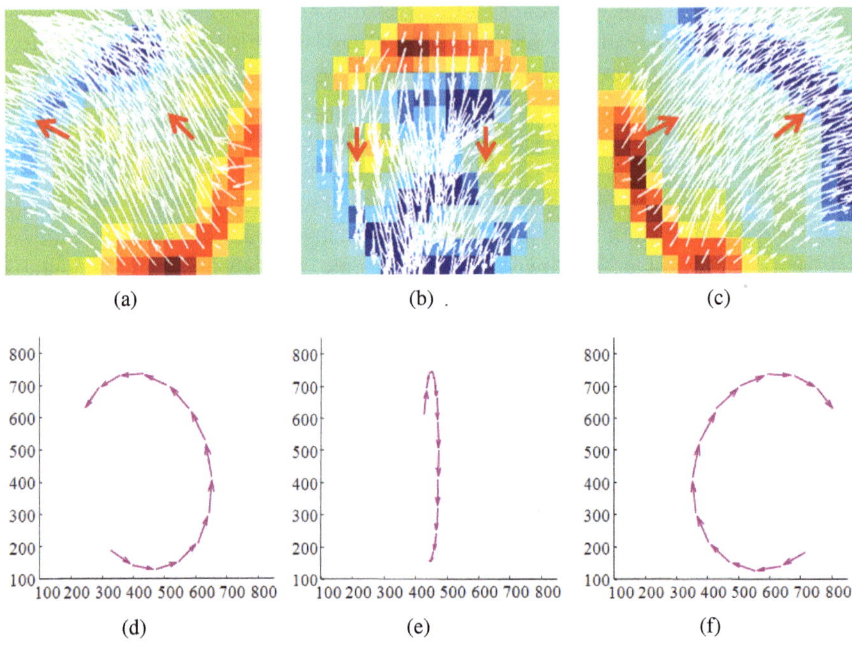

Abbildung 6.28: OF für drei Bewegungsstellen, wobei zwischen den Projektionen 2° Rotation um die x-Achse stattfindet (a, b und c). Mittlere OF für die rechte und linke Projektionshälfte sind als rote Pfeile dargestellt. In (d), (e) und (f) wurden die zu (a), (b) und (c) entsprechenden Bewegungen visualisiert.

es wahrscheinlich, dass zwischen den Projektionen eine Rotation stattgefunden hat. In dem Beispiel aus Abbildung 6.28 wurden bei der Verwendung dieser Vorgehensweise die Bewegungsstellen (a) und (c) als Rotationen erkannt. Die Bewegung aus (b) wurde aber auch bei der Verwendung von landmarkenbasierten Registrierung als eine Translation klassifiziert. Da die Rotation um eine Achse stattfindet, die annähernd parallel zum Detektor verläuft, kann auch visuell aus dem Verlauf der OF-Vektoren nicht festgestellt werden, ob es sich um eine Translation oder Rotation handelt. Es ist also ein korrektes Klassifikationsergebnis.

Für alle Bewegungsstellen mit Translationen, die nicht als Bewegung auf den Detektor zu oder vom Detektor weg klassifiziert wurden, wurden bei Translationen von $\pm 1\,$mm bis $\pm 2\,$mm von insgesamt 150 Bewegungsstellen 142 als Bewegungsstellen mit der stattgefundenen Translation korrekt erkannt. Bei der Evaluierung der Rotationsstellen musste die Rotation um die vertikale Achse ausgeschlossen werden, da diese Art der Bewegung kein vorhersehbares Muster aufweist und deshalb nie ausgeschlossen werden kann. Ebenfalls wurden die Bewegungsstellen ausgeschlossen, bei welchen stattgefundene 3D-Rotation korrekterweise den gleichen OF erzeugt, wie er auch im Fall einer Translation entstehen kann (wie im Beispiel aus Abbildung 6.28). Für alle untersuchten Fälle mit den Bewegungsparametern von $\pm 1°$ bis $\pm 2°$ wurden solche Bewegungsstellen als eine Translation eingestuft, dies ist auch ein zu erwartendes und korrektes Ergebnis. Von insgesamt 120 verbleibenden Bewegungsstellen mit visuell erkennbaren Rotationen, wurden bei der Verwendung der landmarkenbasierten Registrierung 99 als Rotationsstellen erkannt. Dies stellt für die Translation und Rotation zusammen eine Richtig-Positiv-Detektionsrate von ca. 92% dar.

Auch wenn die Unterscheidung zwischen Rotation und Translation eine zusätzliche Möglichkeit zur Begrenzung des Raumes aller zu betrachtenden Bewegungen bietet, wird diese von uns nicht verwendet, da falsch-positive Detektionen vorhanden sind. Wir verwenden ausschließlich den mittleren OF-Vektor, als Indikator für die Bewegungsrichtung. Alle Bewegungen (Rotationen und Translationen), die zur entsprechenden Projektion der Bewegungsrichtung führen können, werden während der Bewegungskorrektur berücksichtigt.

Für die Evaluierung, ob die Richtungen der OF-Vektoren, die tatsächlich stattgefundene Bewegung korrekt widerspiegeln, wurden die Richtungen zweier Vektoren verglichen: Mittlere OF-Vektor und die Projektion eines Vektors, der bei Bewegung eines Punktes des Volumens entsteht. Da bei den Rotationsbewegungen die Position des Punktes im Volumen eine entscheidende Rolle auf die Ausrichtung der Projektion auf dem Detektor spielt, wurde ein Punkt in der unmittelbaren Nähe zum Volumenzentrum und auf der der Projektion zugewandten Seite gewählt. Auch die Stärke der auf den Volumenpunkt angewendeten Bewegung spielt bei den Rotationsbewegungen eine Rolle. In Abbildung 6.29 ist ein entsprechendes Beispiel dargestellt. Die $2°$-Rotation um die y-Achse des Phantoms wurde auf einen Punkt (in der Nähe des Ursprungs des Koordinatensystems) angewendet. Der entstehende Vektor, bzw. seine Projektion auf die Projektionsfläche (rot), dient als Referenz für die Beurteilung der Richtigkeit des mittleren OF-Vektors (schwarz). Wenn der Schwellwert für die erlaubte maximale Abweichung zwischen dem Referenzvektor und dem mittleren OF-Vektor kleiner als $15°$ ist, könnte der mittlere OF-Vektor bei der Verwendung des Referenzvektors aus (a) ($2°$-Rotation) als inkorrekt klassifiziert werden. Gleichzeitig, bei der Verwendung des Referenzvektors aus (b) ($4°$-Rotation) würde der bei gleichem Schwellwert als korrekt klassifiziert.

Bei der Verwendung von $30°$ als Schwellwert, um die Abhängigkeit von der Bewegungsstärke bei der Festlegung des Referenzvektors auszugleichen, entsprach die Richtung des mittleren OF-Vektors zu 97% dem Referenzvektor, wenn $\pm 1°/\pm 1\,\mathrm{mm}$ bis $\pm 2°/\pm 2\,\mathrm{mm}$ Bewegungen evaluiert wurden. Die Klassifizierung der Bewegun-

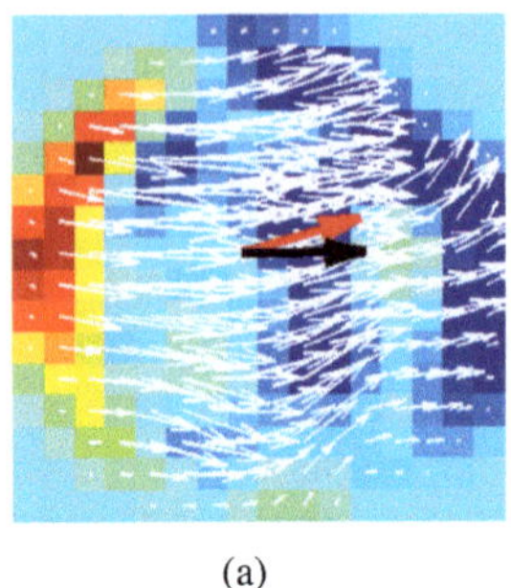 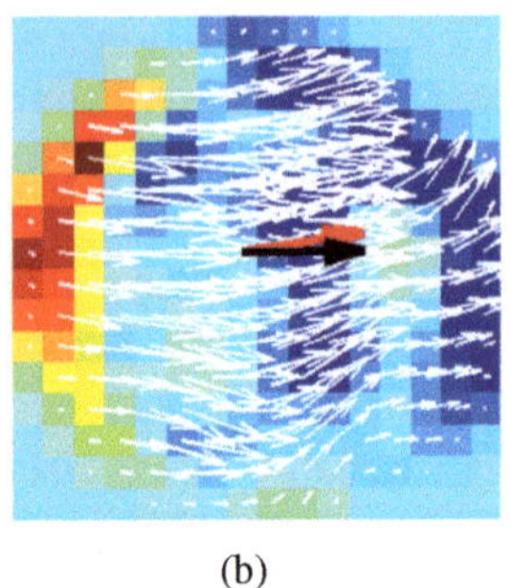

(a)   (b)

Abbildung 6.29: Ein Beispiel für den Einfluss von Bewegungsstärke auf die Richtung des Referenzvektors (rot) bei der Beurteilung der Richtigkeit des mittleren OF-Vektors. Für die Erstellung der Referenzvektoren wurde in (a) $2°$ und in (b) $4°$ Rotation auf den gleichen Punkt angewendet (bei $2°$-Rotation des Phantom). Der mittlere OF ist schwarz und die als Referenz dienende Projektion des Bewegungsvektors ist rot dargestellt. Die dargestellten Vektoren des optischen Flusses entsprechen in beiden Fällen der $2°$-Rotation um die y-Achse des Phantoms.

gen mit der Bewegungsstärke unter $\pm 1°/\pm 1$ mm ist weniger zuverlässig. Es wurden 38 % der Bewegungen fälschlich als Bewegungen in Richtung des Detektors oder vom Detektor weg klassifiziert. Von den verbleibenden Bewegungsstellen entsprach die Richtung des mittleren OF-Vektors in 84 % der Richtung des Referenzvektors.

Für die Bewegungen, die stärker als $1°/1$ mm sind, spiegelt der OF die Projektion der stattgefundenen Bewegung gut wieder. Bei kleinen Bewegungen (unter $1°/1$ mm) sind die Veränderungen in den Projektionsbildern, die durch Rotation des Quelle-Detektor-Systems verursacht sind, annähernd gleich stark wie die Objektbewegung. Es kann also nicht zwischen diesen zwei Bewegungen mit Hilfe von OF unterschieden werden. Deshalb werden solche kleinen Bewegungen oft als Bewegung auf den Detektor zu oder vom Detektor weg klassifiziert.

Der mittlere OF-Vektor bzw. zwei mittlere OF-Vektoren entsprachen in den meisten Fällen der statt gefundenen Bewegung (der Projektion der Bewegungsrichtung auf die Projektionsfläche). Da anhand des OF nur eine Aussage über die Projektion der Bewegung auf die Detektorfläche getroffen werden kann, findet in den meisten Fällen keine eindeutige Differenzierung zwischen den Bewegungen, die die gleiche Projektion auf die Detektorfläche aufweisen, statt. Entsprechend kann kein eindeutiger Rückschluss auf die tatsächlich stattgefundene 3D-Bewegung gemacht werden. Trotzdem können viele Bewegungen durch die Bestimmung des mittleren OF-Vektors (wenn es sich nicht um die Bewegung in Richtung des Detektor oder vom

Detektor weg handelt) ausgeschlossen werden. Dies kann die Bewegungskorrektur deutlich beschleunigen, da weniger Bewegungen berücksichtigt werden müssten.

6.3 Verwendung eines Markers

Die Verwendung von Projektionsbildern zur Ermittlung der Projektion der stattgefundenen Bewegung auf die Projektionsfläche wird vor allem durch unvorhersehbare Überlagerung der Objektstrukturen erschwert. Durch die Bewegung des Quelle-Detektor-Systems bewegen sich die Objektsstrukturen, die sich auf der dem Detektor zugewandten Seite befinden, in die eine und die, die sich auf der anderen Seite befinden, in die entgegengesetzte Richtung. Zwar kann, wie zuvor beschrieben, mit Hilfe von Registrierung (bei kompletten Projektionen) und OF eine grobe Bewegungsrichtung erkannt werden, allerdings nur, wenn die Bewegung stark war. Außerdem weichen die meisten ermittelten Bewegungsvektoren von den tatsächlichen ab. Eine genauere Bestimmung der Bewegungsrichtung wäre möglich, wenn die Positionen der Projektionen eines Objektpunktes in allen Projektionsbildern ermittelt werden könnten.

Die Überlagerungen der Objektstrukturen und die dabei entstehenden Muster machen es im Allgemeinen unmöglich, die Bewegungen eines Objektpunktes zuverlässig zu verfolgen. Bei den Dental-CT-Aufnahmen ist die Vielfalt der Strukturen begrenzt, was die Festlegung und Verfolgung eines Objektpunktes erleichtern sollte. Allerdings weisen die in den Projektionen sichtbaren Objektstrukturen (Knochen und Zähne) hohe Schwächungseigenschaften auf. Da der verwendete Dental-CT ein Niedrig-Dosis-CT ist, führt die Überlagerung der Strukturen mit hoher Schwächungseigenschaft zu Projektionen, in denen einzelne Strukturen schlecht von einander unterscheidbar sind. Dies erschwert zusätzlich das Festlegen und Verfolgen der markanten Punkte. Ein Metallmarker kann als ein solcher markanter Punkt dienen (eine runde Metallkugel hat den Vorteil, dass dessen Abbildung in allen Projektionen ein Kreis mit gleichem Durchmesser darstellt). Zwar ist deren Verwendung mit zusätzlichem Aufwand verbunden, da der Marker vor jeder Aufnahme an der Haut des Patienten innerhalb des FOV befestigt werden muss, allerdings erlaubt die hohe Schwächungseigenschaft des Metalls die Markerpositionen innerhalb der Projektionen und im Volumen mit hoher Genauigkeit zu bestimmen. Das heißt dass bei Verwendung eines Metallmarkers, die Positionen der Projektionen eines festen Punktes in allen Projektionen bestimmt werden können.

Im Abschnitt 4.6 wurden bekannte Methoden vorgestellt, die auf der Verwendung von mehreren Metallmarkern basieren. Da bei dem verwendeten Dental-CT die Anwendung mehrerer Marker aufgrund eines kleinen FOV nicht praktikabel ist, werden im nachfolgenden Abschnitt Möglichkeiten untersucht, durch die Verwendung eines Markers Bewegungsdetektion durchzuführen.

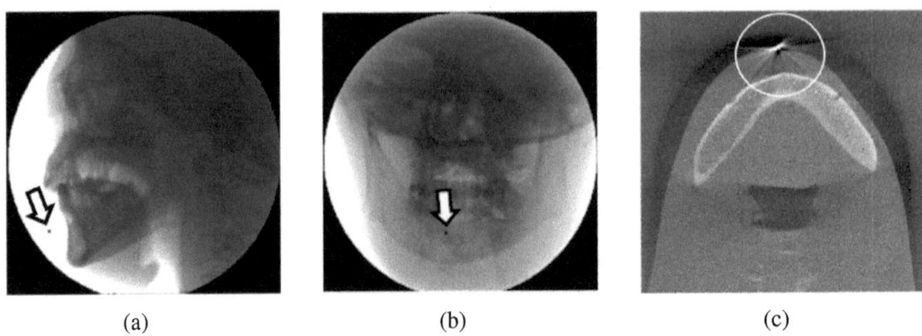

(a)   (b)   (c)

Abbildung 6.30: In (a) und (b) sind zwei Projektionen dargestellt, in welchen der verwendete Metallmarker sichtbar ist (die Position wurde durch einen Pfeil markiert). Eine Schicht des rekonstruierten Volumens, die in (c) dargestellt ist, verdeutlicht die durch die Verwendung eines Metallmarkers entstehenden Artefakte (der entsprechende Bereich wurde durch einen Kreis markiert). Diese manifestieren sich als sternförmige vom Marker ausgehende helle Streifen.

Es wurde ein kleiner Metallmarker (mit ca. 2 mm Durchmesser) verwendet, welcher auf dem verwendeten Kopfphantom innerhalb des FOV befestigt wurde. In Abbildung 6.30 (a) und (b) sind zwei Projektionen dargestellt, in welchen der verwendete Marker sichtbar ist. Während der Marker innerhalb der Projektionen keine auffallenden Werte aufweist, sind deren Werte in der Rekonstruktion (Abbildung 6.30 c) deutlich höher als die der Objektstrukturen. Auch die durch den Marker verursachten Artefakte (helle, von dem Marker sternförmig ausgehende Strahlen), sind zu sehen. Dadurch, dass der Marker sich an der Hautoberfläche befindet, beeinflussen die durch den Marker entstehenden Artefakte nicht die klinische Verwendbarkeit der CT-Aufnahme, da keine den Anwender interessierenden Objekte (Kiefer oder Zähne) damit überlagert sind. Im Gegensatz dazu würden bei der Verwendung mehrerer Metallmarker zusätzlich Strahlen/Artefakte entstehen, die sich zwischen den einzelnen Metallmarkern erstrecken und deshalb die wichtigen Strukturen überlagern würden. Dies spricht zusätzlich gegen die Verwendung mehrerer Marker.

6.3.1 Vorgehensweise der Bewegungsdetektion

Die Idee bei der Verwendung eines Markers zur Bewegungsdetektion ist folgende: Durch Bestimmung der Position der Abbildung des Markers innerhalb jeder Projektion, wird sichergestellt, dass die Positionen der Projektionen eines gleichen Punktes in allen Projektionen bekannt sind. Der Mittelpunkt des Markers spielt diese Rolle. Wenn keine Bewegung stattfand, schneiden sich alle Geraden, die die Positionen der Abbildungen des Punktes auf die Projektionsflächen und die entsprechenden Posi-

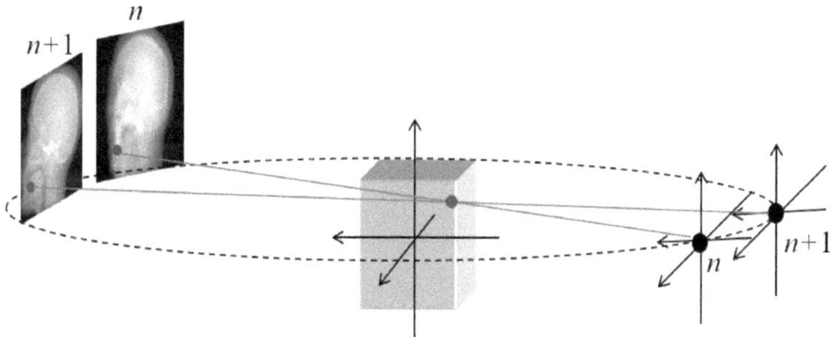

Abbildung 6.31: Schematische Darstellung der Grundidee bei der Verwendung eines Markers. Die n und $n+1$-ste Projektionen, mit der als ein Punkt markierten Position der Projektion des Markers, sind links und die dazugehörigen Positionen der Röntgenquelle rechts dargestellt. Wenn zwischen den Projektionen keine Bewegung des Objektes stattfand, schneiden sich die Geraden, die die Projektion des Markers innerhalb der Projektion und die Röntgenquelle verbinden, in der 3D-Position des Markers.

tionen der Röntgenquelle verbinden, in einem Punkt, und zwar in der 3D-Position des Markers (Abbildung 6.31). Bei einer Objektbewegung ändern sich sowohl die 3D-Position des Markers, als auch die Positionen seiner Projektionen. Entsprechend schneiden sich nur die Geraden in einem Punkt, die zu der gleichen Objektposition gehören. Im Idealfall, wenn keine Ungenauigkeiten bei der Bestimmung der Positionen der Projektionen des Objektpunktes (hier Projektionen des Zentrums des Markers) entstehen und der Schnittpunkt der Projektionen mit absoluter Genauigkeit bestimmt werden kann, sollte die Anzahl der entstehenden Schnittpunkte der Anzahl der Objektpositionen entsprechen. Die Position des Mittelpunktes eines Markers innerhalb einer Projektion kann allerdings nicht ohne eine gewisse Ungenauigkeit bestimmt werden. Außerdem entsteht eine Abweichung bei der Bestimmung der Schnittpunkte der Geraden, besonders wenn der Winkel zwischen den Geraden klein ist. Das ist z. B. bei den aufeinander folgenden Projektionen der Fall. Es entstehen mehrere Schnittpunkte. Wie die ermittelten Schnittpunkte aber trotzdem verwendet werden können, wird weiter aus der Beschreibung der einzelnen Schritte der Vorgehensweise deutlich.

Für die Bestimmung der Position eines Markers innerhalb der Projektion, wurde ein so genanntes Template Matching verwendet [Bru09]. In Abbildung 6.32 (a) ist das dabei verwendete Template dargestellt. Der höchste Korrelationskoeffizient entsteht an der Position, die der besten Übereinstimmung zwischen dem Template und dem Projektionsbild entspricht. Die Verwendung von Korrelationskoeffizient als Distanzmaß stellt sicher, dass die Suche von der Intensität der beiden Bilder unabhängig ist. Da der verwendete Template nur die Abbildung des Markers enthält, können Korrelationskoeffizienten, die bei dem Template Matching für alle Pixel einer Projektion bestimmt sind, auch an den vom Marker entfernten Positionen große Werte annehmen (z. B. bei der in Abbildung 6.32 b) dargestellten Projektion im Bereich des Schädels). Deshalb werden statt kompletten Projektionen deren Ausschnitte um den Marker verwendet. In Abbildung 6.32 (b) ist der verwendete Ausschnitt der ersten Projektion durch ein weiße Viereck verdeutlicht. Um die Festlegung des bei dem Template Matching verwendeten Ausschnittes zu automatisieren, wurde folgende Vorgehensweise verwendet: Zuerst wird eine Projektion gesucht, die Hintergrundbereiche (Luft) enthält. Dann wird die Kante zwischen dem Objekt und dem leeren Bereich bestimmt (als Punkte mit sehr großen Werten des Gradienten). Der erste betrachtete Bereich wird so festgelegt, dass die Kante in diesem Bereich komplett enthalten ist (Abbildung 6.32 b). In Abbildung 6.32 (c) ist die Kreuzkorrelationsfunktion für das Template und den ersten Bereich dargestellt. Die Funktion weist an der Position der besten Überlagerung zwischen dem Template des Markers und den Projektionswerten ein Maximum auf, das in diesem Beispiel die Koordinate (50, 65) innerhalb des gewählten Bereiches hat. Diese Markerposition, gegeben im globalen Projektionskoordinatensystem, wird für die nächste Projektion als Mittelpunkt des betrachteten Ausschnittes verwendet. In dieser Arbeit wurden 100×100 Pixel große Ausschnitte verwendet, jeder mit dem Mittelpunkt an der in der vorhergehenden Projektion ermittelten Position des Markermittelpunktes. Der so gewählte Bereich ist ausreichend groß, um auch bei starken Bewegungen des Objektes die Verfolgung des Markers zu gewährleisten. Eine andere Möglichkeit ist, das Volumen zu rekonstruieren und innerhalb des Volumens die ungefähre Position des Markermittelpunktes zu bestimmen, da die Form des rekonstruierten Markers sich durch Bewegungsartefakte verändern kann. Die Positionen der Projektionen solcher Markermittelpunkte können mit Hilfe der Projektionsmatrizen bestimmt (Vorwärtsprojektion) und als Mittelpunkte der Ausschnitte verwendet werden. Die erste Vorgehensweise ist allerdings schneller als die Verwendung der Rekonstruktion und wird deshalb in dieser Arbeit verwendet.

Die Koordinate des Maximums der Kreuzkorrelationsfunktion, umgerechnet in das Projektionskoordinatensystem, ergibt eine Position, in welche die obere linke Ecke des Templates positioniert werden soll, um die beste Überlagerung zu erzielen. Deshalb soll die Position des Markermittelpunktes (im Projektionskoordinatensystem) nach der Durchführung des Template Matching bestimmt werden. Die einfachste Möglichkeit dafür ist, den Mittelpunkt des Templatbildes als gesuchten Mittelpunkt des Markers zu verwenden. In Abbildung 6.33 sind die Positionen der so ermittelten Projektionen des Markermittelpunktes auf die Projektionsfläche für eine Akquisition mit simulierter Bewegung dargestellt. Hier wurde das auch in den vorherigen Abschnitten verwendete Bewegungsszenario realisiert: Zwischen den Projektionen

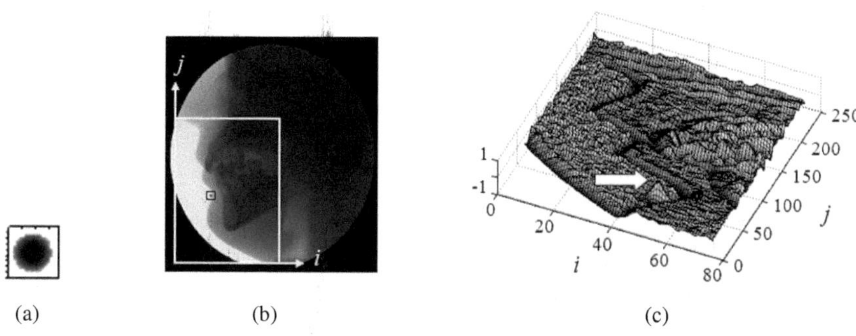

Abbildung 6.32: Das verwendete Templatebild für das Template Matching ist in (a) dargestellt. Die Kreuzkorrelationsfunktion, bestimmt zwischen dem Template aus (a) und dem durch die weißen Linien begrenzten Bereich der Projektion aus (b), ist in (c) dargestellt. Der Pfeil verdeutlicht die Position des Funktionsmaximums, welches die Position der besten Überlagerung zwischen dem Templatebild und dem Projektionsausschnitt darstellt. Die entsprechende Überlagerung ist in (b) mit Hilfe eines schwarzen Rechtecks dargestellt.

49 / 50, 99 / 100 und 149 / 150 wurden die Phantompositionen verändert. In den ersten 49 Projektionen befindet sich das Phantom in der ersten Position, für die Projektionen 50 bis 99 in einer anderen Position (im aktuellen Beispiel wurde 1°-Rotation um die vertikale Achse simuliert), dann wieder in der ersten Position in den Projektionen 100 bis 149 (Rotation zurück, $-1°$). In den restlichen Projektionen (151 bis 200) befindet sich das Objekt in der gleichen Position, wie in den Projektionen 50-99 (wieder 1°-Rotation). Die Positionen des Metallmarkers in den Projektionen, zwischen welchen eine Bewegung stattfand, sind rot markiert und mit der entsprechenden Projektionsnummer versehen.

Für jede der ermittelten Koordinaten wird analog mit Schritt 1 des Ray-Casting-Algorithmus (Abschnitt 3.7) durch Verwendung der entsprechenden Projektionsmatrix eine Gerade ermittelt, die diesen Punkt der Projektion mit der Röntgenquelle verbindet. Für zwei aufeinander folgende Projektionen wird der Schnittpunkt der Geraden ermittelt. In Abbildung 6.34 sind die Schnittpunkte für das Beispiel mit 1°-Rotation aus Abbildung 6.33 dargestellt. Die Schnittpunkte der Geraden für die Projektionen, zwischen welchen eine Bewegung stattfand (rot gezeichnet und mit Projektionsnummern versehen), liegen deutlich von den Schnittpunkten der Projektionen ohne Bewegung entfernt und können deshalb leicht von den anderen Punkten unterschieden werden. In (a) wurden die Schnittpunkte zwischen den Geraden der aufeinander folgenden Projektionen (Projektion i und Projektion $i + 1$,

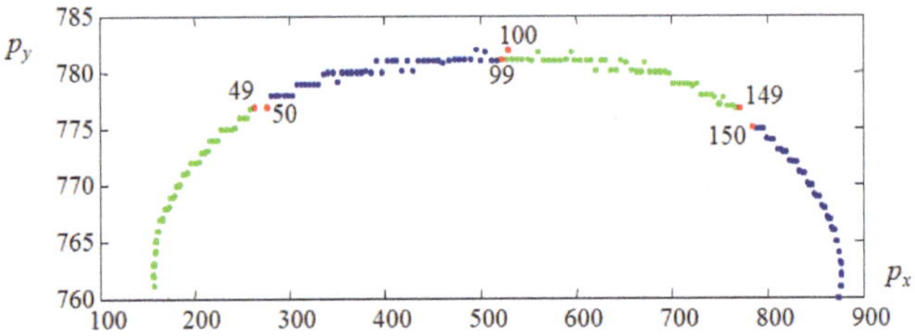

Abbildung 6.33: Die Koordinaten der Positionen des Metallmarkers sind als einzelne Punkte im Projektionskoordinatensystem dargestellt. Die Markerpositionen für die Projektionen, zwischen welchen eine Bewegung stattfand, sind rot markiert und mit der Projektionsnummer versehen. Die Punkte, die zu der gleichen Objektposition gehören, sind in der gleichen Farbe dargestellt (grün oder blau).

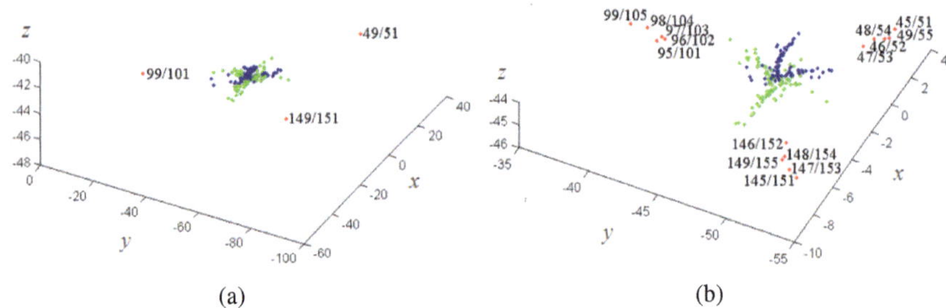

Abbildung 6.34: (a) Schnittpunkte für das Beispiel mit $0.4°$ Rotation um die vertikale Achse. Rot sind die Schnittpunkte der Geraden für die Projektionen mit Bewegung dazwischen. Grün und Blau sind die Schnittpunkte der Geraden für die Projektionen ohne Bewegung dazwischen. Die Punkte, die zu der gleichen Objektposition gehören, sind in der gleichen Farbe dargestellt. (b) Darstellung der Schnittpunkte für das gleiche Beispiel, wobei die Schnittpunkte zwischen jeder fünften Projektion bestimmt wurden.

$1 \leq i \leq 199$) dargestellt. Je größer der Winkel zwischen zwei Geraden ist, desto genauer kann deren Schnittpunkt ermittelt werden. Deshalb liegen die Schnittpunkte dichter beieinander, wenn die Geraden für die Projektionen mit den Indizes i und $i + \Delta$ ($1 \leq i \leq 200 - \Delta$, $1 < \Delta \leq 100$) verwendet werden. In Abbildung 6.34 (b) wurde z. B. $\Delta = 5$ verwendet. Dabei entstehen für eine Bewegungsstelle mehrere Punkte, deren Position sich deutlich von den restlichen unterscheidet.

In Abbildung 6.36 (a) ist ein kleiner Bereich aus Abbildung 6.34 (b) dargestellt, wobei nur die Punkte sichtbar sind, die zu den bewegungsfreien Abschnitten gehören. Da bei der Rotation um die vertikale Achse der Marker innerhalb der xy-Ebene verschoben wird, wurde die Ansicht von oben gewählt, um einzelne Positionen des Markers besser unterscheiden zu können. Um eine höhere Genauigkeit bei der Bestimmung der Schnittpunkte zu erzielen, wurden hier die Geraden der Projektionen i und $i + 10$ ($1 \leq i \leq 190$) verwendet (die Geraden bilden ca. $10°$ Winkel). Auch hier sind die Punkte, die zu der gleichen Objektposition gehören, in gleicher Farbe dargestellt. Die Erwartung, dass alle Punkte in zwei Cluster unterteilt werden können, einer für jede Objektposition, ist nicht erfüllt. Dies spricht dafür, dass die Positionen der Markermittelpunkte nicht ausreichend genau bestimmt sind. Die Verwendung von anderen Metriken aus Abschnitt 6.1.1 statt dem Kreuzkorrelationskoeffizienten hat zu den gleichen Ergebnissen geführt. Deshalb wurde die Bestimmung der Markermittelpunkte weiter verfeinert, ausgehend von der mit Hilfe der Kreuzkorrelationsfunktion bestimmten besten Überlagerung mit dem Templatebild.

Wenn die genaue Position des Markermittelpunktes innerhalb des kleinen Ausschnittes der Projektion, der durch die Verwendung der Kreuzkorrelationsfunktion ermittelt wurde, explizit bestimmt wird, können deutlich bessere Ergebnisse erzielt werden. In Abbildung 6.35 (a) ist ein Ausschnitt aus einer Projektion dargestellt, der das Bereichs für das Template Matching darstellt. In grau ist die Position der besten Überlagerung mit dem Template dargestellt. Innerhalb dieses Bereiches wird eine Position des Mittelpunktes mit Hilfe der Hough-Transformation für Kreise bestimmt. Da der verwendete Marker sehr klein ist und der Bereich, in welchem die Hough-Transformation angewendet werden soll, aus wenigen Pixeln besteht (ca. 20×20 Pixel), wird ein zusätzliches Überabtasten auf die doppelte Anzahl der Pixel benötigt, um bessere Ergebnisse bei der Anwendung der Hough-Transformation zu erzielen. In Abbildung 6.35 (a) rechts ist der entsprechende Bereich dargestellt. Anhand der Grenze des ermittelten Kreises (schwarzer Kreis) wird deutlich, dass mit Hilfe der Hough-Transformation die Position des Markers korrekt bestimmt wurde. Die Position des Kreismittelpunktes, übertragen auf den ursprünglichen Bereich und als Punkt innerhalb des grauen Vierecks in Abbildung 6.35 (a) links dargestellt, stellt den für die Bestimmung der Geradengleichung verwendeten Markermittelpunkt dar. In den seitlichen Projektionen, in welchen der Marker durch weniger Strukturen mit hoher Schwächungseigenschaft überlagert und deshalb gut „sichtbar" ist, kann auch die Position des Markers zuverlässig bestimmt werden (wie in Abbildung 6.35 a). Im Gegensatz dazu, wenn der Marker durch viele Strukturen mit hoher Schwächungseigenschaft überlagert ist, kann keine sichere Detektion des Kreises gewährleistet werden. Besonders bei dem verwendeten Dental-CT, der ein Niedrig-Dosis-CT ist, wird die Strahlung in vielen Projektionen so stark absorbiert, dass der Unterschied zwischen Schwächung der Strahlung durch den Metallmarker

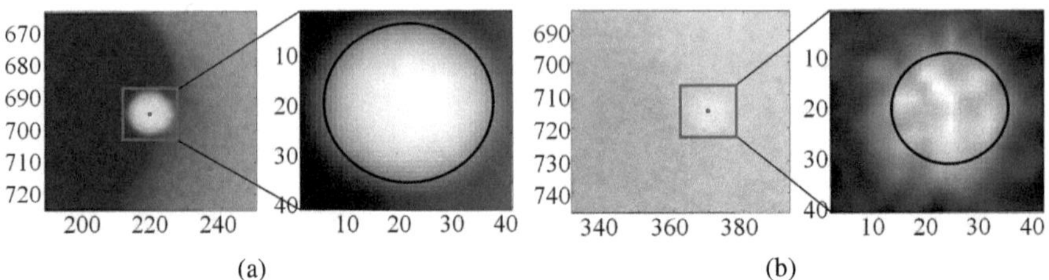

Abbildung 6.35: Es sind Ausschnitte aus zwei unterschiedlichen Projektionen dargestellt, wobei der Marker in der Projektion aus (a) durch keine Strukturen überlagert ist, während in (b) eine Überlagerung durch Strukturen mit einer hohen Schwächungseigenschaft stattfindet. Der dargestellte Bereich stellt den Anwendungsbereich des Template Matchings dar. Die ermittelte beste Überlagerung mit dem Template ist in grau dargestellt. Rechts von jedem Projektionsausschnitt befindet sich der durch Überabtastung vergrößerte Ausschnitt, auf welchen die Hough-Transformation angewendet wurde. Die schwarzen Kreise wurden durch Anwendung der Hough-Transformation ermittelt.

und durch das Objekt selber sehr gering ist. In Abbildung 6.35 (b) ist ein Beispiel einer solchen Projektion dargestellt. Links ist der Ausschnitt aus der Projektion zu sehen. In grau ist die Position des kleineren Ausschnittes verdeutlicht, innerhalb welcher die Position des Markerzentrums bestimmt wird. Rechts ist dieser Ausschnitt nach dem Überabtasten dargestellt, wobei eine solche Grauwertskalierung gewählt wurde, die eine gute Sichtbarkeit des Markers erlaubt. Der schwarze Kreis stellt die mit Hilfe der Hough-Transformation ermittelten Markerpositionen dar. Auf den ersten Blick scheint die ermittelte Position nicht optimal zu sein. Wenn allerdings die Schnittpunkte der entsprechenden Geraden betrachtet werden, die in Abbildung 6.36 (b) dargestellt sind, weisen die Markerpositionen, die mit Hilfe der Hough-Transformation ermittelt wurden, bessere Ergebnisse auf, als in Abbildung 6.36 (a). Zwar liegen die einzelnen Schnittpunkte immer noch verstreut und die Abhängigkeit der Position der Schnittpunkte von der jeweiligen Projektionsrichtung immer noch deutlich ist. Die zu der gleichen Position des Markers gehörenden Punkte bilden aber deutlichere Cluster, als wenn die Position des Markerzentrums pauschal in der Mitte des Templatbildes angenommen wird.

Auch bei langsamen Bewegungen liegen viele der Schnittpunkte, die zu den unterschiedlichen Positionen des Objektes gehören, weiter von den tatsächlichen 3D-Positionen des Markers entfernt. In Abbildung 6.37 ist ein Beispiel für eine langsame Rotation um die vertikale Achse dargestellt. Angefangen nach den Projektionen 49, 99 und 149 fanden drei langsame Bewegungen statt, jede von insgesamt $\pm 1°$ mit

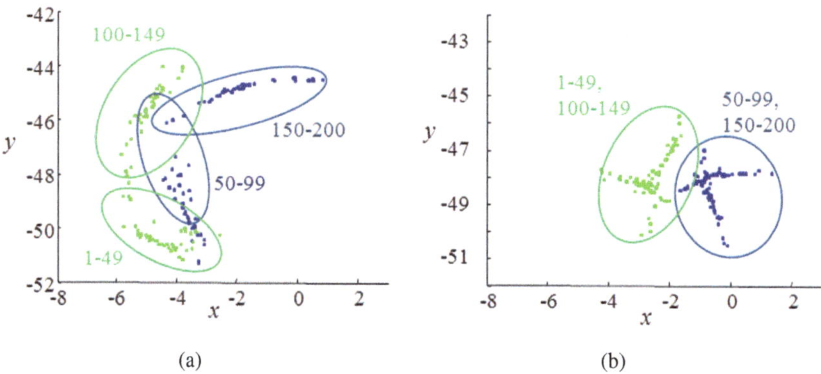

Abbildung 6.36: Schnittpunkte für das Beispiel mit $1°$ Rotation um die vertikale Achse (Bewegung findet in der xy-Ebene statt), wobei Schnittpunkte zwischen jeder zehnten Projektion bestimmt wurden und die Ausschnitte dargestellt wurden, die nur die Schnittpunkte innerhalb der bewegungsfreien Abschnitte enthalten. In (a) wurden als Markermittelpunkte Positionen in der Mitte des durch Template Matching ermittelten Bereiches verwendet. In (b) dienten die Zentren der durch die Anwendung der Hough-Transformation ermittelten Kreise als Positionen der Markermittelpunkte.

$0.1°$-Bewegungsinkrement zwischen je zwei Projektionen. Entsprechend erstreckt sich jede Bewegung über 10 Projektionen. Da die Bewegung in der xy-Ebene stattfindet, wurde eine solche Ansicht gewählt, dass die Verteilung der Punkte in z-Richtung nicht sichtbar ist. Dadurch, dass Schnittpunkte nicht zwischen zwei nacheinander folgenden Projektionen, sondern zwischen den Projektionen mit den Nummern i und $i + 10$ bestimmt werden entspricht das Bewegungsinkrement zwischen manchen Projektionen der Bewegungsstärke. Solche Schnittpunkte liegen entsprechend am Weitesten von den restlichen Punkten entfernt. Damit kann nicht nur eine bessere Detektion der Bewegungszeitpunkte, sondern auch eine bessere Genauigkeit der Schnittpunktebestimmung gewährleistet werden (vergleiche Abbildung 6.37 a mit Abbildung 6.34 b. Die Schnittpunkte, die zu den Projektionen gehören, in denen sich die Positionen des Objekts lediglich um $0.1°$-$0.3°$ unterscheiden, liegen den Schnittpunkten der bewegungsfreien Abschnitte nah. Wenn die Positionen des Objektes sich in zwei Projektionen stärker unterscheiden, liegen die Schnittpunkte weiter entfernt.

Sowohl bei abrupten als auch bei langsamen Bewegungen kann die gleiche Vorgehensweise zur Bestimmung der Bewegungspositionen verwendet werden. Eine mittlere Markerposition x^m, als Mittelwert aller Schnittpunkte und die Abstände zu jedem der Schnittpunkte $\mathbf{x}^s(i)$ bilden die Metrik

$$M(i) = \|\mathbf{x}^m - \mathbf{x}^s(i)\|_2, \qquad (6.25)$$

wobei $\mathbf{x}^s(i)$ einen Schnittpunkt zweier Geraden repräsentiert, welcher Markermittelpunkte in Projektion i und $i + \Delta$, $1 \leq \Delta \leq N/4$, mit den entsprechenden Positionen der Röntgenquelle verbindet. In Abbildung 6.37 b ist die Funktion $M(i)$ für das aktuelle Beispiel mit $\pm 1°$ Rotation um die vertikale Achse und $\Delta = 10$ dargestellt. Wenn Abstand eines Schnittpunktes zur mittleren Markerposition einen Schwellwert überschreitet, befindet sich das Objekt in den dazugehörigen Projektionen in unterschiedlichen Positionen. Als Schwellwert für diese Entscheidung kann die mehrfache Standardabweichung dienen. In Abbildung 6.37 beträgt der verwendete Schwellwert $2.5 \cdot s$ (s - die Standardabweichung) und ist als horizontale gestrichelte Linie dargestellt. Da es sich um die langsame Bewegung handelt, findet ein langsamer Anstieg der Funktionswerte statt, da die Bewegungsstärke zwischen zwei betrachteten Projektionen zuerst langsam ansteigt und danach langsam fällt. Entsprechend können einzelne Projektionen am Anfang und am Ende der Bewegungen unerkannt bleiben. Hier gilt aber das Gleiche wie bei der Verwendung von Metriken auf die aufeinander folgenden Projektionen: Einzelne nicht korrekt rückprojizierte Projektionen haben keinen starken Einfluss auf die Rekonstruktionsqualität. Wichtig ist, dass innerhalb einer Bewegung mindestens eine Bewegungsstelle korrekt erkannt wird, damit die Projektionen in die bewegungsfreien Abschnitte aufgeteilt werden können, um diese im Rahmen der Bewegungskorrektur einander einzupassen.

Die Verwendung der Schnittpunkte (wie oben beschrieben) liefert in vielen Fällen gute Ergebnisse. Es hat sich aber gezeigt, dass die Positionen gewisser Bewegungen durch diese Vorgehensweise nicht erkannt werden können. So liegen zum Beispiel bei der Translation des Objektes in die vertikale Richtung keine der Schnittpunkte deutlich von den restlichen Schnittpunkten entfernt. Entsprechend wurden keine der Bewegungsstellen detektiert, sogar für die Bewegungsstärke von 1 mm. Der Grund dafür wurde in der Abbildung 6.38 verdeutlicht. In (a) wurden die geometrischen Verhältnisse schematisch dargestellt, wobei eine solche Objektbewegung stattfindet, bei welcher sich die Position der Projektion eines Markers in die horizontale Richtung ändert, wie das bei der Rotation um die vertikale Achse der Fall ist. Die zu der gleichen Position des Markers gehörenden Geraden, die Projektionen des Markers in der Projektionsfläche und die Positionen der Röntgenquelle verbinden, und die entsprechenden Schnittpunkte sind in der gleichen Farbe (blau oder schwarz) dargestellt. Zwischen Projektion drei und vier findet eine Bewegung statt, welche zu einer Verschiebung der Markerprojektionen in die horizontale Richtung führt (die Verschiebung wurde durch einen Pfeil verdeutlicht). Wohin der Marker projiziert würde, wenn keine Bewegung vorhanden wäre, ist als ein grauer Halbkreis verdeutlicht. Der Verlauf der entsprechenden Gerade wurde als blaue gestichelte Linie dargestellt.

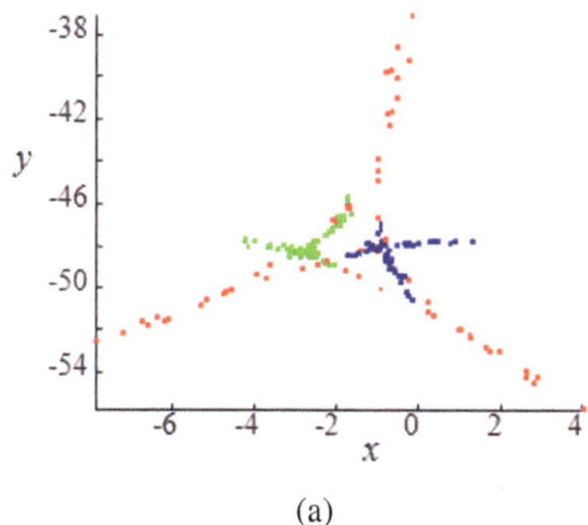
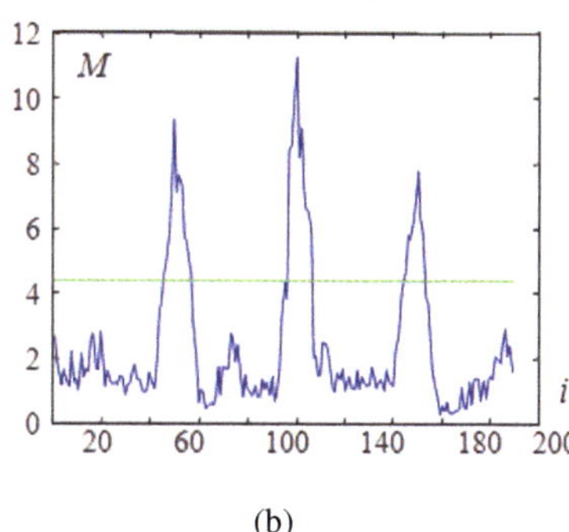

Abbildung 6.37: In (a) sind Schnittpunkte für das Beispiel mit $\pm 1°$ langsamer Rotation um die vertikale Achse mit $\pm 0.1°$ Bewegungsinkrement zwischen je zwei auf einander folgenden Projektionen dargestellt. Die Schnittpunkte wurden zwischen der i und $i + 10$-ten Projektion bestimmt. In grün und blau sind Schnittpunkte für die Positionen des Markers in bewegungsfreien Abschnitten dargestellt. Rot sind die Schnittpunkte dargestellt, die zu den zwei Projektionen gehören, in welchen sich das Objekt in unterschiedlichen Positionen befindet. In (b) sind die Abstände zwischen dem mittleren Schnittpunkt und allen Schnittpunkten dargestellt. Der Schwellwert der Bewegungsdetektion ist als horizontale gestrichelte Linie dargestellt und beträgt hier $2.5 \cdot s$.

Die neue Position der Markerprojektion ist als schwarzer Halbkreis dargestellt. Alle Geraden, die zu der ersten Position des Markers gehören, schneiden sich in einem Punkt (im Idealfall in der 3D-Position des Markers vor der Bewegung), welcher hier als blauer Punkt dargestellt ist. Alle Geraden, die zu der zweiten Position gehören, schneiden sich ebenfalls in einem Punkt (in der 3D-Position des Markers nach der Bewegung). Dieser ist als ein schwarzer Punkt dargestellt. Markant ist, dass der in rot dargestellte Schnittpunkt zwischen den Geraden der Projektionen drei und vier, zwischen welchen eine solche Bewegung stattfand, sich in die horizontale Richtung verschiebt und weit von den anderen zwei Schnittpunkte entfernt liegt.

In Abbildung 6.38 (b) sind die geometrischen Verhältnisse für den Fall skizziert, wenn aufgrund einer Objektbewegung die Projektion eines Markers in die vertikale Richtung verschoben wird. In der zweiten Projektion befindet sich der Projektionspunkt des Markers (schwarz) über dem Punkt in den der Marker projiziert würde (grau), wenn keine Bewegung stattfinden würde. Der Schnittpunkt der Geraden vor der Bewegung ist als blauer und nach der Bewegung als schwarzer Punkt dargestellt. Der Schnittpunkt zwischen den Geraden, die zu den Projektionen des Markers vor

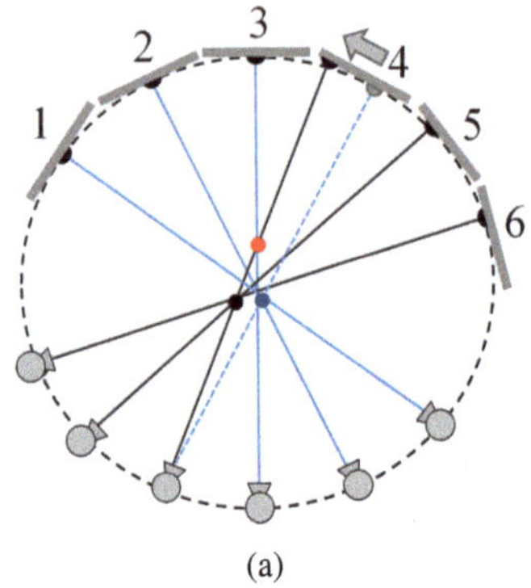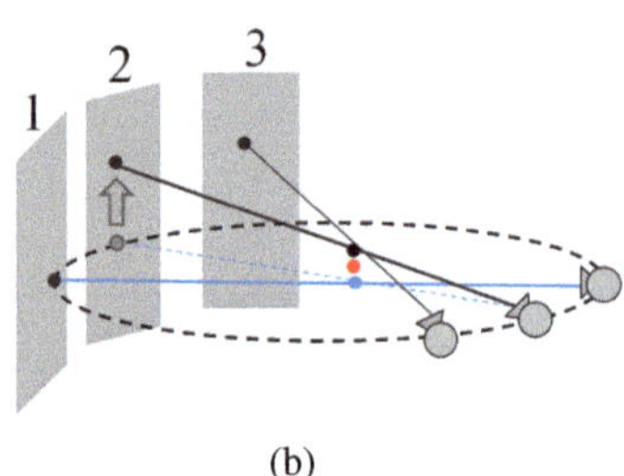

(a)   (b)

Abbildung 6.38: Veranschaulichung geometrischer Verhältnisse bei den Bewegungen, die zu einer horizontalen (in a) und einer vertikalen Verschiebung (in b) der Projektion eines Markers führen.

der Bewegung (blaue Gerade) und nach der Bewegung (schwarze Gerade) gehört, liegt dazwischen, da die beiden Geraden windschief sind. Da der Schnittpunkt der Geraden, die zu den unterschiedlichen Objektpositionen gehören, zwischen den Schnittpunkten der beiden bewegungsfreien Abschnitte liegt, kann dieser nicht mit Hilfe der Metrik M und oben beschriebenen Vorgehensweise detektiert werden.

Um auch die Bewegungen detektieren zu können, bei welchen die Projektion eines Markers überwiegend in die vertikale Richtung verschoben wird, reicht die Betrachtung der Schnittpunkte nicht aus. Es soll eine zusätzliche Metrik verwendet werden. Gute Ergebnisse konnten erzielt werden, wenn unabhängig zu der Verwendung von Schnittpunkten, die Verschiebung der Projektionspunkte innerhalb der Projektion betrachtet wurden. In Abbildung 6.39 (a) sind die Projektionspunkte eines Markers bei $\pm 0.4\,\text{mm}$ Translation entlang der vertikalen Achse dargestellt. Diese Punkte sind im Projektionskoordinatensystem $x_p y_p$ gegeben. Die Punkte, die zu den zwei Projektionen mit einer Bewegung dazwischen gehören, sind rot dargestellt und mit der entsprechenden Nummer der Projektion versehen. Die Punkte, die zu der gleichen 3D-Position des Objektes gehören, sind in der gleichen Farbe (grün oder blau) dargestellt. Das Objekt wurde nach der 49-ten Projektion (bis dahin grüne Punkte) zuerst nach unten verschoben (blaue Punkte), danach nach oben in die vorherige Position (wieder grün) und dann wieder nach unten (blaue Punkte). Der kegelförmige Verlauf der Röntgenstrahlen führt dazu, dass auch relativ kleine Bewegungen in die vertikale Richtung anhand ihrer Positionen im Projektionskoordinatensystem deutlich sichtbar sind.

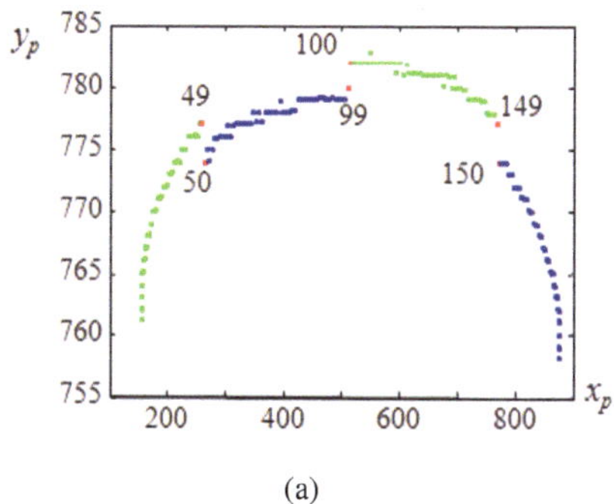
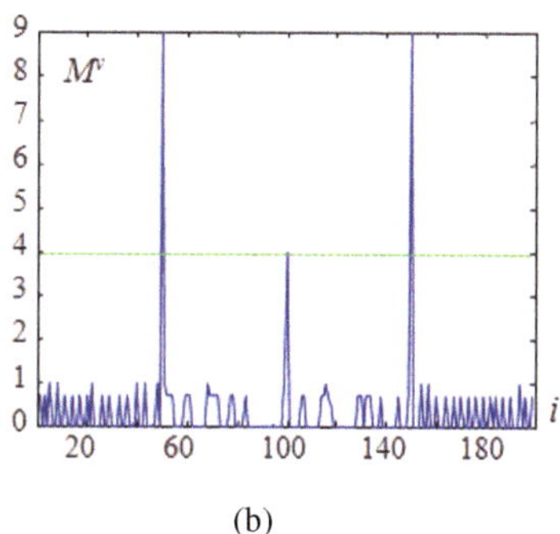

Abbildung 6.39: Für die Translation in vertikale Richtung um 0.4 mm sind in (a) die Koordinaten der Projektionspunkte eines Markers im Projektionskoordinatensystem dargestellt. Die Marker Positionen für die Projektionen, zwischen welchen eine Bewegung stattfand, sind rot markiert und mit einer Projektionsnummer verseht. Der Verlauf der zur Bewegungsdetektion verwendeten Metrik M^v ist in (b) dargestellt. Der verwendete Schwellwert $4 \cdot s$ ist als gestrichelte Linie dargestellt.

Zur Detektion von Bewegungen in die vertikale Richtung wird die Metrik

$$M^v(i) = (y_p(i) - y_p(i + \Delta))^2 \tag{6.26}$$

verwendet. Dabei bezeichnet $y_p(i)$ die vertikale Koordinate des Projektionspunktes der i-ten Projektion. Bei $\Delta = 1$ werden je zwei aufeinander folgende Punkte verwendet. Es hat sich gezeigt, dass damit bessere Ergebnisse erzielt werden können, als wenn beide Verschiebungen (in vertikale und horizontale Richtung) verwendet werden. Für die Ausreißerdetektion kann als Schwellwert die Mehrfache der Standardabweichung (z. B. $4 \cdot s$, s - die Standardabweichung) aller Metrikwerte verwendet werden. Wenn allerdings viele starke Bewegungen stattfinden, erhöht sich die Standardabweichung. Entsprechend können viele der Bewegungen bei einer solchen Wahl des Schwellwertes nicht erkannt werden. Im Gegensatz zur Verwendung referenzbasierter Metriken, hängen die Werte der Metriken M und M^v nicht von der Verteilung bzw. Überlagerung der Schwächungskoeffizienten des zu untersuchenden Objekts ab. Die Position der Projektion eines Markers auf dem Detektor hängt nur von der 3D-Position des Markers ab. Während bei referenzbasierten Metriken eine Vorverarbeitung (Normierung) der Metrikwerte nötig ist, können Werte beider Metriken dieses Abschnittes direkt zur Ausreißerdetektion verwendet werden und es bietet sich die Möglichkeit, absolute Werte als Schwellwerte der Ausreißerdetektion zu verwenden. Diese können für eine 3D-Markerposition einmal bestimmt und danach

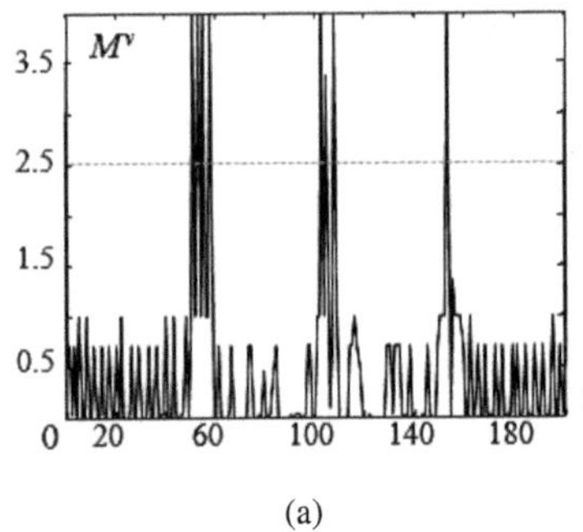 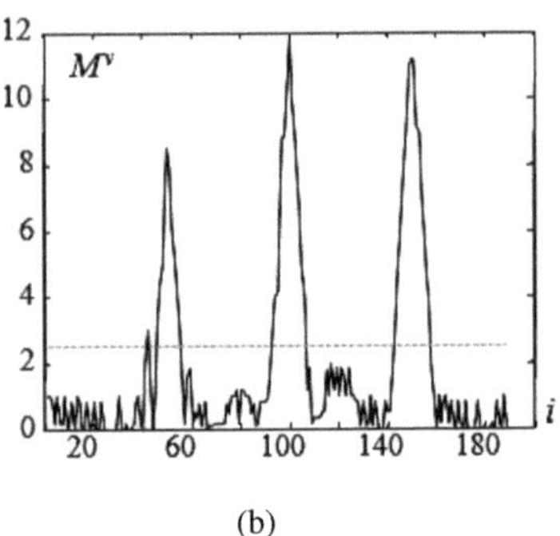

(a)   (b)

Abbildung 6.40: M^v-Metrik für eine Datenakquisition mit drei Traslationsbewegungen. Jede Bewegung ist 2 mm stark und über je 10 Projektionen aufgeteilt (0.2 mm Inkrement). Die Bewegungen starten bei der 50-sten, 100-sten und 150-sten Projektion. Der zur Detektion verwendete Schwellwert ist als horizontale Linie dargestellt. In (a) wurden aufeinander folgende Positionen verwendet und in (b) die i und $i + 10$-te Projektion.

immer wieder verwendet werden, wenn der Marker ungefähr an der gleichen Position befestigt wird. Für die Metrik M^v wird der Schwellwert 2.5 verwendet, d. h. dass in einem Fall ohne Objektbewegung eine Verschiebung der Projektionsposition von weniger als 2.5 Pixel zulässig ist. Bei der Metrik M und $\Delta = 10$ wurden bei der Verwendung des Schwellwertes 2.5 gute Ergebnisse erzielt. Das bedeutet, dass die Schnittpunkte, die weiter als 2.5 mm vom Mittelpunkt entfernt liegen, als Ausreißer betrachtet werden.

Auch langsame Bewegungen, die eine Verschiebung der Markerprojektion in die vertikale Richtung verursachen, können bei der Verwendung der M_v-Metrik detektiert werden. In Abbildung 6.40 ist ein Beispiel für die Translation entlang der vertikalen Achse dargestellt. Die Translationen an drei Bewegungsstellen betragen 2 mm und sind über 10 Projektionen aufgeteilt (0.2 mm Bewegungsinkrement zwischen je zwei in die Bewegung involvierten Projektionen). In (a) wurde $\Delta = 1$ verwendet. Der verwendete Schwellwert von 2.5 ist als eine gestrichelte Linie dargestellt. Alle drei Bewegungen werden detektiert. Da die Möglichkeit besteht, eine absolute Grenze zu verwenden, ist insbesondere die Detektion langsamer Bewegungen zuverlässiger, als wenn kein Marker vorhanden ist und referenzbasierte Metriken verwendet werden müssen, da der Schwellwert der Ausreißerdetektion nicht durch hohe Metrikwerte an den Bewegungsstellen verfälscht bzw. angehoben wird.

Analog mit der Verwendung von Metrik M bei langsamen Bewegungen, ist es besser, nicht die aufeinander folgenden Projektionen ($\Delta = 1$), sondern weiter auseinander liegende Projektionen (z. B. $\Delta > 5$) zu verwenden . In Abbildung 6.40 (b) ist M^v mit $\Delta = 10$ dargestellt. Dadurch werden Abstände zwischen den Projektionen der Markerpositionen bestimmt, dessen Position sich um mehr als ein Bewegungsinkrement unterscheiden. Das führt dazu, dass Metrikwerte an solchen Stellen viel größere Werte annehmen, als bei der Verwendung aufeinander folgender Projektionen. Dabei müssen für die sich stark unterscheidenden Δs entsprechend unterschiedliche Schwellwerte verwendet werden. Je größer Δ ist, desto größer soll der Schwellwert sein, da der Unterschied beider Projektionspunkte (ohne Bewegung) größer wird (vgl. Abbildung 6.39 a). Wir verwenden 2.5 als Schwellwert für $\Delta = 10$.

Die Verwendung beider Metriken (M und M^v) ermöglicht die Detektion aller Bewegungen, die innerhalb der Projektion Markerverschiebungen sowohl in horizontale, als auch in vertikale Richtungen verursachen. Eine Kombination beider Metriken in einer Metrik ist jedoch nicht empfehlenswert. Es hat sich gezeigt, dass beide Metriken an gleichen bewegungsfreien Stellen etwas erhöhte Werte haben können. Dies führt dazu, dass bei der Kombination beider Metriken solche Stellen große Werte erhalten und deshalb zu falsch-positiven Detektionen führen. Bessere Ergebnisse konnten erzielt werden, wenn die beiden Metriken unabhängig zueinander verwendet werden. Als Bewegungspositionen werden allen Stellen betrachtet, die in M oder M^v als Ausreißer klassifiziert wurden. Im nächsten Abschnitt wird eine Zusammenfassung der Ergebnisse durch Eingabe der erzielten Detektionsraten bei der Verwendung dieses kombinierten Ansatzes vorgestellt.

6.3.2 Ergebnisse und Diskussion

Die Evaluierung der Detektion der Bewegungsstellen bei der Verwendung eines Metallmarkers erfolgt mit den in Abschnitten 5.2 und 6.1.1 beschriebenen Testdaten. Damit sind die Ergebnisse aus Abschnitt 6.1.3 mit den Ergebnissen dieses Abschnittes direkt vergleichbar. Auch hier wurden Bewegungen bezüglich sechs Bewegungsachsen bei Rotation und sechs Achsen bei der Translation (sehe Abschnitt 5.2) verwendet. Es wurde anhand des gleichen Bewegungsszenarios mit drei Bewegungsstellen getestet, wobei unterschiedliche Bewegungsstärken verwendet wurden (Abschnitt 4.4). Bei der Rotation wurden Bewegungen bis $\pm 2°$ und bei der Translation bis $\pm 2\,\text{mm}$ erzeugt. Verschiedene Bewegungstypen wurden nach der Bewegungsstärke der jeweiligen Bewegung zusammengefasst, weshalb die verwendete Einheit als $°/\,\text{mm}$ bezeichnet wird. So z. B. bei der Bewegungsstärke von $1°/\,\text{mm}$ geht es um alle $1\,\text{mm}$ starken Translationsbewegungen entlang aller verwendeter Bewegungsachsen und alle $1°$ starken Rotationsbewegungen um alle verwendeten Rotationsachsen. Oft werden Rotation und Translationen getrennt betrachtet, da die Translationsbewegungen schwächere Auswirkungen auf die bewegungsbedingte

Veränderungen der Projektionen und Bewegungsartefakte in rekonstruierten Bildern aufweisen.

Alle abrupten Bewegungen (mindestens für die verwendeten Bewegungsachsen) wurden bei den Rotationsbewegungen ab $0.5°$ und bei den Translationsbewegungen ab $0.6\,mm$ zu $100\,\%$ detektiert, obwohl Translationsbewegungen mit dem gleichen Betrag zu deutlich kleineren Bewegungen führten, was im Abschnitt 4.4 gezeigt wurde. Nur eine Bewegung musste bei dieser Auswertung ausgeschlossen werden. Und zwar die Translation auf den Detektor zu und vom Detektor weg. Da in diesem Fall, nur eine Vergrößerung bzw. Verkleinerung der Projektion des Metallmarkers stattfindet, ändert sich die ermittelte Position der Projektion nicht. So eine Bewegung kann folglich nicht mit den Metriken M und M^v erfasst werden.

Es wurde untersucht, ob die Translationen in Richtung des Detektors und vom Detektor weg durch die Verwendung des Radius, der durch die Hough-Transformation ermittelten Kreise, erfasst werden können. Allerdings, wie in Abbildung 6.35 deutlich zu sehen ist, konnte bei dem verwendeten Dental-CT keine genaue Entsprechung zwischen der Grenze des Markers und dem ermittelten besten Kreis gewährleistet werden. Da es sich um ein Niedrig-Dosis-Gerät handelt, ist die auf dem Detektor ankommende Strahlung so schwach, dass kein hoher Kontrast zwischen der Fläche der Markerprojektion und der restlichen Projektionsfläche vorhanden ist. Eine Ausnahme stellt die begrenzte Anzahl von Projektionen dar, in welchen Strahlen so durch das Objekt dringen, dass die Projektion des Markers nicht durch Objekte mit starken Schwächungseigenschaften (z. B. Knochen des Schädels) überlagert ist (wie in Abbildung 6.35 a). Im Allgemeinen kann aber nicht ausgeschlossen werden, dass die Verwendung des Radius der durch die Hough-Transformation ermittelten Kreise es erlauben würde, auch diese Bewegungsart zu erfassen. Wobei zu erwarten ist, dass die Ergebnisse mit den Ergebnissen, die bei der Verwendung des optischen Flusses entstanden sind, vergleichbar sein könnten. Und zwar, dass nur bei starken Bewegungen eine signifikante Veränderung der Größe des Marker stattfinden würde und deshalb nur starke Bewegungen detektiert werden könnten.

In der Tabelle 6.11 sind die Ergebnisse der Bewegungsdetektion (RPR - Richtig-Positiv-Detektionsrate und FPR - Falsch-Positiv-Detektionsrate) für alle Bewegungs-arten, inklusive Bewegungen in Richtung des Detektors und vom Detektor weg dargestellt. Deshalb kann bei Verwendung von Metrik M^v bei Translationsbewegungen keine $100\,\%$-ige RPR erreicht werden. Rotations- uns Translationsbewegungen werden analog zu Abschnitt 6.2.4 getrennt betrachtet. Auch die Aufteilung in die Bewegungen, welche stärker als $\pm 0.5°$ bei Rotations- und $0.5\,mm$ bei Translationsbe-wegungen sind (bezeichnet als „ab $0.5°\,/\,mm$"), und die Bewegungen die schwächer (im Weiteren als „bis $0.5°\,/\,mm$" bezeichnet) sind wurde vorgenommen.

Wenn die im vorherigen Abschnitt vorgestellten Metriken M und M^v getrennt voneinander betrachtet werden, sind die Detektionsraten niedrig, da mit Hilfe der

Metrik M die Bewegungen detektiert werden, die eine Verschiebung des Markers in horizontale und mit Hilfe der M^v Metrik in vertikale Richtung verursachen. Erst wenn die Ergebnisse der Detektionen beider Metriken betrachtet werden, kann eine RPR von 61 % für die schwächeren und RPR von 96.7 % für die stärkeren Bewegungen erreicht werden. Die einzigen Bewegungsstellen, die nicht detektiert wurden, sind die mit der Bewegung des Objektes auf den Detektor zu und vom Detektor weg.

Durch die Anwendung der SSIM-Metrik auf die Projektionen, welche die Abbildung eines Metallmarkers enthalten, kann keine Verbesserung der Detektionsrate erzielt werden, im Vergleich zu den Projektionen ohne Marker. Dabei wurde die gleiche Vorgehensweise der Ausreißerdetektion mit identischen Parametern verwendet, wie im Abschnitt 6.2.4, um Vergleichbarkeit der Ergebnisse zu gewährleisten. Die FPR ist aber deutlich besser (niedriger) als wenn kein Marker verwendet wurde. Wenn für die Ausreißerdetektion Umgebungen von 70 benachbarten Punkten verwendet werden, kann erreicht werden, dass keine falsch-positiven Detektionen bei stärkeren Bewegungen stattfinden. Die Verwendung der SSIM-Metrik hat den Vorteil, dass damit auch die Translationen auf den Detektor zu und vom Detektor weg erfasst werden können, wenn diese stärker als $0.9°$ sind, was mit markerbasierten Metriken nicht möglich ist. Deshalb kann die beste Detektionsrate erzielt werden, wenn zusätzlich zu M und M^v die SSIM-Metrik verwendet wird. Zwar steigt die FPR leicht, aber da SSIM selber eine sehr niedrige FPR hat, kann dies vernachlässigt werden.

Bei Bewegungen, die stärker als $1°/\text{mm}$ sind, wurde eine RPR von 100 % und

Tabelle 6.11: Ergebnisse der Bewegungsdetektion aufgeteilt auf die Bewegungen, die schwächer und die Bewegungen die stärker als $\pm0.5°$ bei Rotation und $\pm0.5\,\text{mm}$ bei Translationen sind. Richtig-Positiv-Detektionsrate (RPR) und Falsch-Positiv-Detektionsrate (FPR) sind für Rotations- (R) und Translationsbewegungen (T) dargestellt.

			M	M^v	M und M^v	SSIM	M, M^v und SSIM
RPR (%)	R	bis 0.5°	54.0	48.0	80.6	91.3	94.0
		ab 0.6°	74.6	60.7	100	98.7	100
	T	bis 0.5 mm	25.0	21.7	41.7	75.0	76.6
		ab 0.6 mm	60.0	60.0	93.3	97.7	97.7
FPR (%)	R	bis 0.5°	0.8	0.1	0.9	0.1	1.0
		ab 0.6°	0.1	0.1	0.2	0.03	0.23
	T	bis 0.5 mm	1.3	0.1	1.4	0.3	1.8
		ab 0.6 mm	0.4	0.4	0.8	0.07	0.9

eine FPR von 0.4 % erzielt (0.2 % bei Rotationen und 0.6 % bei Translationen), auch wenn nur M und M^v Metriken verwendet wurden.

Der Vorteil der Verwendung von M und M^v Metriken wird vor allem bei der Betrachtung langsamer Bewegungen deutlich. Dabei kann eine deutlich bessere Detektionsrate erzielt werden, als bei ausschließlicher Bestimmung der Bewegungspositionen anhand der SSIM-Metrik. In Abbildung 6.41 sind Beispiele für alle drei Metriken für eine 1°-starke und über 10 Projektionen ausgedehnte Rotationsbewegung (0.1° Bewegungsinkrement) dargestellt. Bei dem Beispiel wurde der Phantomkopf schräg nach vorne/hinten bewegt (Abbildung 5.1, Abschnitt 5.2). Als horizontale gestrichelte Linien sind die jeweiligen Detektionsschwellwerte gezeichnet. Da bei markerbasierten Metriken Projektionen mit $\Delta > 1$ miteinander verglichen werden können, bedeutet dies, dass die Metrikwerte auch zwischen solchen Projektionen ermittelt werden, zwischen welchen eine Bewegung mehr als ein Bewegungsinkrement beträgt. Entsprechend deutlich wird der Unterschied der Metrikwerte an solchen Stellen von den Metrikwerten der bewegungsfreien Punkten (Abbildung 6.41 a und b).

Wegen der Abhängigkeit der SSIM-Werte von den Grauwerten beider Projektionen, müssen bei Verwendung von SSIM, Metrikwerte zwischen zwei aufeinander folgenden Projektionen bestimmt werden. Im aktuellen Beispiel in Abbildung 6.41 (c) sind die Veränderungen zwischen je zwei Projektionen aufgrund des kleinen Bewegungsinkrements von 0.1° klein. Nur wenn die durch eine Bewegung verursachte Veränderung der Projektionsbilder durch eine Überlagerung der Objektstrukturen ergänzt wird, welche die stattfindende Veränderung der Projektionsbilder zusätzlich verstärkt, weisen Bewegungsstellen innerhalb einer langen Bewegung hohe Werte auf. Die Bestimmung der Bewegungspositionen ist deshalb bei Verwendung von M und M^v zuverlässiger. Ein anderer Nachteil bei der Verwendung von SSIM besteht darin, dass kein fester Schwellwert verwendet werden kann. Da die bei der Ausreißerdetektion verwendeten Grenzen aus den Metrikwerten selber bestimmt werden müssen, kann das Vorhandensein vieler langsamer Bewegungen mit großem Bewegungsinkrement dazu führen, dass hohe Metrikwerte an den Bewegungsstellen, die Erhöhung des Schwellwertes verursachen und manche Bewegungen deshalb nicht detektiert werden können. In diesem Beispiel können bei dem verwendeten Schwellwert alle drei Bewegungsstellen detektiert werden, da innerhalb jeder Bewegung, die sich über 10 Projektionen erstreckt, die Metrik an ein bis drei Stellen hohe Werte ausweist.

Zur Bestimmung der Detektionsraten bei langsamen, über mehrere Projektionen verteilten Bewegungen wurden Bewegungsinkremente von 0.1°, 0.2°, 0.3° und 0.4° bei Rotationen und 0.2 mm und 0.4 mm bei Translationen verwendet. Bewegungen starten nach der 49-ten, 99-sten und 149-ten Projektion. Da für die Detektion langsamer Bewegungen vor allem die Größe des Bewegungsinkrements und die Be-

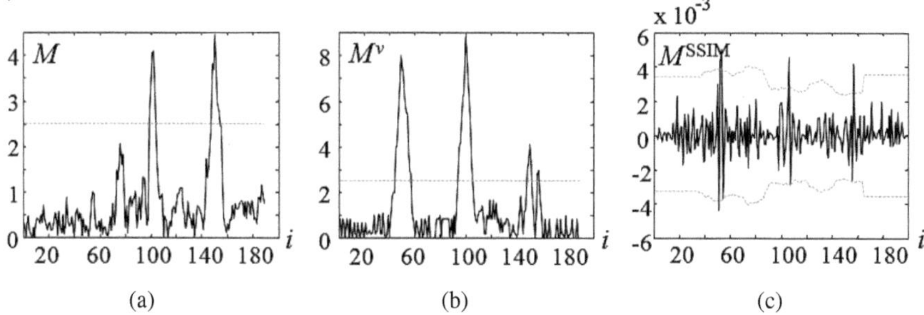

Abbildung 6.41: Ein Beispiel für den Verlauf zweier markerbasierter Metriken (M und M^v in a und b) und referenzbasierter Metrik SSIM in (c). Bei der Bestimmung von M und M^v wurden Metrikwerte zwischen jeder i und $i + 10$-ten Projektion bestimmt, während bei SSIM zwei aufeinander folgende Projektionen verwendet werden müssen (i-te und $i + 1$-te Projektion). Die Schwellwerte der Bewegungsdetektion sind als gestrichelte Linie dargestellt.

wegungsdauer entscheidend sind, werden alle langsamen Bewegungen nach diesen Kriterien aufgeteilt. In den Abbildungen 6.42 und 6.43 a-d sind die RPR für die Bewegungen mit unterschiedlich starken Bewegungsinkrementen graphisch dargestellt. Für die in Abbildung 6.42 dargestellten RPR wurden nur die markerbasierten Metriken M und M^v verwendet, während für die Bestimmung der Detektionsraten aus Abbildung 6.43 zusätzlich zu markerbasierten Metriken die Metrik M^{SSIM} verwendet wurde. Eine über mehrere Projektionen ausgedehnte Bewegung wurde als „detektiert" betrachtet, wenn mindestens eine Projektion innerhalb der Bewegung als Bewegungsstelle erkannt wurde. In (a) und (c) wurden $0.1°$ und $0.3°$ Bewegungsinkremente für die Rotationsbewegungen verwendet. In (b) und (d) sind die RPR für Bewegungen mit $0.2°$ / mm und $0.4°$ / mm Bewegungsinkremente für Rotations- und Translationsbewegungen dargestellt, wobei die RPR bei der Detektion von Rotationsbewegungen durch eine durchgehende und bei Translationsbewegungen durch eine gestrichelte Linie dargestellt sind. Die horizontale Achse stellt die Länge der Bewegung n^{proj} (als Anzahl der Projektionen, die in eine Bewegung involviert sind) dar. Da Bewegungen von maximal $\pm 2°$ und ± 2 mm erzeugt werden können, sind die längsten Bewegungen mit $0.1°$ Bewegungsinkrement über maximal 20 Projektionen (a) und mit $0.4°$ / mm über fünf Projektionen (d) aufgeteilt.

Die in Abbildungen 6.42 und 6.43 dargestellten Detektionsergebnisse langsamer Bewegungen lassen sich wie folgt zusammenfassen: Je größer das Bewegungsinkrement innerhalb einer langsamen Bewegung ist, desto zuverlässiger ist die Bewegungsdetektion der kürzeren d. h. über weniger Projektionen aufgeteilten Bewegungen.

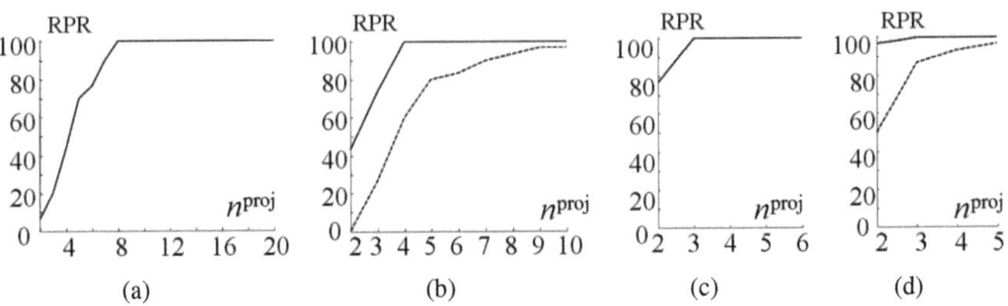

Abbildung 6.42: Die RPR bei Verwendung von markerbasierten Metriken M und M^v in Abhängigkeit von der Bewegungsdauer n^{proj}. Für die Bestimmung der RPR aus (a) und (c) wurden Rotationsbewegungen mit $0.1°$ und $0.3°$ Bewegungsinkrement verwendet. In (b) und (d) sind die RPR für $0.2°$ bzw. $0.2\,\text{mm}$ und $0.4°$ bzw. $0.4\,\text{mm}$ Bewegungsinkrement bei Rotations- (durchgehende Linie) und Translationsbewegungen (gestrichelte Linie) dargestellt. Da die simulierten Bewegungen maximal $\pm 2°/\text{mm}$ sein können, kann die längste Bewegung bei dem Bewegungsinkrement von $0.1°$ über 20 Projektionen, bei $0.2°/\text{mm}$ über 10 Projektionen, bei $0.3°$ über 6 und bei $0.4°/\text{mm}$ über 5 Projektionen verteilt sein.

Aus dem Vergleich der Detektionsraten in Abbildungen 6.42 a, b (Verwendung von M und M^v) und 6.43 a, b (Verwendung von M, M^v und M^{SSIM}) wird deutlich, dass vor allem bei kleinen Bewegungen, die entsprechend über weniger Projektionen aufgeteilt sind, eine zusätzliche Verwendung der SSIM-Metrik vorteilhaft ist. Im Gegensatz zur Verwendung von M^{SSIM} hängt die Detektionsrate bei markerbasierten Metriken nicht von der Bewegungslänge, sondern ausschließlich von der Bewegungsstärke ab. Damit können lange langsame Bewegungen genauso gut detektiert werden, wie die schnellen abrupten Bewegungen.

Nachdem die Bewegunszeitpunkte ermittelt sind, können Projektionen eines jeden bewegungsfreien Abschnittes verwendet werden, um auf die Positionen des Markers in jedem der Abschnitte zu schließen. Damit kann die Menge aller möglichen Bewegungen, die bei der Bewegungskorrektur betrachtet werden muss, auf die Bewegungen beschränkt werden, die zu der ermittelten Verschiebung der Position des Markers führen könnten.

In Abbildung 6.44 sind mehrere Beispiele für solche ermittelten Markerpositionen innerhalb bewegungsfreier Abschnitten zu finden. Schnittpunkte der Geraden innerhalb eines bewegungsfreien Abschnittes sind als blaue Punkte dargestellt. Durch Positionierung eines Kreises um die Punkte eines Abschnittes wurde deren Zugehörigkeit zu einem bewegungsfreien Abschnitt verdeutlicht. Dabei wurden für die Punkte zweier bewegungsfreier Abschnitte, in denen sich das Kopfphantom

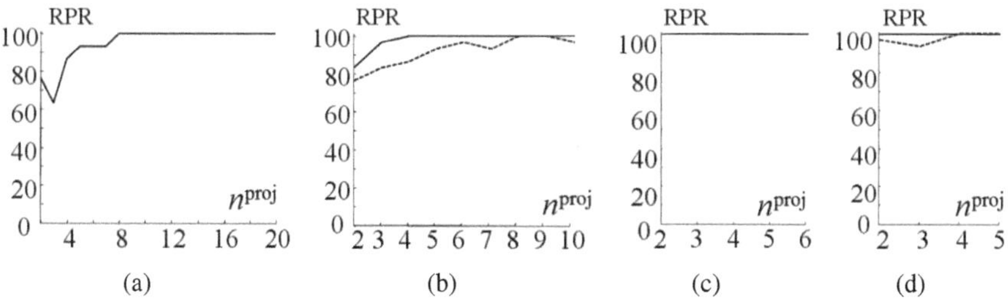

Abbildung 6.43: Die RPR bei Verwendung von drei Metriken M, M^v und M^{SSIM} in Abhängigkeit von der Bewegungsdauer n^{proj}. Analog zur Abbildung 6.42 wurden für die Bestimmung der RPR aus (a) und (c) Rotationsbewegungen mit $0.1°$ und $0.3°$ Bewegungsinkrement verwendet. In (b) und (d) sind die RPR für $0.2°$ bzw. $0.2\,\mathrm{mm}$ und $0.4°$ bzw. $0.4\,\mathrm{mm}$ Bewegungsinkrement bei Rotations- (durchgehende Linie) und Translationsbewegungen (gestrichelte Linie) dargestellt.

in der gleichen Position befindet, die gleichen Farben (grün oder blau) verwendet. Die Projektionsnummern der ersten und der letzten Projektion eines Abschnittes, die für jeden bewegungsfreien Abschnitt dargestellt sind, erlauben die Zuordnung der Punkte zu der Reihenfolge der Bewegungen. Als Position eines Markers eines bewegungsfreien Abschnittes dient die mittlere Position aller Schnittpunkte des Abschnittes. Sie ist als ein Punkt in magenta dargestellt. Refenzpositionen des Markers, ermittelt als mittlere Schnittpunkte der Daten ohne Bewegung mit der entsprechenden Positionierung des Phantoms, sind als grüne Punkte dargestellt. Die Ergebnisse für vier Bewegungen sind zu sehen: $1°$ Rotation um die vertikale Achse in (a), 1 mm Translation in die vertikale Richtung in (b), 1 mm Translation entlang der y-Achse (Verschiebung des Phantomkopfes nach vorne/hinten) in (c) und $1°$ Rotation des Phantomskopfes um die x-Achse in (d) (Nickende Bewegung des Kopfes). In allen Fällen wurde eine solche Ansicht gewählt, dass die Ebene, in welcher eine Bewegung stattfindet, der Bildfläche entspricht. Das bedeutet, dass in (a) und (c) die Ansicht auf das Volumen „von oben" und in (b) und (d) von der Seite dargestellt ist.

Die in (a), (b) und (c) in magenta dargestellten ermittelten Positionen des Markers liegen für alle bewegungsfreien Abschnitte in der Nähe der entsprechenden tatsächlichen Markerpositionen und spiegeln die stattgefundene Bewegung sehr gut wider. In (c) ist dagegen ein Beispiel dargestellt, bei welchem zwei der ermittelten Positionen des Markers (für die Projektionen 50-99 und 100-149) sich stark von den tatsächlichen unterscheiden. Es muss an dieser Stelle erwähnt werden, dass es sich bei der Bewegung zwischen den Projektionen 99 und 100, also zwischen den zwei bewegungsfreien Abschnitten deren Markerpositionen nicht zu den Referenzposi-

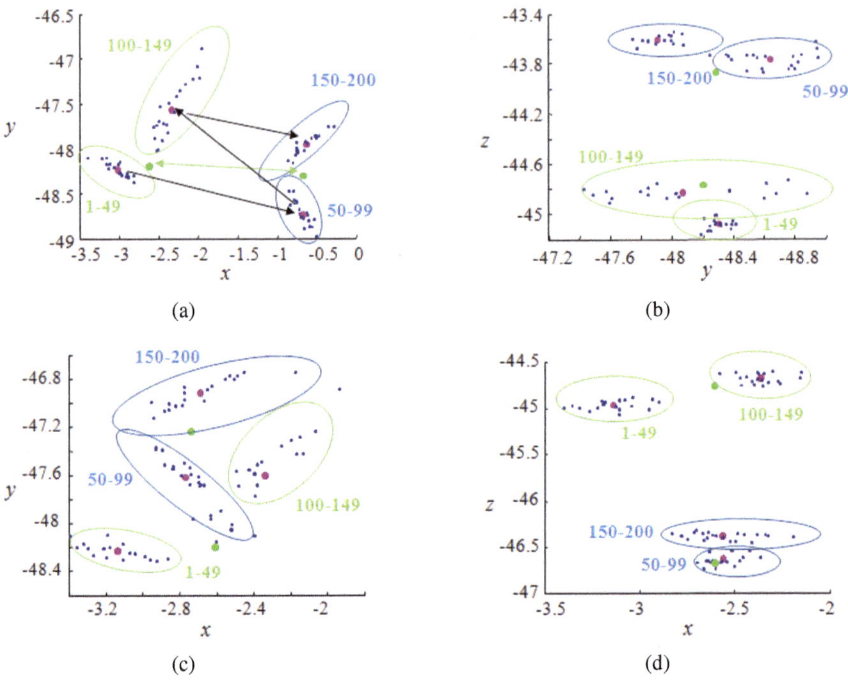

Abbildung 6.44: Dargestellt sind Schnittpunkte (blau) und die anhand dieser Punkte ermittelten Markerpositionen (magenta). Die Zugehörigkeit der Punkte zu einem bewegungsfreien Abschnitt ist durch Kreise und Projektionsnummern (erste und letzte Projektionsnummer der Projektionen eines bewegungsfreien Abschnittes) verdeutlicht. Grüne Punkte stellen die tatsächliche Position des Markers dar. Es wurden solchen Ansichten gewählt, dass die Bewegung in der Bildfläche stattfindet. In (a) wurden die ermittelten Bewegungsvektoren als schwarze Pfeile und Referenzvektoren als ein grüne Doppelpfeil dargestellt.

tionen passen, um die Verschiebung des Kopfes in Richtung des Detektors handelt. Die Bewegung äußert sich in einer leichten Vergrößerung des Markers. Eine leichte Verschiebung des Markermittelpunktes ist nur durch den kegelförmigen Verlauf der Röntgenstrahlen verursacht. Dementsprechend ist diese Bewegung sehr schwer zu erfassen und es ist nicht verwunderlich, dass aus einer solchen Veränderung der Markerposition, die nicht primär durch die Objektbewegung selber verursacht ist, keine korrekten Markerpositionen ermittelt werden können. Für diese Bewegungsart ist erst ab 1.4 mm Bewegungsstärke eine korrekte visuelle Zuordnung der ermittelten zu den tatsächlichen Markerpositionen möglich.

Anhand der Beispiele aus Abbildung 6.44 wird deutlich, dass vor allem die Verschiebungsvektoren zwischen den ermittelten Markerpositionen, bestimmt zwischen je zwei Markerpositionen in der Reihenfolge der Akquisition der bewegungsfreien Abschnitte, besser der Bewegungsrichtungen entspricht, als die Verwendung der absoluten Markerpositionen. Aus der Verschiebung kann bestimmt werden, welche Bewegungen zu einer solchen Verschiebung führen können. Alle ermittelten Bewegungen können im nächsten Schritt der Bewegungskorrektur angewendet werden. Durch Beurteilung der Qualität der Rekonstruktionen wird eine Rekonstruktion ausgewählt, die am wenigsten Bewegungsartefakte enthält. Da durch diese Vorgehensweise die Menge aller zu verwendenden Bewegungen stark begrenzt werden kann, wird dadurch eine schnellere Bewegungskorrektur erreicht, als wenn alle Bewegungen in Betrachtung gezogen werden müssten.

Um die Richtigkeit der Ermittlung der Markerpositionen in jedem bewegungsfreien Abschnitt zu beurteilen, wurde folgende Vorgehensweise gewählt: Zusätzlich zu den zwei Referenzmarkerpositionen, die für die zwei während einer simulierten Datenakquisition angenommenen Positionen des Kopfphantoms ermittelt sind, wird der Abstand zwischen diesen Punkten bestimmt. Die Hälfte des Abstandes dient als Schwellwert für die Entscheidung, ob eine Markerposition, bestimmt für die Projektionen eines bewegungsfreien Abschnittes, ausreichend nah an der Referenzposition liegt, um als korrekt ermittelt betrachtet zu werden. Je schwächer die betrachtete Bewegung ist, desto kleiner ist der Abstand zwischen den Referenzpositionen und desto näher sollen die ermittelten Punkte zu den Referenzpunkten liegen. Da die Schnittpunkte an sich einer Streuung unterliegen, die mit der Art ihrer Bestimmung zusammenhängt, ist zu erwarten, dass für die Bewegungen, die kleiner als $1°$ bzw. 1 mm sind, viele der ermittelten Markerpositionen bei der Verwendung des oben beschriebenen Verfahrens, als nicht korrekt eingestuft werden. So erfüllten bei Rotationen mit den Stärken von $0.6°$ bis $1°$ 30 % und bei Translationen von 0.6 mm bis 1 mm 57 % der Markerpositionen (für je fünf unterschiedliche Bewegungsachsen) nicht die aufgestellte Bedingung. Bei Rotationen von $1°$ bis $2°$ waren es 6 % und bei Translationen von 1 mm bis 2 mm 27 % der Punkte, die als nicht korrekt eingestuft wurden. Damit wurde bestätigt, dass die Verwendung absoluter Markerpositionen zur Bewegungskorrektur nicht empfehlenswert ist.

Für die Evaluierung der Richtigkeit der ermittelten Bewegungsvektoren, wird ein Winkel zwischen diesen und den als Referenz dienenden Vektoren, bestimmt zwischen zwei Referenzpositionen des Markers, verwendet. In Abbildung 6.44 a sind die ermittelten Bewegungsvektoren als schwarze Pfeile dargestellt, während der Referenzvektor als ein grüner Doppelfeil abgebildet ist. Da die Streuung der ermittelten Markerpositionen dazu führt, dass auch die ermittelten Bewegungsrichtungen von den Richtungen der stattgefundenen Bewegungen abweichen, werden die ermittelten Bewegungsrichtungen als korrekt betrachtet, deren Winkel zum entsprechenden Referenzvektor weniger als $\pm 45°$ beträgt. Bei Rotationen von $0.6°$ bis $1°$ entsprechen 81% der ermittelten Vektoren den tatsächlichen Bewegungsrichtungen, während das bei Rotationen von $1°$ bis $2°$ 98% sind. Die ermittelten Translationen von $0.6\,\mathrm{mm}$ bis $1\,\mathrm{mm}$ entsprachen in 71% der Fälle und $1\,\mathrm{mm}$ bis $2\,\mathrm{mm}$ starke Translationen in 94% der Fälle den durchgeführten Bewegungen. Da die maximale Abweichung aller ermittelten Vektoren von den entsprechenden Referenzvektoren $76°$ betrug, zeigten keiner der Vektoren in die der Bewegung entgegengesetzte Richtung. Sie können deshalb ebenfalls zur Begrenzung der Menge aller möglichen Bewegungen verwendet werden.

6.4 Zusammenfassung

In diesem Kapitel wurde gezeigt, dass es unter ausschließlicher Verwendung von Projektionen möglich ist, die Bewegungsstellen zu detektieren. Es bringt viele Vorteile, wenn vor der Datenakquisition ein Metallmarker innerhalb des FOV an der Haut des Patienten befestigt wird. Die Verwendung der ermittelten Positionen des Markers innerhalb der Projektionen führt dazu, dass die Bewegungsdetektion mit hohem Zuverlässigkeitsgrad durchgeführt werden kann. Besonders im Fall von sonst schwer zu detektierenden langsamen Bewegungen sind die Detektionsergebnisse bei Verwendung eines Metallmarkers sehr gut. Darüber hinaus bietet die Verwendung eines Markers die Möglichkeit, die Bewegungsrichtung der stattgefundenen Bewegung zu bestimmen. Zwar kann nicht unterschieden werden, ob es sich bei der Bewegung um eine Rotation oder Translation handelt und entsprechend müssen beide Möglichkeiten bei der Bewegungskorrektur berücksichtigt werden. Aber die ermittelte Bewegungsrichtung stimmt gut mit der tatsächlichen überein. Auch die Stärke einer Bewegung spiegelt sich in der Länge der ermittelten Bewegungsrichtung. Dies erlaubt die Bewegungsmenge aller in Frage kommenden Bewegungen, die bei der Bewegungskorrektur angewendet werden müssen, weiter zu begrenzen.

Aufgrund der Bauart der Dental-CTs ist es vor allem wichtig, Rotationen um die vertikale Achse zuverlässig detektieren zu können, da diese Bewegungsart, wie im Abschnitt 3.7 bereits beschrieben, am häufigsten auftritt. Gerade solche Bewegungen können mit Hilfe eines Metallmarkers zuverlässig detektiert werden. Sowohl abrupte Rotationen als auch langsamen Drehungen des Kopfes, z. B. wenn der Patient unbewusst mit den Augen die Röntgenquelle verfolgt, können mit 100% Wahrscheinlichkeit detektiert werden, wenn die Bewegungen stärker als $\pm 0.2°$ sind. Auch ist es nicht wichtig, ob die Rotation in die gleiche oder in die entgegengesetzte Richtung der Bewegung des Quelle-Detektor-Systems stattfand.

Die zusätzliche Verwendung der SSIM-Metrik ist für die abrupten Bewegung des Objektes auf den Detektor zu und vom Detektor weg mit der Bewegungsstärke unter 0.5 mm wichtig. Wenn die SSIM-Metrik zusätzlich zu den markerbasierten Metriken ausgewertet wird, können auch solche Bewegungen detektiert werden. Allerdings bringt die Verwendung von SSIM auch zusätzliche falsch-positive Detektionen, besonders wenn es sich, um sehr kleine Bewegungen handelt.

Auch wenn vor der Datenakquisition kein Marker auf der Haut des Patienten befestigt wurde, besteht die Möglichkeit, Bewegungsstellen zu detektieren. Durch die Anwendung der Ausreißerdetektion auf die Werte der SSIM-Metrik können vor allem abrupte aber auch längere Bewegungen mit höherem Bewegungsinkrement detektiert werden. Die Verwendung von MI zeigt ähnliche Ergebnisse. Die Bestimmung der MI-Werte ist aber viel zeitaufwendiger. Im Gegensatz zur Verwendung von markerbasierten Metriken kann hier kein fester Schwellwert für die Ausreißerdetektion verwendet werden, da die Ähnlichkeit der Projektionsbilder von den in den Projektionen abgebildeten Strukturen abhängt. Die für die Ausreißerdetektion verwendeten Schwellwerte müssen deshalb aus den Metrikwerten selber bestimmt werden. Dies bringt die Gefahr mit sich, dass die große Anzahl von starken Bewegungen oder langen Bewegungen die Schwelle erhöhen und zu falsch-negativen Detektionen führen können. Da Patienten aber die Anweisung bekommen, sich nicht zu bewegen, treten solche Fälle eher selten auf.

Nachdem die Bewegungsstellen mit Hilfe der SSIM-Metrik ermittelt sind, können zwei Projektionen, die zu den aneinandergrenzenden bewegungsfreien Abschnitten gehören, und möglichst nah aneinander liegen, verwendet werden, um auf die stattgefundene Bewegung zu schließen. Wenn die Projektionen kein begrenztes FOV aufweisen, kann die zwischen zwei Projektionen stattgefundene Veränderung mit Hilfe der Registrierung beider Bilder erfasst werden. Die ermittelten Translationen und Rotationen sind im 2D-Koordinatensystem der Projektionen gegeben und beschreiben deshalb die Projektion der tatsächlichen 3D-Bewegung auf die Projektionsfläche. Alle Bewegungen, deren Projektion auf diese Projektionsfläche stark von dem ermittelten Bewegungsvektor abweichen, müssen während der Bewegungskorrektur nicht mehr berücksichtigt werden. Allerdings können damit nur starke Bewegungen (in unserem Fall ab ca. $\pm 1°$ und ± 1 mm) erfasst werden.

Wenn die Projektionen ein begrenztes FOV haben, kann die gleiche Vorgehensweise angewendet werden. Statt der Registrierung wird der Optische Fluss zwischen beiden Projektionen ermittelt, zwischen denen die Bewegung stattfand. Allerdings ergibt sich auch bei der Verwendung von OF nur dann ein Aufschluss über die stattgefundene Bewegung, wenn die Bewegung mindestens ca. $1°$ / mm beträgt. Andernfalls ist der Einfluss der Rotation des Quelle-Detektor-Systems stark genug, um die Bewegungsinformation, verursacht durch die Bewegungen des Patienten, zu überdecken.

Im Gegensatz zur Registrierung, kann mit Hilfe des OF Bewegung des Objektes auf den Detektor zu und vom Detektor weg erkannt werden, da dieser Bewegungstyp ein markantes Muster des Verlaufs der OF Vektoren aufweist. Es muss als Erstes geprüft werden, ob OF ein solches Muster aufweist, da sonst die Verwendung vom mittleren OF-Vektor als gesuchte Projektion des Bewegungsvektors in die Projektionsfläche, nicht korrekt sein kann.

Es wurde untersucht, in wie weit bei der stattgefundenen Bewegung zwischen einer Rotation und einer Translation unterschieden werden kann. Mit Hilfe von landmarkenbasierten Registrierung konnten gute Ergebnisse erzielt werden. Allerdings existiert eine Reihe von 3D-Bewegungen, die zu einem OF führt, welcher auch visuell nicht von dem der Translationsbewegungen unterschieden werden kann. In solchen Fällen wurde die Bewegung korrekterweise als Translation eingestuft. Dies würde dazu führen, dass die stattgefundene Rotation nicht während der Bewegungskorrektur betrachtet wird und folglich zu keiner Korrektur der Bewegungsartefakte führen würde. Deshalb wird empfohlen, wenn eine Bewegung durch die im Abschnitt 6.2.4 beschriebene Vorgehensweise als eine Rotation eingestuft wird, Rotationen bei der Korrektur zu verwenden. Während bei Einstufung einer Bewegung als Translation empfohlen wird, trotzdem alle Translations- und Rotationsbewegungen, die zu der entsprechenden Bewegungsprojektion führen, zu betrachten.

Die Rotation um die vertikale Achse des Kopfes weist kein eindeutiges Muster auf. Bei Projektionen am Anfang und Ende der Datenakquisition, welche leere Bereiche enthalten (Röntgenstrahlen kommen am Detektor an, ohne das zu untersuchende Objekt durchdringen zu müssen), weist OF ein Muster auf, das als Translation des Objektes auf den Detektor zu und vom Detektor weg von dem Algorithmus aus 6.2.4 eingestuft wird. Im Gegensatz dazu weist OF ohne leere Bereiche ein Muster auf, das der Translationsbewegung entspricht. Entsprechend soll in beiden Fällen auch die Rotation um die vertikale Achse während der Bewegungskorrektur berücksichtigt werden. Bei dem verwendeten Dental-CT wird deshalb eine Unterscheidung zwischen Projektionen, die komplett durch das Objekt verdeckt sind, und Projektionen, die Bereiche mit Luft enthalten, durchgeführt werden, um auch diese Bewegungsart in die Bewegungskorrektur zu integrieren.

Da durch die Verwendung von OF nur die Projektionen der Bewegungsvektoren in der Projektionsfläche ermittelt werden können, können dadurch auch weniger Bewegungen ausgeschlossen werden als z. B. bei der Verwendung eines Metallmarkers. Auch die Zuverlässigkeit mit welcher vor allem die sich über mehrere Projektionen erstreckenden Bewegungen mit Hilfe eines Matallmarkers detektiert werden können, spricht dafür, dass der extra Aufwand für die Befestigung des Markers berechtigt ist und die Bewegungskorrektur deutlich verbessern kann.

7

Bewegungskorrektur

Die in den Projektionen enthaltene Information über die stattgefundene Bewegung des untersuchten Objektes reicht nicht aus, um daraus die durchgeführte 3D-Bewegung bestimmen zu können. Sogar bei der Verwendung eines Metallmarkers kann nur eine grobe 3D-Bewegungsrichtung ermittelt werden. Diese kann gut als Startwert für die weiteren genaueren Methoden der Bewegungskorrektur verwendet werden. In diesem Kapitel werden Methoden der Bewegungskorrektur erläutert, welche auf der iterativen Approximation der Bewegungsparameter basieren. Dafür wird eine Funktion benötigt, die für die stattgefundene Bewegung ein Minimum aufweist. Durch Minimierung einer solchen Funktion werden Bewegungsparameter ermittelt.

Im Abschnitt 7.1 wird die Möglichkeit diskutiert, die Bewegungskorrekturmethode für die Dental-CT-Daten zu verwenden, welche auf der Vorwärtsprojektion des rekonstruierten Volumens basiert und bei Angiographie- oder SPECT-Aufnahmen zum Einsatz kommt. Da diese Methode sehr zeitaufwendig ist und ohne weitere Optimierung für die klinische Praxis nicht akzeptable Laufzeiten aufweist, wird auch untersucht, ob durch die Verwendung eines Metallmarkers eine schnellere Bewegungskorrektur ermöglich wird. Im Fokus der darauf folgenden Abschnitte liegt die Bestimmung solcher Metriken, welche mit der Stärke der Bewegungsartefakte korrelieren und welche folglich für die Ermittlung der Parameter der Bewegungskorrektur verwendet werden können.

In diesem Kapitel wird das Bewegungsszenario aus dem vorherigen Kapitel verwendet: In den Projektionen 1-49 und 100-149 befindet sich das Phantom in einer Position, in Projektionen 50 bis 99 und 150-200 in einer anderen Position. Damit enthält ein solcher Projektionssatz insgesamt drei Bewegungen. Eine Bewegung zwi-

schen der 49-ten und 50-sten Projektion, dann eine Bewegung in die entgegengesetzte
Richtung (in die Ausgangsposition) zwischen der 99-sten und 100-sten Projektion
und schließlich eine Bewegung zwischen den Projektionen 149 und 150, welche
mit der ersten Bewegungen gleich ist. Damit enthält eine Datenakquisition drei
Objektbewegungen gleicher Bewegungsstärke mit der gleichen Bewegungsachse.

7.1 Verwendung der Vorwärtsprojektion

7.1.1 Vorgehensweise

Die erste zu untersuchende Methode basiert auf dem Vergleich zwischen gemessenen
und vorwärtsprojizierten Projektionen. Die Bestimmung der Bewegungsparameter
wird dabei durch das Minimieren der Funktion

$$f(m_i) = \sum_i \|P_i T(m_i)V - p_i\|_2^2 \longrightarrow \min \tag{7.1}$$

realisiert. Dabei stellt p_i die i-te Projektion, P_i die i-te Projektionsmatrix, V das
rekonstruierte Volumen und $T(m_i)$ die Transformation mit den gesuchten Bewegungsparametern m_i dar. Ob die richtigen Bewegungsparameter ermittelt werden,
hängt davon ab, ob die Funktion f für diese ein Minimum aufweist. Auch soll die
Funktion möglichst glatt sein, da sonst die Gefahr der Bestimmung eines lokalen
Minimums und damit falscher Bewegungsparameter besteht.

Auch wenn keine Bewegung während der Datenakquisition stattfindet, können
sich die vorwärtsprojizierten Projektionen $P_i V$ leicht von den gemessenen Projektionen p_i unterscheiden. Während der Rekonstruktion entstehende Abweichungen,
welche z. B. durch Diskretisierung und Interpolation verursacht sind. Diese werden
durch die anschließende Verwendung von Vorwärtsprojektion verstärkt. Auch die
Vorwärtsprojektion bringt zusätzliche Artefakte mit sich. Außerdem trägt Rauschen,
welches bei dem verwendeten Niedrig-Dosis-Gerät stark ist, zur Verstärkung der
Abweichung bei. Bei dem verwendeten Dental-CT kommen noch solche Abweichungen dazu, die durch die Kegelstrahlgeometrie mit großem Öffnungswinkel und vor
allem durch das begrenzte FOV verursacht sind. Entsprechend ist es bei dem Dental-
CT nicht sichergestellt, dass die Funktion f, wie in (7.1) definiert, die benötigten
Eigenschaften aufweist und die Bestimmung der Bewegungsparameter ermöglicht.

Um zu testen, ob die Funktion f bei Verwendung der Dental-CT-Projektionen die
benötigten Eigenschaften aufweist, wird zuerst deren Verlauf anhand von Bewegungen gleichen Typs mit unterschiedlicher „Dauer" ($0 \leq n \leq 100$) und unterschiedlicher
Stärke ($2°/\mathrm{mm} \leq s \leq 2°/\mathrm{mm}$) getestet. Unter Dauer einer Bewegung wird hier
die Anzahl der Projektionen gemeint, welche zu einer anderen Position des Kopfphantoms gehören als die restlichen Projektionen. Die in dieser Arbeit verwendeten

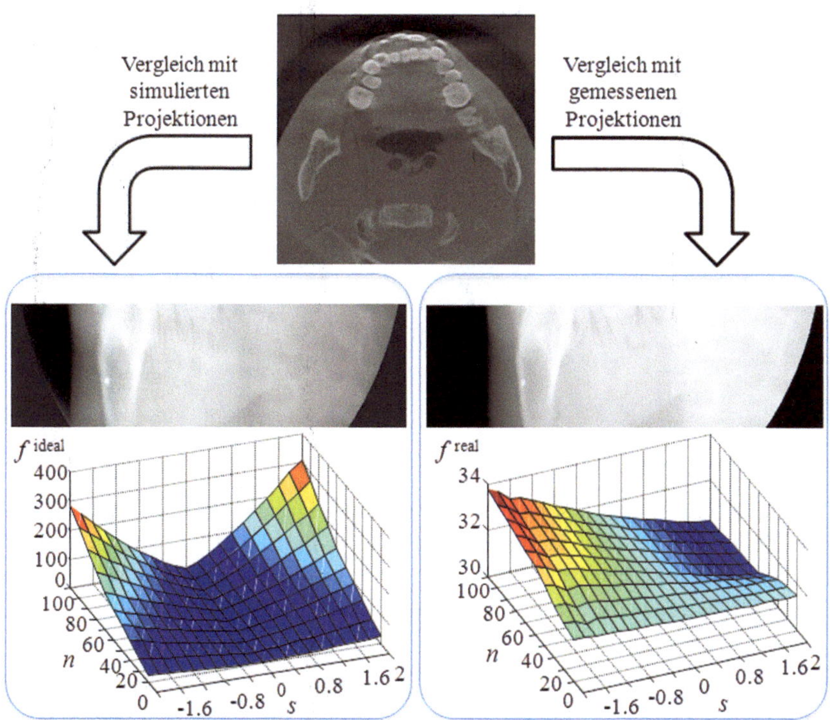

Abbildung 7.1: Links ist der Verlauf der Funktion f für eine ideale Situation dargestellt, wenn die vorwärtsprojizierten zu den „gemessenen" Projektionen (hier ebenfalls vorwärtsprojizierten Projektionen) passen. Rechts ist Funktion zu sehen, die der realen Situation entspricht: Es werden vorwärtsprojizierte und real gemessene Projektionen verwendet. Die nicht durch die Bewegungen erzeugten Unterschiede zwischen gemessenen und vorwärtsprojizierten Projektionen sind stark und führen dazu, dass die Funktionswerte nicht von der Bewegungsstärke bzw. -länge abhängen.

Beispiele sind wie folgt aufgebaut: Bis Projektion 50 befindet sich das Kopfphantom in der Grundposition. In den nachfolgenden n Projektionen befindet sich das Kopfphantom in einer anderen Position, in die das Kopfphantom durch die Bewegung des definierten Typs und mit der definierten Stärke bewegt wurde. Ab der Projektion $50 + n + 1$ befindet sich das Kopfphantom wieder in der Grundposition. Die Funktion f könnte für die Ermittlung der Bewegungsparameter anwendbar sein, wenn sie sowohl für mehr Projektionen mit Bewegung als auch für stärkere Bewegungen größere Werte annimmt.

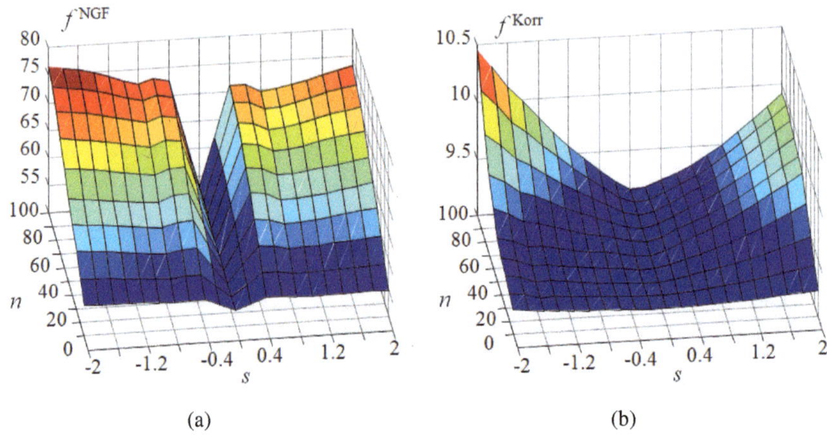

Abbildung 7.2: Für das Beispiel der Translationen entlang der vertikalen Achse ist die Funktion f bei Verwendung der NGF-Metrik in (a) und bei Verwendung von Kreuzkorrelationskoeffizienten in (b) dargestellt. In beiden Fällen wurden vollständige Projektionen (gemessene und vorwärtsprojizierte) verwendet.

In Abbildung 7.1 sind die farblich kodierten Werte der 2-Norm (entspricht SSD-Metrik) für die Translationen entlang vertikaler Richtung, deren Bewegungsstärken von -2 mm bis 2 mm variieren (s-Achse), dargestellt. Die n-Achse entspricht der Anzahl der Projektionen, in welchen sich das Objekt in einer anderen Position als der Grundposition befindet. Es werden alle Projektionswerte (innerhalb des FOVs) der gemessenen und entsprechenden vorwärtsprojizierten Projektionen miteinander mit Hilfe der 2-Norm verglichen. In Abbildung 7.1 links sind die Funktionswerte für eine ideale Situation dargestellt, in der die vorwärtsprojizierten und gemessenen Projektionen optimal zueinander passen. Statt gemessener Projektionen wurden vorwärtsprojizierte Projektionen eines stillstehenden Objektes verwendet. Wie zu sehen ist, steigt die Funktion f proportional zu der Anzahl der Projektionen mit Objektbewegung und proportional zu der Bewegungsstärke an. In Abbildung 7.1 rechts ist die Funktion f dargestellt, für deren Bestimmung die SSD-Metrik zwischen realen gemessenen und den vorwärtsprojizierten Projektionen bestimmt wurde. Damit entspricht diese Funktion der realen Situation. Oberhalb der Funktion ist ein Ausschnitt aus einer dabei verwendeten Projektion, mit der gleichen Projektionsrichtung wie in der Projektion links, dargestellt. Anhand von der Abwesenheit der Metallartefakte ist es besonders deutlich, dass es sich in diesem Fall um eine gemessene Projektion handelt. Die oben beschriebenen Einflüsse, inklusive solcher, welche für ein Dental-CT charakteristisch sind, führen dazu, dass die gemessenen und die vorwärtsprojizierten Projektionen trotz deren visueller Ähnlichkeit starke Unterschiede aufweisen. Dies führt dazu, dass die Funktion f nicht den gewünschten Verlauf (steigt proportional zu der Anzahl der Projektionen mit Objektbewegung und proportional zu der Bewegungsstärke an) aufweist.

In der Funktion aus (7.1) können statt der 2-Norm andere referenzbasierte Metriken verwendet werden. Es wurden alle Metriken aus Abschnitt 6.1.2 auf deren Anwendbarkeit getestet. In Abbildung 7.2 (a) und (b) sind zwei Funktionen dargestellt, welche für das aktuelle Beispiel der Translationen entlang der vertikalen Achse die besten Verläufe aufweisen. Als Metrik fungieren hier NGF und Korrelationskoeffizient (f^{NGF} ist in (a) und f^{Korr} in (b) dargestellt). Da eine Metrik gesucht ist, die bei der maximalen Ähnlichkeit zweier Projektionen die minimalen Werte liefert, damit die Bewegungsparameter als Minimum der Funktion f ermittelt werden könnten, werden für jede Projektion statt dem Korrelationskoeffizient aus Abschnitt 6.1.2 die Metrik

$$D^{\mathrm{Korr}}(p_i^v(m_i), p_i) = 1 - \frac{\displaystyle\sum_{l=1}^{N}\sum_{k=1}^{N}(p_i^v(l,k) - \bar{p}_i^v)(p_i(l,k) - \bar{p}_i)}{\sqrt{\displaystyle\sum_{l=1}^{N}\sum_{k=1}^{N}(p_i^v(l,k) - \bar{p}_i^v)^2}\sqrt{\displaystyle\sum_{l=1}^{N}\sum_{k=1}^{N}(p_i(l,k) - \bar{p}_i)^2}} \qquad (7.2)$$

verwendet. Dabei werden als $\bar{p}_i$ und $\bar{p}_i^v$ die mittleren Intensitäten der i-ten gemessenen Projektion p_i der Größe $N \times N$ und i-ten vorwärtsprojizierten Projektion der gleicher Größe

$$p_i^v(m_i) = P_i T(m_i) V \qquad (7.3)$$

bezeichnet. Die Werte von D^{Korr} liegen zwischen Null und Zwei. Da die Funktion f eine Summe der D^{Korr} Werte darstellt, können die Werte der f^{Korr} Funktion für die verwendeten 100 Projektionen zwischen Null und 200 liegen. Wegen der Verwendung großer Bilder (komplette Projektionen) ist der Einfluss von Bewegung nicht stark, was anhand der kleinen Funktionswerte sogar bei vielen Projektionen mit starker Bewegung zu sehen ist. Trotzdem zeigt sich, dass f^{Korr} gut die Menge der Bewegungsartefakte (gegeben über die Anzahl der Projektionen mit Bewegung und die Stärke der Bewegungen) widerspiegelt.

Bei der Verwendung von MI als Ähnlichkeitsmaß sieht die Funktion f^{MI} der von f^{NGF} ähnlich aus. Da MI viel rechenzeitintensiver ist als NGF, wird diese nicht weiter betrachtet. Wenn als Ähnlichkeitsmaß SSIM verwendet wird, ähnelt der Verlauf der Funktion f^{SSIM} dem der f^{SSD}. Da die letztere, wie oben beschrieben, nicht das gewünschte Verhalten aufweist, wird auch SSIM nicht weiter betrachtet.

Vor allem der Verlauf der Kreuzkorrelationsfunktion entspricht dem erwarteten Ergebnis, wenn eine Bewegungsart mit unterschiedlichen Bewegungsstärken und

-längen verwendet wird. Viel wichtiger ist es aber, ob die Funktionswerte bei der Anwendung unterschiedlicher Bewegungsarten und Bewegungsstärken ein Minimum für die korrekten Bewegungsparameter aufweisen, da eine solche Funktion für die Bewegungskorrektur verwendet werden kann. Um zu testen, ob die Kreuzkorrelationsfunktion auch in diesem Fall ein richtiges Verhalten aufweist, wurden 50 Projektionsmatrizen einer bewegungsfreien Akquisition (Projektionen des ersten bewegungsfreien Abschnittes des in vorherigen Abschnitten verwendeten Szenarios) durch Translations- und Rotationsbewegungen modifiziert. Die Bewegungen von -2 mm bis 2 mm bei Translation und von -2° bis 2° bei Rotation wurden für 49 Projektionen simuliert. Als Referenzprojektionen (p_i) wurden vollständige gemessene bewegungsfreie Projektionen verwendet. Die Translationen und die Rotationen werden unabhängig zu einander betrachtet. Oben in Abbildung 7.3 wurden die verwendeten Bewegungsachsen dargestellt und die Bewegungen durch weiße Pfeile verdeutlicht. Da es sich bei den p_i Projektionen um die Projektionen einer bewegungsfreien Akquisition handelt, soll die Funktion f^{Korr} für $x = 0$, $y = 0$ und $z = 0$, also hier in der Mitte des Volumens, ein Minimum aufweisen. In Abbildung 7.3 unten sind je drei Schichten $x = 0$, $y = 0$ und $z = 0$ des Volumens f^{Korr} bei Anwendung von Translationen (links) und Rotationen (rechts) dargestellt. Die Funktionswerte werden durch die Anzahl der dabei verwendeten Projektionen geteilt, um den mittleren Ähnlichkeitswert pro Projektion darzustellen.

Weder bei Translations- noch bei Rotationsbewegungen liegt das Funktionsminimum im Punkt $(0, 0, 0)$. Auch wenn Korrelationskoeffizienten als Ähnlichkeitsmaß verwendet werden, sind die durch den begrenzten FOV entstehenden Abweichungen zwischen den gemessenen und den vorwärtsprojizierten Projektionen ausreichend groß, um die durch Objektbewegung entstehenden Effekte zu überwiegen.

Es wurde untersucht, ob durch die Verwendung eines kleinen Teils des Volumens, welches in der Mitte liegt und deshalb weniger Einfluss des begrenzten FOVs aufweist, die Funktion f bessere Eigenschaften aufweist und zur Bestimmung der Bewegungsparameter verwendet werden kann. Für das aktuelle Beispiel (Translation entlang z-Achse) sind die Funktionen f^{NGF} und f^{Korr} in Abbildung 7.4 dargestellt, wobei ein $50 \times 50 \times 50$ Pixel großer Ausschnitt des Volumens erstellt und vorwärtsprojiziert wurde. Eine Schicht des verwendeten Volumens ist oberhalb der Funktionen zu sehen. Der Ausschnitt wurde so gewählt, dass er deutliche Strukturen enthält (hier zwei Zähne). Wenn die Metriken D^{NGF} und D^{Korr} als Ähnlichkeitsmaße zwischen simulierten und vorwärtsprojizierten Projektionen verwendet werden (Abbildung 7.4 links), steigen die Funktionswerte für die stärkere Bewegungen (s-Achse) und längere Bewegungen (n-Achse). Wenn aber als Referenz die gemessenen Projektionen verwendet werden, entspricht der Funktionsverlauf nicht dem gewünschten Ergebnis. Die in den vorwärtsprojizierten Ausschnitten enthaltene Information reicht

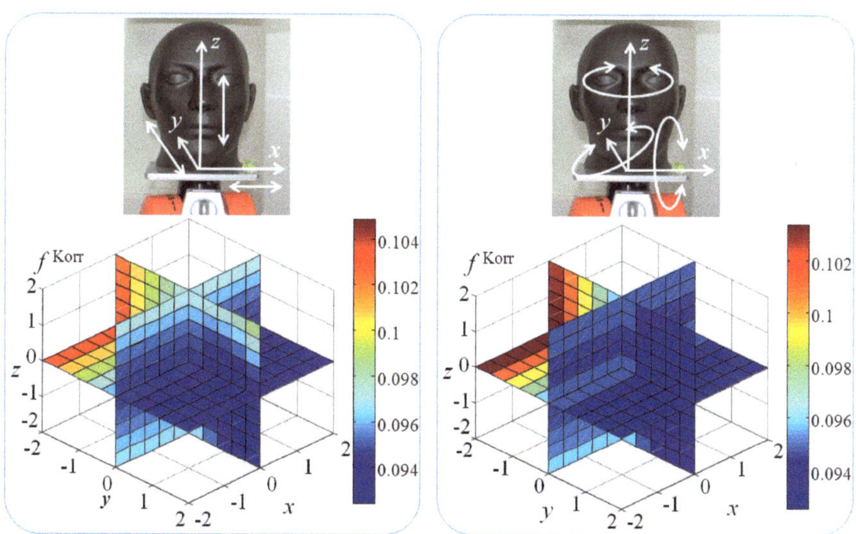

Abbildung 7.3: Dargestellt sind drei Schnittflächen durch das Volumen f^{Korr} (für jede der Bewegungsachsen x, y und z). Die Funktionswerte sind farblich kodiert. Es wurden Rotations- (a) und Translationsbewegungen (b) mit den Bewegungsstärken von -2 °/ mm bis 2 °/ mm simuliert.

trotz vorhandener deutlicher Strukturen nicht aus, um die Stärke und das Ausmaß der Bewegungen adäquat widerzuspiegeln.

In Abbildung 7.5 sind beide Funktionen für einen Volumenausschnitt, welcher die gleiche Größe wie in Abbildung 7.4 hat und ein Metallmarker enthält, dargestellt. Eine Schicht des Volumens ist oben in der Abbildung zu sehen. Da die Wertunterschiede im Bild sehr groß sind, sind nur Marker und Metallartefakte zu sehen. Im Gegensatz zur Verwendung eines beliebigen Volumenausschnittes, spiegeln die Funktionen f^{NGF} und f^{Korr} die Anzahl der Projektionen mit Bewegung und die Bewegungsstärke wider, wenn ein Metallmarker enthaltender Ausschnitt verwendet wird.

Vor allem die Funktion f^{Korr} weist das gewünschte Verhalten auf. Zwar sieht es in der Darstellung links so aus, als würden die Funktionswerte für die Bewegungen, die kürzer als etwa 50 Projektionen (Akquisitionen aus ca. 50°) betragen, konstant bleiben, aber die Funktionswerte steigen auch für kleine Projektionsanzahlen an, wie anhand des in Abbildung 7.5 rechts dargestellten Querschnittes für -2 mm Verschiebung sichtbar ist. Die Translationen entlang der vertikalen Achse stellen ein Beispiel dar, bei welchem f^{NGF} schlechtere Ergebnisse aufweist als f^{Korr}. Wie aus dem in Abbildung 7.5 (b) rechts dargestellten Querschnitt der Funktion für

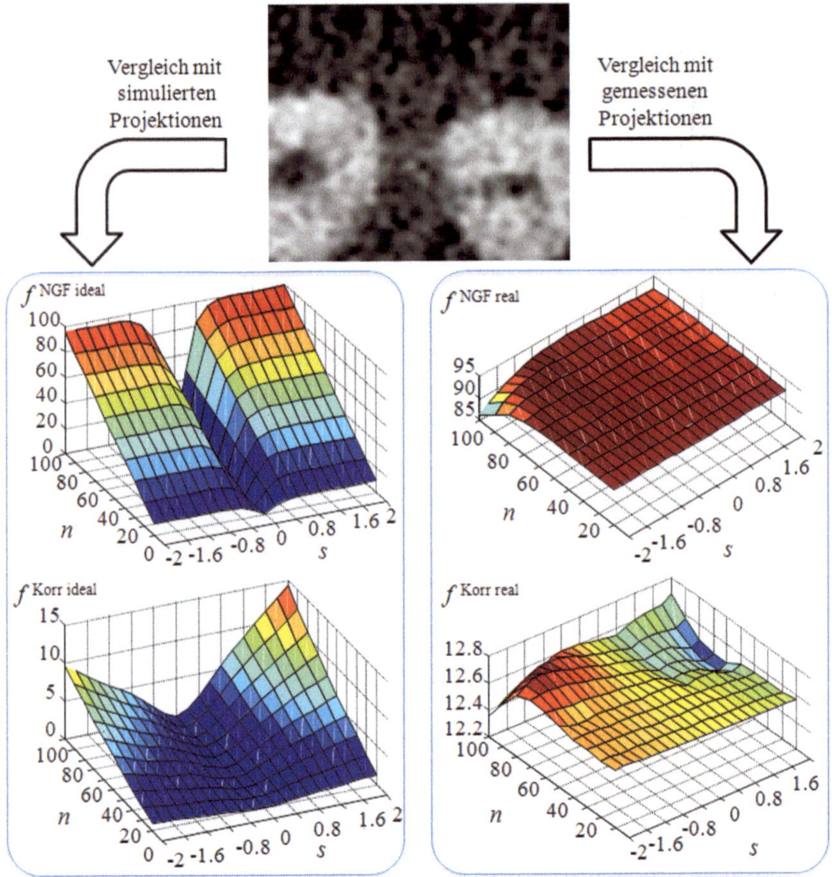

Abbildung 7.4: Dargestellt sind die Funktionen f^{NGF} und f^{Korr}, wobei ein kleiner Teil des Volumens rekonstruiert und vorwärtsprojiziert wurde (eine Schicht des verwendeten Volumens ist oben dargestellt). Die Funktionen für einen Idealfall, wenn die Referenzprojektionen p_i durch Vorwärtsprojektion simuliert wurden, sind links dargestellt. Bei den beiden rechts dargestellten Funktionen wurden gemessene Projektionen als Referenz verwendet.

eine feste Anzahl der Projektionen ($n = 100$) deutlich zu sehen ist, entsprechen größere Funktionswerte nicht immer einem größeren Bewegungsparameter. Auch bei anderen Bewegungsarten zeigte f^{NGF} seltener korrektes Verhalten als f^{Korr}. Aus diesem Grund wird im Weiteren nur die Funktion f^{Korr} betrachtet.

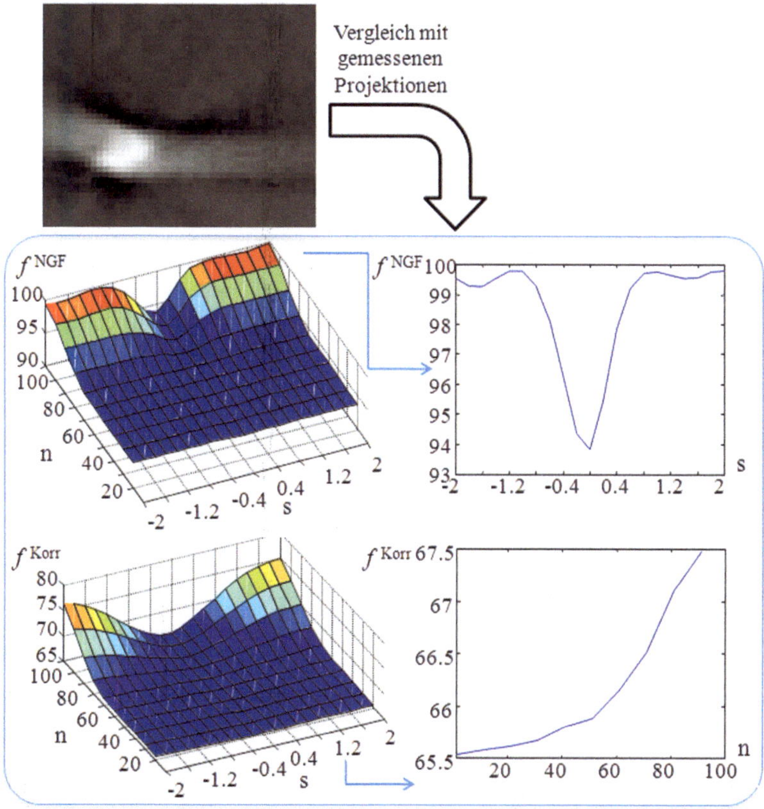

Abbildung 7.5: Oben ist eine Schicht eines kleinen Ausschnitts aus dem Gesamt-volumens dargestellt, welches einen Metallmarker enthält und für die Bestimmung der Funktionen f^{NGF} (oben) und f^{Korr} (unten) verwendet wurde. Für f^{NGF} wurde außerdem der Querschnitt für die feste Projektionsanzahl $n = 100$ und bei f^{Korr} für ein festes Bewegungsparameter $s = -2\,\mathrm{mm}$ dargestellt.

Theoretisch könnten für jede Projektion eigene Bewegungsparameter durch die Minimierung von f^{Korr} ermittelt werden. Diese Vorgehensweise hätte den Vorteil, dass keine Bestimmung der Bewegungszeitpunkte und damit keine Aufteilung in die bewegungsfreien Abschnitte benötigt werden. In Abbildung 7.6 sind die Funktionswerte der f^{Korr}-Funktion dargestellt, für deren Bestimmung eine Projektion ($i = 50$) verwendet wurde. Die Funktionswerte wurden für die Translationen entlang der vertikalen Achse von -2 mm bis 2 mm (horizontale s-Achse) bestimmt. Da der Einfluss weniger Projektionen auf das rekonstruierte Volumen klein ist, sind

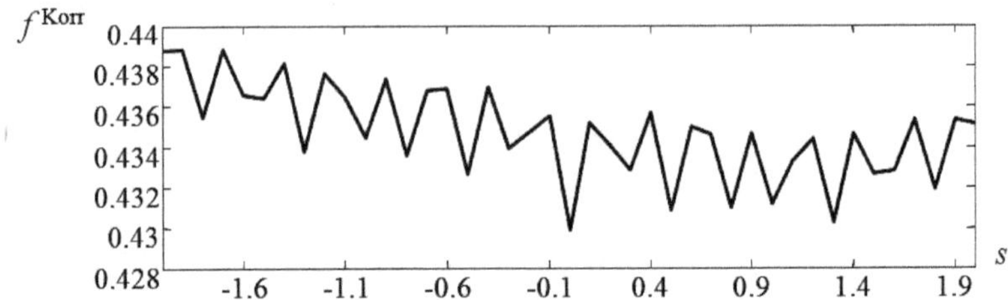

Abbildung 7.6: Dargestellt ist die Funktion f^{Korr} für -2 mm bis 2 mm starke Translationsbewegungen entlang der vertikalen Achse, wenn die Kreuzkorrelation zwischen einer gemessenen und einer vorwärtsprojizierten Projektion verwendet wird.

auch die Veränderungen zwischen gemessenen und vorwärtsprojizierten Projektionen klein. Deshalb steigen die Funktionswerte bei stärkeren Bewegungen nicht an. Folglich ist die Funktion f^{Korr} nicht im Stande, die entstandene Bewegung korrekt widerzuspiegeln, wenn für jede Projektion eigene f^{Korr} bestimmt wird.

Links in Abbildung 7.7 sind drei Schichten $x = 0$, $y = 0$ und $z = 0$ des Volumens f^{Korr} bei Anwendung von Translationen entlang der x-, y- und z-Achsen dargestellt, wobei die Bewegungsstärken im Bereich $[-2\,\text{mm}, +2\,\text{mm}]$ liegen und $n = 35$ ist. Rechts sind die Schichten der f^{Korr} Funktion bei Anwendung von Rotationsbewegungen der Stärke zwischen $-2°$ und $2°$ dargestellt. Die Funktion f^{Korr} weist für $x = 0$, $y = 0$ und $z = 0$, also hier in der Mitte des Volumens, sowohl für Rotationen als auch für Translationen ein Minimum auf. Da es sich um die Projektionen einer bewegungsfreien Akquisition handelt, entspricht dies dem gewünschten Verhalten. Entsprechend ist zu erwarten, dass die Funktion f^{Korr}, wenn diese für einen Volumenausschnitt, welcher einen Metallmarker enthält, bestimmt wird, zur Bestimmung der Bewegungsparameter verwendet werden kann.

Bei der Verwendung von Vorwärtsprojektion eines Metallmarkes kann eine weitere Beschleunigung des Minimierungsprozesses erzielt werden: Da die Form des Metallmarkers sich nicht ändert und in allen Projektionen gleich ist, ist es möglich, ein Referenzvolumen statt der in jedem Minimierungsschritt benötigten Rekonstruktionen zu verwenden. Wenn das Referenzvolumen V^{ref} so positioniert ist, dass sich der innerhalb des Volumens befindliche Matallmarker an der gleichen Position befindet, wie zur Zeit der Datenakquisition, dann gilt für jede Projektion i

$$P_i V^{\text{ref}} = p_i, \tag{7.4}$$

sofern die durch Rekonstruktion und Vorwärtsprojektion entstehenden Ungenauigkeiten vernachlässigt werden. Entsprechend können die für die Bewegungskorrektur

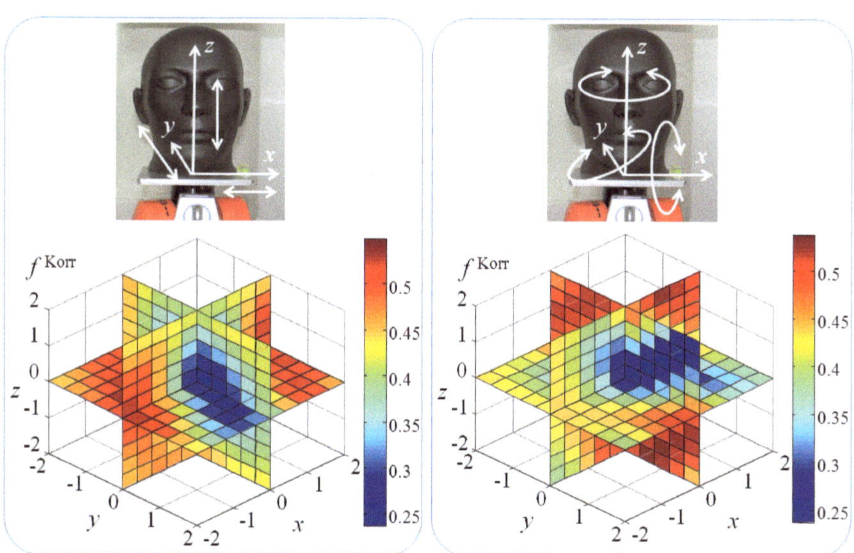

Abbildung 7.7: Dargestellt sind farblich kodierte Werte der f^{Korr}-Funktion bei der Anwendung von Rotations- (a) und Translationsbewegungen (b) an die Projektionsmatrizen eines bewegungsfreien Projektionsabschnittes. Anhand der drei dargestellten Schnittflächen durch das Volumen (für jede der Bewegungsachsen x, y und z) ist sichtbar, dass das Minimum der Funktionen sowohl bei Anwendung von Rotationen als auch Translationen im Punkt $(0,0,0)$ liegt.

benötigten Bewegungsparameter als Minimum der Funktion

$$f^{\text{ref}}(m_i) = \sum_i \left\| P_i T(m_i) V^{\text{ref}} - p_i \right\|_2^2 \longrightarrow \min \tag{7.5}$$

ermittelt werden. Die Funktion f^{ref} weist analog zu der in Abbildung 7.7 dargestellten Funktion f^{Korr} bei der Anwendung von drei Rotations- und drei Translationsbewegungen für die Parameter $(0,0,0)$ ein Minimum auf, wenn es sich um eine bewegungsfreie Akquisition handelt. Im Gegensatz zu f^{Korr} kann diese Funktion das gewünschte Verhalten aufweisen, sogar wenn eine Projektion verwendet wird. So ist für das Beispiel der Translation entlang der vertikalen Achse die Funktion f^{ref} für die gleiche Projektion wie in Abbildung 7.6 glatt und weist für $s = 0$ ein Minimum auf (Abbildung 7.8), da es sich um eine bewegungsfreie Akquisition handelt. Die Korrelation mit der Bewegungsstärke ist in diesem Beispiel sehr deutlich, da die Translation entlang der vertikalen Achse zu einer deutlichen Änderung der Position

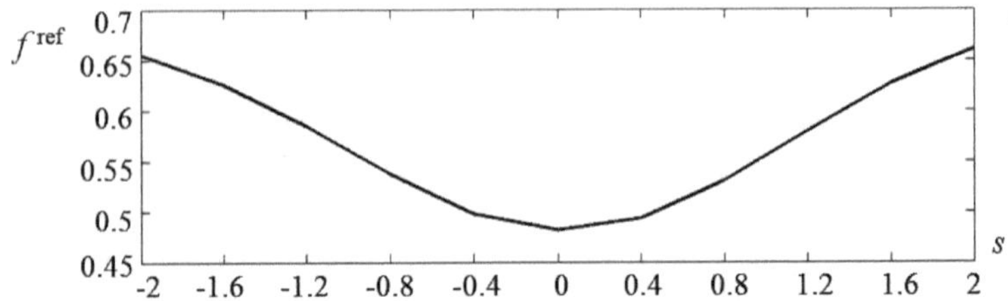

Abbildung 7.8: Funktion f^{ref} für -2 mm bis 2 mm starker Translationsbewegungen entlang vertikaler Achse, wobei eine Projektion verwendet wurde.

des Markers führt. Im Allgemeinen ist es auch bei dieser Funktion sicherer, die Bewegungsparameter anhand mehrerer Projektionen eines bewegungsfreien Abschnittes zu bestimmen.

Ein Aspekt, der auf die Bestimmung der Bewegungsparameter Einfluss hat, ist die Platzierung des Referenzvolumens. Dieser soll im Idealfall so positioniert werden, dass der Marker des Referenzvolumens der Markerposition eines der bewegungsfreien Abschnitte entspricht. Dafür bietet sich die Verwendung des dreidimensionalen Template Matching Algorithmus [Bru09]. Der höchste Korrelationskoeffizient entsteht an der Position, welche der besten Überlagerung von Referenzvolumen (dient in diesem Fall als Template) und dem rekonstruierten Volumen entspricht. Die Verwendung von Korrelationskoeffizienten als Distanzmaß stellt sicher, dass die Suche von den Grauwertverteilungen unabhängig ist. Die Befestigung eines Markers an der Hautoberfläche hat den Vorteil, dass die Strukturen mit hohen Schwächungskoeffizienten, wie Zahnfüllungen oder -spangen, welche zur Verfälschung des Ergebnisses führen könnten, weit entfernt liegen.

Der wichtigste Vorteil der Verwendung eines Referenzvolumens besteht darin, dass die einzelnen bewegungsfreien Abschnitte unabhängig voneinander behandelt werden können. Wenn für jeden Abschnitt sechs Bewegungsparameter ermittelt werden und N Abschnitte nacheinander abgearbeitet werden, ist die Minimierung bei der Verwendung des gleichen Algorithmus schneller als dieses für die gleichen Daten mit f^{Korr} sein würde, da im letzteren Fall eine gleichzeitige Minimierung einer Funktion mit $6 * N$ Unbekannten benötigt wird.

Eine weitere deutliche Reduzierung der Minimierungslaufzeit kann erzielt werden, wenn als Metrik der Euklidische Abstand zwischen den mit Hilfe der Hough-Transformation ermittelten Markerpositionen innerhalb der gemessenen Projektionen und den Projektionspunkten des im Volumen ermittelten Markermittelpunkts verwendet wird. Letzteres kann entweder als Position des Punktes mit der höchsten Schwächungseigenschaft innerhalb eines Teilvolumens, welcher ein Marker enthält, oder als mittlerer Schnittpunkt aller Geraden eines bewegungsfreien Abschnittes, welche Positionen der Röntgenquelle und den mit Hilfe der Hough-Transformation ermittelten Projektionen des Markermittelpunktes verbinden, bestimmt werden. In Abbildung 7.9 (a) sind die entsprechenden Projektionspunkte für einen Datensatz ohne Objektbewegung dargestellt. Die mit Hilfe von Hough-Transformation ermittelten Positionen der Markerprojektionen, die als Referenz dienen, sind als schwarze Punkte dargestellt. Die grünen Punkte repräsentieren die Projektionen der im rekonstruierten Volumen ermittelten Markerposition. Da es sich hier um eine bewegungsfreie Akquisition handelt, entsprechen die vorwärtsprojizierten Punkte den in gemessenen Projektionen ermittelten Positionen der Markerprojektionen. Auch wenn die Position des Markers in 3D als Geradenschnittpunkt ermittelt wurde, liegen deren Projektionen (rote Punkte) in der Nähe der tatsächlichen Projektionspositionen. Wenn das Objekt sich bewegt und die Markerposition sich entsprechend ändert, entsteht ein deutlicher Unterschied ob die Markerposition im rekonstruierten Volumen oder als Geradenschnittpunkt bestimmt wird. In Abbildung 7.9 (b) sind die entsprechenden Punkte für einen Datensatz mit Translation des Objektes entlang der vertikalen Achse dargestellt. Wie anhand der Markerpositionen innerhalb der Projektionen (schwarz) zu sehen ist, bewegt sich das Objekt zwischen zwei Positionen. Die grünen Punkte, die die Projektionen des im rekonstruierten Volumen bestimmten Markermittelpunktes darstellen, passen zu keiner der Objektpositionen (bei der Rekonstruktion wurden alle 200 Projektionen verwendet. Die Verwendung dieser Markerposition bei der Bewegungskorrektur würde zu keiner Reduktion der Bewegungsartefakte führen. Wie erwartet führen Bewegungsartefakte dazu, dass die Bestimmung der Markerposition im rekonstruierten Volumen nicht mehr zuverlässig durchgeführt werden kann. Auch wenn bei der Rekonstruktion nur Projektionen eines bewegungsfreien Abschnittes verwendet wurden, weichen Vorwärtsprojektionen der in solchen Teilrekonstruktionen ermittelten Punkte noch stärker von den Referenzpunkten ab. Das ist selbst dann der Fall, wenn ein Viertel aller Projektionen einen bewegungsfreien Abschnitt bilden.

Die roten Punkte in Abbildung 7.9 stellen Vorwärtsprojektionen eines Punktes dar, welcher als Mittelwert der Schnittpunkte von 6 Geraden für die Projektionen 60-66 bestimmt ist (die Position der entsprechenden Referenzpunkte ist in Abbildung 7.9 (b) durch ein Kreis verdeutlicht). Diese weisen eine gute Übereinstimmung mit den Referenzpunkten der entsprechenden Objektpositionen auf. Wenn mehr Projektionen des bewegungsfreien Abschnittes verwendet werden, passen die vorwärtsprojizierten Punkte noch besser zu den Referenzpunkten des zweiten Abschnittes.

Da bei dieser Vorgehensweise noch weniger Informationen zur Verfügung stehen, als bei Verwendung der vorwärtsprojizierten Projektionen, ist zu erwarten, dass die ermittelten Bewegungsparameter für einen Punkt zwar gültig sind, nicht aber die Bewegung des Objektes widerspiegeln, da die Funktion mehrere Minima aufweist.

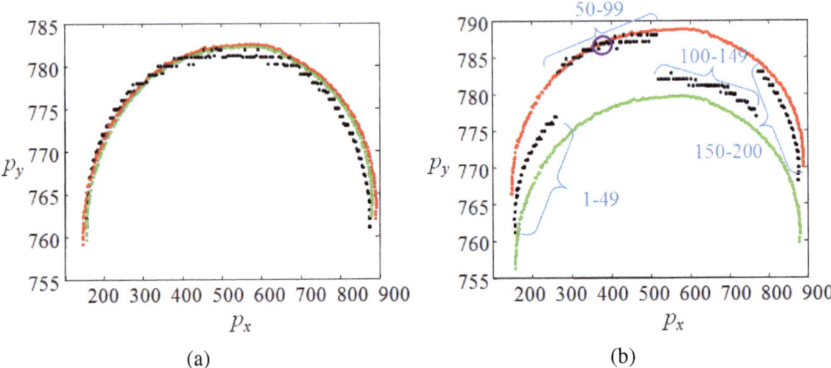

(a)   (b)

Abbildung 7.9: Für die Projektionen einer Datenakquisition ohne Bewegung (a) und mit 3 Translationen entlang der vertikalen Achse (b) sind im Projektionskoordinatensystem $p_x p_y$ folgende Projektionspunkte dargestellt: die mit Hilfe der Hough-Transformation ermittelten Positionen der Projektionen der Markermittelpunkte (schwarze Punkte) und die Vorwärtsprojektionen der bestimmten 3D-Positionen des Markermittelpunktes (rot oder grün). Wenn als 3D-Position des Markers der maximale Wert in einem Metallmarker enthaltenen Teil des rekonstruierten Volumens verwendet wurde, sind die Punkte grün gezeichnet. Wenn der Schnittpunkt der Geraden als 3D-Position des Markers verwendet wurde, sind die Projektionspunkte rot dargestellt.

Deshalb ist es ratsam, für jeden bewegungsfreien Abschnitt k, $k > 1$ die Bewegungsparameter $m_k = (\alpha_x, \alpha_y, \alpha_z, t_x, t_y, t_z)$, wobei α_x, α_y, α_z Rotations- und t_x, t_y, t_z Translationsparameter bezeichnen, durch eine Minimierung der Funktion

$$f^{\text{point}}(m_3) = \sum_{i=Ns}^{Ne} \|P_i T(m_3) x - x^{p_i}\|_2^2, \tag{7.6}$$

zu ermitteln. Dabei bezeichnen Ns die Nummer der ersten und Ne die Nummer der letzten Projektion des betrachteten bewegungsfreien Abschnittes, x^{p_i} (i - Projektionsindex) die mit Hilfe der Hought-Transformation ermittelte Markerpositionen in gemessenen Projektionen und $P_i T(m)x$ den vorwärtsprojizierten Referenzpunkt, wobei die Bewegungsparameter m für die Modifikation der Projektionsmatrix P_i verwendet wurden.

In Abbildung 7.10 (a) sind Funktionswerte $f^{\text{point}}(m_3)$ bei der Anwendung von Translationen entlang der vertikalen Achse mit der Bewegungsstärke s für n Pro-

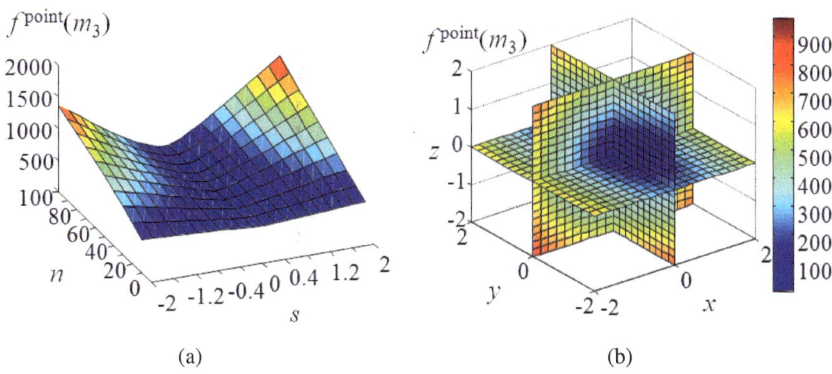

Abbildung 7.10: Dargestellt ist die Funktion f^{point} bei der Anwendung von Rotations- und Translationsbewegungen auf die Projektionsmatrizen des dritten bewegungsfreien Abschnittes. In (a) wurden Translationen entlang vertikaler Achse mit Bewegungsstärken s und Bewegungslängen n durchgeführt, $1 \leq n \leq 100$ und $-2\,\text{mm} \leq s \leq 2$. In (b) wurden Rotationen um die x-, y- und z-Achse mit den Bewegungsstärken von $-2°$ bis $2°$ auf die Projektionen 100-149 angewendet.

jektionen, $1 \leq n \leq 100$ und $-2\,\text{mm} \leq s \leq 2$, dargestellt. Die Funktion f^{point} zeigt bei diesem Beispiel das gewünschte Verhalten: Funktionswerte sind größer für stärkere und längere Bewegungen. Auch zum Test des Funktionsverhaltens bei der Anwendung unterschiedlicher Bewegungsarten wurden zuerst Projektionen einer Datenakquisition ohne Objektbewegung verwendet, wobei hier für die Bestimmung der Markerposition im Volumen der zweite bewegungsfreie Abschnitt des verwendeten Bewegungsszenarios ($k = 2$, Projektionen 50-99, vgl. mit Abbildung 7.9 b) verwendet wurde. Die Funktion für die Projektionen des nachfolgenden bewegungsfreien Abschnittes

$$f^{\text{point}}(m_3) = \sum_{i=100}^{149} \|P_i T(m_3)x - x^{p_i}\|_2^2, \tag{7.7}$$

für $m = (\alpha_x,\ \alpha_y,\ \alpha_z)$, $-2° \leq \alpha_x,\ \alpha_y,\ \alpha_z \leq 2°$ ist in Abbildung 7.10 (b) dargestellt. Diese weist für die Bewegungsparameter $m = (0, 0, 0)$ ein Minimum auf. Auch für die drei Translationsbewegungen, sieht die Funktion f^{point} ähnlich aus.

Anhand der in Abb. 7.10 dargestellten Grafiken wird es deutlich, dass die Funktion f^{point} die Menge der Objektbewegungen gut widerspiegelt und somit zur Ermittlung der Parameter der Bewegungskorrektur verwendet werden kann.

7.1.2 Ergebnisse und Diskussion

Wegen des begrenzten FOV kann bei dem verwendeten Dental-CT keine Bewegungskorrektur durch Minimierung eines Ähnlichkeitsmaßes, das zwischen den gemessenen und vorwärtsprojizierten Projektionen bestimmt wird, zum Einsatz kommen, wenn die kompletten Projektionen verwendet werden. Die Vorgehensweise wurde für die simulierten Daten mit Projektionen ohne den begrenzten FOV nicht getestet, da bereits gezeigt wurde, dass diese für solche Daten (ohne Truncation-Artefakte) anwendbar ist. Da die während der Minimierung benötigten wiederholten Rekonstruktionen und Vorwärtsprojektionen zeitaufwendig sind, ist diese Vorgehensweise für die Anwendung in der klinischen Praxis nicht geeignet. Die Möglichkeit der Verwendung eines beliebigen Ausschnittes aus dem Volumen wurde ausgeschlossen, da die zu minimierende Funktion sogar für den einfachsten Fall der Anwendung gleicher Bewegung mit unterschiedlichen Bewegungsstärken und -längen nicht das gewünschte Verhalten aufweist.

Die vorgeschlagene Verwendung eines kleinen Referenzvolumens, welches eine Bewegungsartefaktefreie Rekonstruktion eines Markers enthält, bietet mehrere Vorteile: Dadurch, dass in den Minimierungsschritten keine Rekonstruktion des Volumens mit den Bewegungsparametern des Schrittes benötigt wird, können einzelne bewegungsfreie Abschnitte unabhängig voneinander betrachtet werden. Sowohl fehlende Rekonstruktionen, als auch durch die unabhängige Betrachtung einzelner Bewegungsabschnitte deutliche Verkleinerung der Anzahl der Unbekannten des Minimierungsprozesses führen zu einer drastischen Reduktion der Minimierungslaufzeit. Als Minimierungsalgorithmus wurde das von Matlab bereitgestellte Trust-Region-Gauss-Newton-Verfahren [CGT00] verwendet. Die Ermittlung der Bewegungsparameter für einen Abschnitt dauerte ca. 5-10 Minuten.

Die Bewegungskorrektur wurde anhand von 10 unterschiedlichen Bewegungsarten (Abschnitt 5.2) mit den Bewegungsstärken zwischen $-2°$ und $2°$ bei Rotationen und zwischen $-2\,\mathrm{mm}$ und $2\,\mathrm{mm}$ bei Translationen getestet. Es wurde das gleiche Bewegungsszenario verwendet wie in dem vorherigen Abschnitt (bei der Bewegungsdetektion). Die Richtigkeit der ermittelten Bewegungen kann durch Vergleich der ermittelten mit den durchgeführten Bewegungen nicht festgestellt werden, da das CT-Koordinatensystem, auf das sich die Projektionsmatrizen beziehen und damit auch auf die während der Bewegungskorrektur ermittelten Bewegungsparameter beruhen, nicht dem Koordinatensystem des Robotertools entspricht, bezüglich dessen Bewegungen des Kopfphantoms durchgeführt wurden. Die Evaluierung findet deshalb darüber statt, wie stark die Anzahl und die Stärke der Bewegungsartefakte in den einzelnen Schichten des rekonstruierten Volumens bei der Verwendung der ermittelten Bewegungsparameter reduziert werden konnte.

In Abbildung 7.11 sind die Ergebnisse der Bewegungskorrektur für Akquisitionen mit $1°$ Rotationen und $1\,\mathrm{mm}$ Translationen bezüglich unterschiedlichen Bewegungs-

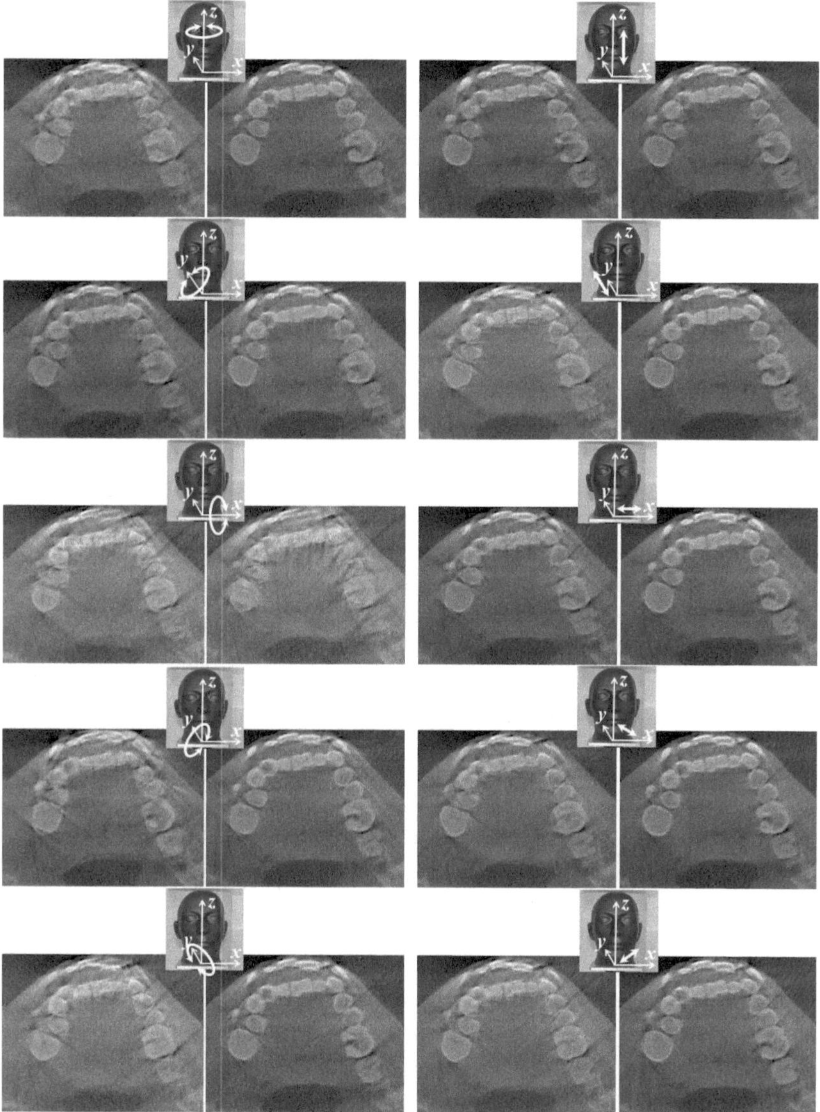

Abbildung 7.11: Für die fünf unterschiedlichen Bewegungsachsen der Rotationsbewegungen (links) und fünf der Translationsbewegungen (rechts) sind die gleichen Schichten des rekonstruierten Volumens dargestellt: links vor der Bewegungskorrektur und rechts nach der Korrektur, wobei die Bewegungsparameter durch Minimieren der Funktion f^{ref} ermittelt wurden.

achsen dargestellt. Neben der schematischen Verdeutlichung der stattgefundenen Bewegung anhand des Phantomkoordinatensystems und der Bewegungspfeile sind jeweils zwei rekonstruierte Schichten des Volumens dargestellt: vor und nach der Bewegungskorrektur (jeweils links und rechts). Dabei wurde die voxelbasierte Rekonstruktion verwendet. Als Startwert der Minimierung wurde ein Vektor (α_x, α_y, α_z, t_x, t_y, t_z) = (0, 0, 0, 0, 0, 0) definiert. Zwar fällt die Korrektur der Bewegungsartefakte bei unterschiedlichen Bewegungen unterschiedlich stark aus, aber mit Ausnahme von der Rotation um die x-Achse konnte bei allen anderen Bewegungen eine deutliche Reduzierung der Artefakte erreicht werden.

Die Rotation um die x-Achse stellt ein Beispiel dar, das den Nachteil der Verwendung eines kleinen Ausschnittes verdeutlicht: Da nur die Markerposition berücksichtigt wird, weist die zu minimierende Funktion in diesem Fall mehrere Minima auf. Zwar wurde durch die Anwendung der ermittelten Bewegungsparameter die Markerprojektion in vorwärtsprojizierten und in gemessenen Projektionen ideal aufeinander angepasst, dies wurde aber statt der Rotation durch die Translation entlang der vertikalen Achse erreicht. Bei der Verwendung eines anderen Startwertes kann eine bessere Bewegungskorrektur erzielt werden. In Abbildung 7.12 rechts ist das Ergebnis der Bewegungskorrektur mit dem ($-0.5°$, $-0.5°$, $-0.5°$, $-0.5\,\text{mm}$, $-0.5\,\text{mm}$, $-0.5\,\text{mm}$)-Startvektor dargestellt. Oben ist die Rekonstruktion ohne Korrektur zu sehen. Links ist eine Rekonstruktion mit der Bewegungskorrektur dargestellt, deren Bewegungsparameter durch Minimierung der Funktion f^{Korr} ermittelt wurden, wobei der gleiche Startwert ($-0.5°/\text{mm}$ für allen Unbekannten) verwendet wurde. Bei der verwendeten Implementierung in Matlab dauerte die Minimierung der f^{Korr} ca. 12 Stunden. Die Ergebnisse der Bewegungskorrektur sind aber schlechter als bei der einfacheren Vorgehensweise mit der Verwendung eines Referenzvolumens.

Die Wahl des Startwertes der Minimierung hat offensichtlich einen gewissen Einfluss auf das Ergebnis der Bewegungskorrektur. Bei der Realisierung dieser Methode in einem Gerät wäre deshalb eine parallele Ausführung mehreren Minimierungsprozesse mit unterschiedlichen Startparametern denkbar.

Bei der vorgestellten Vorgehensweise findet keine Berücksichtigung der Position der Bewegungsachse statt und die ermittelten Bewegungsparameter beziehen sich auf das CT-Koordinatensystem. Entsprechend können die ermittelten Parameter direkt in die Projektionsmatrizen der anschließenden Rekonstruktion integriert werden (d. h. ohne eine zusätzliche Umrechnung zwischen Patienten- und CT-Koordinatensystem). Besonderes bei der Rotation um die vertikale Achse (Drehung des Kopfes nach links oder rechts), welche die am häufigsten auftretende Art der Patientenbewegung während Dental-CT-Akquisitionen darstellt, besteht ein deutlicher Unterschied zwischen der Position der Bewegungsachse und der vertikalen (z-) Achse des CT-Koordinatensystems, bezüglich derer die Bewegungsparameter ermittelt werden. Es hat sich allerdings gezeigt, dass das zusätzliche Einbeziehen der Position und

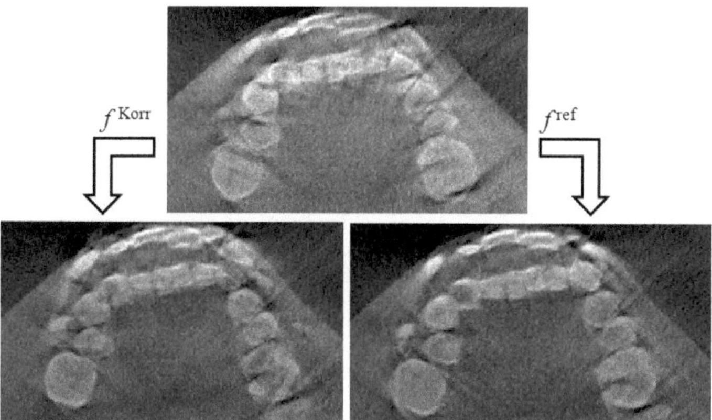

Abbildung 7.12: Für die Datenakquisition mit $1°$ Rotation des Phantoms um die x-Achse sind Rekonstruktionen einer Schicht des Volumens dargestellt: Oben ohne jegliche Bewegungskorrektur, unten nach der Korrektur. Die Bewegungsparameter in der Rekonstruktion links sind durch Minimierung der Funktion f^{ref} mit dem Startwert $(-0.5°, -0.5°, -0.5°, -0.5\,\mathrm{mm}, -0.5\,\mathrm{mm}, -0.5\,\mathrm{mm})$ und rechts der Funktion f^{Korr} mit dem gleichen Startwert ermittelt.

Orientierung des Patientenkoordinatensystems nicht nötig ist. Zwar unterscheiden sich die ermittelten Bewegungsparameter von den Parametern der durchgeführten Bewegungen, z. B. bei $1°$ Rotation um die vertikale Achse betragen die $[0.3, -0.5, 1.2, -0.8, -0.1, -0.5]$ statt $(0, 0, 1, 0, 0, 0)$, die Bewegungsartefakte wurden aber durch Anwendung dieser Parameter entfernt. In der oberen Reihe der Abbildung 7.13 sind die Schichten des rekonstruierten Volumens ohne Bewegungskorrektur für die $0.4°$, $0.8°$, $1.2°$, $1.6°$ und $2°$ Rotationen des Kopfphantoms um die vertikale Achse dargestellt. Darunter sind die gleichen Schichten nach der Bewegungskorrektur dargestellt. Nur bei den starken Bewegungen (ab ca. $1.6°$) konnten die Bewegungsartefakte nicht komplett korrigiert werden. Die Artefakte wurden aber stark minimiert.

Die Bewegungskorrektur durch Minimierung der Funktion f^{point} stellt eine schnellere Alternative dar. Allerdings hat es sich gezeigt, dass bei der Verwendung der f^{point}-Funktion öfter eine schlechtere Korrektur der Bewegungsartefakte als bei dem vorherigen Algorithmus (Minimierung von f^{ref}) erreicht werden kann. In Abbildung 7.14 sind die Ergebnisse der Korrektur für $1°$-Rotationen und 1-mm-Translationen bezüglich unterschiedlicher Achsen dargestellt. Als Startwert wurde der Vektor $(0, 0, 0, 0, 0, 0)$ verwendet. Durch den Vergleich mit der Abbildung 7.11 wird es deutlich, dass durch die Minimierung der Funktion f^{ref} bessere Ergebnisse erzielt werden können als bei der Minimierung von f^{point}. Während die Artefakte bei der Rotation

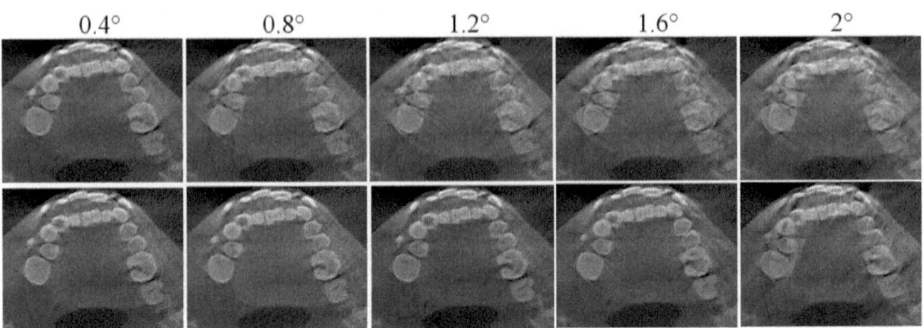

Abbildung 7.13: Für die Rotationsbewegungen von 0.4°, 0.8°, 1.2°, 1.6° und 2° sind die Rekonstruktionen einer Schicht ohne Bewegungskorrektur (obere Reihe) und mit Bewegungskorrektur (untere Reihe) dargestellt.

um die x-Achse besser korrigiert wurden als mit der vorherigen Vorgehensweise, sind bei Translation entlang der z- und x-Achse die Artefakte in den korrigierten Rekonstruktionen stärker als in den Rekonstruktionen ohne Bewegungskorrektur.

Die Bestimmung der Markerposition im Volumen (hier des Markermittelpunktes) stellt einen kritischen Punkt des Algorithmus dar. Zwar konnten bei dem verwendeten Bewegungsszenario gute Ergebnisse erzielt werden, wenn als Markerposition der Schnittpunkt aller Geraden eines bewegungsfreien Abschnittes verwendet wurde, die Markerpositionen innerhalb der Projektionen mit der Röntgenquelle verbinden. Es wurde dafür der zweite bewegungsfreie Abschnitt (Projektionen 60-90) des Bewegungsscenarios verwendet. Allerdings, wenn alle bewegungsfreie Abschnitte Akquisitionen aus weniger als 50° enthalten, kann die ermittelte Position so stark von der tatsächlichen abweichen, dass die ermittelten Bewegungsparameter fehlerhaft sind und zur Entstehung zusätzlicher Artefakte führen. Deshalb ist es empfehlenswert, die Position des Markers aus dem rekonstruierten Volumen zu bestimmen.Dies kann durch die Bestimmung der besten Überlagerung eines kleinen, den gleichen Marker enthaltenen Referenzvolumens, in welchem die Markerposition mit Hilfe der 3D-Hough-Transformation oder visuell bestimmt wurde, mit dem rekonstruierten Volumen mit Bewegungsartefakten durch Block-Matching realisiert werden.

Neben der oben adressierten Ungenauigkeit bei der Bestimmung der 3D-Position eines Markers führt auch die Ungenauigkeit bei der Bestimmung der Zentren der Markerpojektionen dazu, dass die mit Hilfe der Hough-Transformation bestimmten Punkte nicht mit den Vorwärtsprojizierten übereinstimmen. Wie bereits im Kapitel 6.3 gezeigt wurde, ist die Bestimmung der Zentren der Markerprojektionen besonders in den Projektionen fehleranfällig, in welchen Röntgenstrahlung durch viele Strukturen mit hohen Schwächungseigenschaften durchdringt. Um den Einfluss solcher

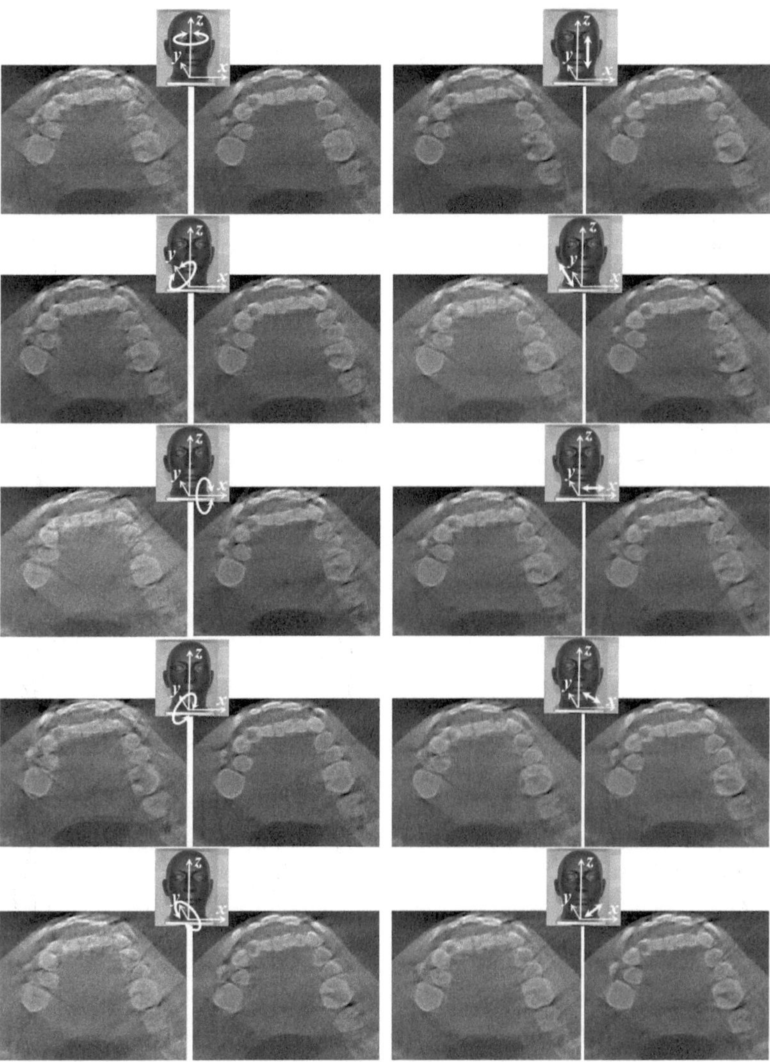

Abbildung 7.14: Ergebnisse der Bewegungskorrektur für fünf unterschiedlichen Bewegungsachsen der Rotations- (links) und Translationsbewegungen (rechts) sind dargestellt. Neben der schematischen Verdeutlichung der Bewegungsart sind die Schichten des Volumens ohne Bewegungskorrektur dargestellt (links) und mit der Korrektur (rechts), wobei die angewendeten Bewegungsparameter durch Minimierung der Funktion f^{point} ermittelt wurden.

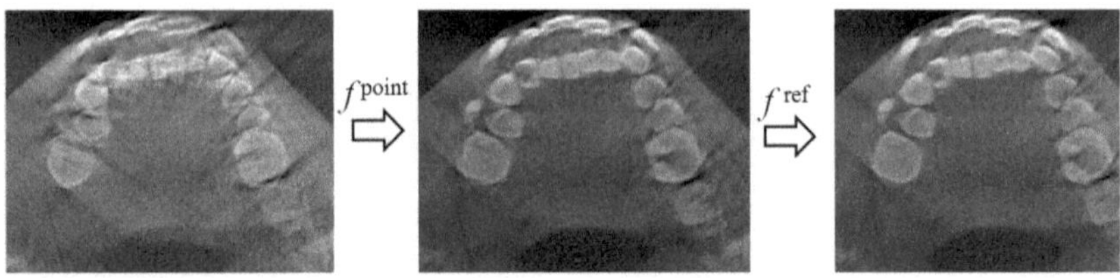

Abbildung 7.15: Die Anwendung der sequentiellen Minimierung der Funktionen f^{point} und f^{ref} ist anhand des Beispiels mit $1°$ Rotation um die x-Achse gezeigt. Links ist eine Schicht des Volumens ohne Bewegungskorrektur, in der Mitte nach der Anwendung der durch Minimierung der Funktion f^{point} ermittelten Bewegungsparameter und rechts nach der anschließenden Minimierung der f^{ref}-Funktion dargestellt.

Abweichungen zu reduzieren, wurden vor der Bewegungskorrektur die Ausreißer in den ermittelten Positionen durch Anwendung eines Medianfilters entfernt. Während bei der Minimierung der f^{ref}-Funktion der Einfluss beider Fehler kleiner ist, da mehrere Punkte des Markers in die Berechnung der Funktion f^{ref} mit einfließen, ist deren Auswirkung bei der Verwendung der Funktion f^{point} viel stärker. Das könnte der Grund sein, warum die Ergebnisse der Bewegungskorrektur im letzteren Fall 7.14) schlechter sind als die in Abbildung 7.11.

Die sequentielle Ausführung beider Methoden stellt eine gute Alternative dar, bei welcher sowohl eine akzeptable Geschwindigkeit als auch die gewünschte Qualität der Korrektur gewonnen werden kann. Durch die vorausgehende Minimierung der Funktion f^{ref}, mit deren Hilfe sehr schnell eine gute Annäherung der Bewegungsparameter erreicht werden kann, werden solche Startwerte für die Minimierung der Funktion f^{point} ermittelt, die nah an dem korrekten Minimum liegen. Dadurch wird eine schnellere anschließende Minimierung der Funktion f^{point} erreicht als wenn feste vorgegebene Werte wie z. B. der $(0, 0, 0, 0, 0, 0)$-Vektor verwendet werden. In Abbildung 7.15 wurde das Ergebnis einer solchen Bewegungskorrektur für das Beispiel von $1°$-Rotation um die x-Achse dargestellt. Links ist die Rekonstruktion ohne Bewegungskorrektur und rechts nach der Anwendung der durch Minimierung der Funktion f^{point} ermittelten Parameter dargestellt. Bei der anschließenden Bestimmung der Bewegungsparameter durch die Minimierung der f^{ref}-Funktion konnte eine bessere Bewegungskorrektur erzielt werden (rechts), als bei der ausschließlichen Minimierung der f^{ref}-Funktion (vergleiche mit Abbildung 7.11 und Abbildung 7.12 rechts). Das Ergebnis der Bewegungskorrektur ist ebenfalls besser, als bei der Verwendung der aufwendigeren Minimierung der f^{Korr}-Funktion (Abbildung 7.12 links).

7.2 Korrektur basierend auf der Rekonstruktion eines Metallmarkers

Wenn ein Metallmarker enthaltender Volumenausschnitt und die Position des Markers verwendet wird, kann durch die Minimierung der Ähnlichkeit zwischen gemessenen und vorwärtsprojizierten Projektionen eine gewisse Korrektur der Bewegungsartefakte erreicht werden. Allerdings wurde eine gute Korrektur nicht immer erreicht und die Laufzeit des Algorithmus ist immer noch sehr hoch. Aus diesen Gründen wurde die Möglichkeit untersucht, den Marker enthaltenden Ausschnitt des Volumens ohne die Bestimmung der Vorwärtsprojektion zur Bewegungskorrektur zu verwenden. Bei den beiden in diesem Abschnitt vorgestellten Methoden werden die für die Korrektur benötigten Bewegungsparameter durch das Minimieren einer Funktion der Rekonstruktion ermittelt.

7.2.1 Verwendung eines Referenzvolumens

Durch die Befestigung eines Metallmarker in dem FOV, wird die Möglichkeit gegeben, die Rekonstruktion des Markers mit der Referenzrekonstruktion zu vergleichen. Um die Metallartefakte minimal zu halten, wird ein sehr kleiner Marker (mit ca. 2 mm Durchmesser) verwendet. Wegen seiner Größe wurde auf das Verwenden eines Markers mit einer spezifischen Form verzichtet, durch dessen Einbeziehen zusätzliche Information über die durch eine Bewegung verursachten Änderungen der Markerorientierung einbezogen werden könnte.

Wie in dem Abschnitt 6.3 beschrieben wurde, kann jede Akquisition zuverlässig in die einzelnen bewegungsfreien Abschnitte unterteilt werden, wenn ein Metallmarker verwendet wird. Für jeden der Abschnitte werden solche Bewegungsparameter $m_i = (\alpha_x,\ \alpha_y,\ \alpha_z,\ t_x,\ t_y,\ t_z)$ ermittelt, wobei α_x, α_y und α_z Rotations- , t_x, t_y und t_z Translationsparameter und i die Nummer des Abschnittes bezeichnen, dass bei deren Verwendung während der Rekonstruktion die Form des Markers der tatsächlichen Markerform bzw. dem Marker innerhalb des Referenzvolumens entspricht. Dies kann durch Minimierung einer referenzbasierten Metrik realisiert werden. Alle im Abschnitt 6.1.2 beschriebenen Metriken können dafür verwendet werden. Es wird im Weiteren der Kreuzkorrelationskoeffizient verwendet, da dessen Bestimmung schnell ist und das Ergebnis nicht von der Helligkeit der beiden Bilder abhängt. Die Parameter der Bewegunskorrektur werden also als Minimum der Funktion $D^{\mathrm{Korr}}(r,R)$ (wie in Gleichung 7.2 definiert) bestimmt. Als R wird das Referenzvolumen und als $r(P_1 T(m_1), P_2 T(m_1), \ldots, P_i T(m_j), \ldots, P_N T(m_k))),\ 1 \leq i \leq N,\ 1 \leq j \leq k$ das rekonstruierte Volumen bezeichnet, bei deren Bestimmung wurden Projektionsmatrizen von P_1 bis P_N (für N Projektionen) verwendet, welche für k bewegungsfreie Abschnitte durch die Transformationen $T(m_j)$ modifiziert sind. Die Bewegungsparameter werden bezüglich des Koordinatensystems der Projektionsmatrizen ermittelt. Entsprechend wird keine zusätzliche Umrechnung zwischen dem Patienten- und CT-Koordinatensystem benötigt.

Der gesamte Algorithmus kann folgendermaßen zusammengefasst werden:

- Bestimmen der besten Überlagerung zwischen dem Referenzvolumen und einem Ausschnitt des Volumens mit den Bewegungsartefakten mit Hilfe des Block-Matching-Algorithmus. Es soll ein Ausschnitt aus dem Volumen verwendet werden, um zu vermeiden, dass ein Ausschnitt z. B. um eine Zahnfüllung an Stelle eines Markers ermittelt wird. Eine Kontrolle des Ergebnisses durch den Benutzer könnte hilfreich sein.

- Festlegen eines kleineren Ausschnittes um den Marker, welcher der Größe der Referenz und der besten Überlagerung mit der Referenz entspricht.

- Mimimierung der Funktion $D^{\text{Korr}}(r, R)$, wobei r der in dem vorherigen Schritt festgelegte Volumenausschnitt ist.

- Rekonstruktion des kompleten Volumens mit der Verwendung der ermittelten Parameter, um eine korrigierte Rekonstruktion zu erhalten.

Bei dem Block-Matching sollte eine solche Auflösung verwendet werden, bei welcher das Volumen nicht zu groß ist, um die Laufzeit des Block-Matching-Algorithmus klein zu halten. Wenn allerdings die Rekonstruktion des Markers aus wenigen Pixeln besteht, ist die Gefahr groß, dass der falsche Ausschnitt, der keinen Marker enthält, bestimmt werden könnte. Um eine bessere Korrektur erzielen zu können, sollte für R und r eine feinere Auflösung gewählt werden. Bei den im Weiteren dargestellten Ergebnissen wurde eine $10\,\text{cm} \times 10\,\text{cm} \times 10\,\text{cm}$ große Referenz verwendet (Abbildung 7.16 rechts). Die bei dem Block-Matching verwendete Auflösung ist $0.4\,\text{cm}/\text{Pixel}$. Während der Minimierung wird, wenn nicht anders angegeben, $0.15\,\text{cm}/\text{Pixel}$ verwendet.

Die Positionierung eines Metallmarkers an der Haut des Patienten, entfernt von den Strukturen mit den hohen Schwächungseigenschaften (wie Zähne oder Knochen), ermöglicht eine gute Lokalisierung des Markers. Durch Verwendung des Block-Matching Algorithmus kann ein Referenzvolumen, welches eine bewegungsartefaktefreie Rekonstruktion des verwendeten Markers enthält, so positioniert werden, dass der Marker des Referenzvolumens der ungefähren Markerposition im rekonstruierten Volumen mit Bewegungsartefakten entspricht. Eine Positionierung des Referenzvolumens, bei welcher der Marker sich an der gleichen Position befindet, an der er sich in einem der bewegungsfreien Abschnitte befand, ist wegen Metall- und Bewegungsartefakte nicht möglich. Wie weiter gezeigt wird, ist aber die durch Block-Matching erreichte Positionierung oft ausreichend. In der Abbildung 7.16 ist

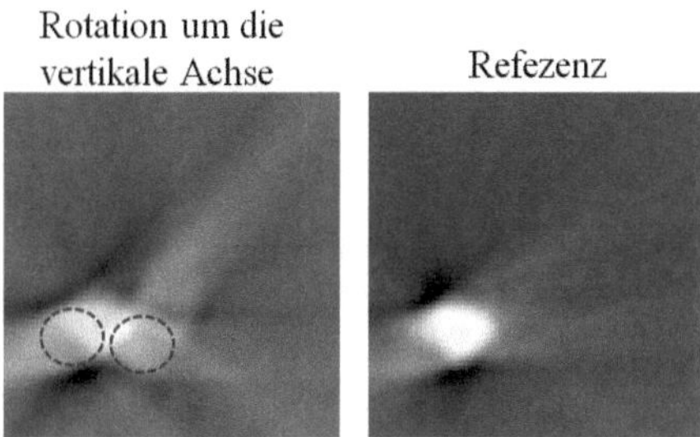

Abbildung 7.16: Rechts ist eine Schicht des Ausschnittes aus dem bewegungsartefaktefreien Volumen dargestellt, welches den verwendeten Metallmarker enthält und als Referenz verwendet wird. Links ist die entsprechende Schicht des durch Template Matching ermittelten Ausschnittes des Volumens mit Bewegungsartefakten dargestellt. Die Artefakte sind durch Rotation des Phantoms um die vertikale Achse entstanden. Die beiden Markerpositionen zur Zeit der Akquisition sind als punktierte Kreise gekennzeichnet.

die in dieser Arbeit verwendete Referenz (Ausschnitt einer bewegungsartefaktefreien Rekonstruktion) und der Ausschnitt aus dem rekonstruierten Volumen mit der Rotation um die vertikale Achse dargestellt. Der Letztere wurde nach dem Block-Matching in der gleichen Größe wie die Referenz für die beste Überlagerung zwischen den beiden extrahiert. Als punktierte Kreise sind die Positionen des Markes dargestellt, in welchen sich das Marker während der Akquisition befindet. In diesem Fall entspricht die beste Überlagerung mit der Referenz keiner der vom Marker tatsächlich eingenommenen Positionen. Dies könnte der Grund sein, warum in diesem Fall keine gute Korrektur erreicht werden konnte, wie im nächsten Abschnitt gezeigt wird. Die genaue Übereinstimmung zwischen dem Marker im Referenzvolumen und im zu korrigierenden Volumen ist für das Ergebnis der Bewegungskorrektur wichtig.

Um die Anwendbarkeit des Kreuzkorrelationskoeffizienten zu illustrieren, sind seine Werte ausgehend von einer bewegungsfreien Akquisition für die Rotations- und Translationsbewegungen (jeweils mit drei Bewegungsachsen) in Abbildung 7.17 dargestellt. Es wurde jeweils eine Bewegung von 15 Projektionen simuliert (d. h. das Phantom wurde während der Akquisition in 15 Projektionen von der Grundposition in eine andere Position bewegt). In (a) wurden Rotationen und in (b) Translationen angewendet. In beiden Fällen weist Funktion D^{Korr} für $(0, 0, 0)$ ein Minimum auf. Da in diesem Fall die Wahl des verwendeten Ausschnittes anhand einer bewegungsfreien Rekonstruktion durchgeführt wurde, passen hier das verwendete Volumen und Referenzvolumen perfekt zu einander. Es ist entsprechend keine Verschiebung

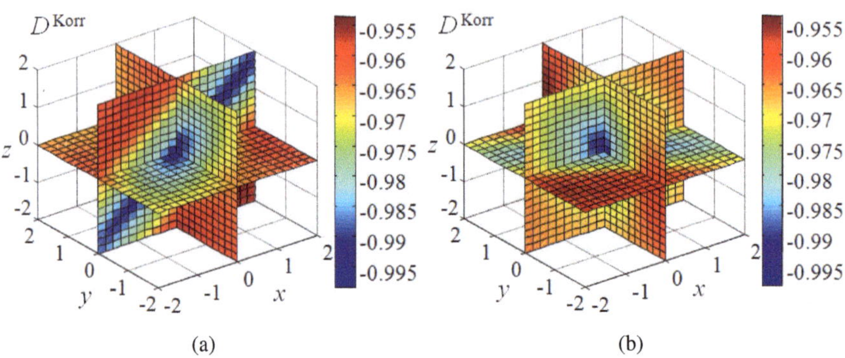

Abbildung 7.17: Für die Rotations- (a) und Translationsbewegungen (b) sind drei Schnittflächen durch das Volumen D^{Korr} (für jede der Bewegungsachsen x, y und z) dargestellt. Die Funktionswerte sind farblich kodiert. Die Stärke der simulierten Bewegungen betrug $-2°$ / mm bis $2°$ / mm.

vorhanden, welche durch die nicht optimale Überlagerung des Ausschnitts und des Referenzvolumens entstehen könnte.

7.2.2 Referenzfreie Maße

Die Verwendung eines Referenzvolumens, welches eine bewegungsartefaktefreie Rekonstruktion des verwendeten Markers enthält, bietet die Möglichkeit, die referenzbasierten Metriken zu verwenden. Allerdings benötigt die in dem vorherigen Abschnitt beschriebene Vorgehensweise den zusätzlichen Schritt der Suche nach einer guten Überlappung zwischen der Referenz und dem Volumen mit den Bewegungsartefakten. Dies führt zu einer Verlängerung der Korrekturdauer, außerdem hat die Genauigkeit der Übereinstimmung beider Markerpositionen einen Einfluss auf das Ergebnis der Korrektur. Je weiter der Marker des Referenzvolumens von der Markerposition bei einem der bewegungsfreien Abschnitte entfernt ist, desto größer ist die Wahrscheinlichkeit, dass eine ausreichende Korrektur nicht gewährleistet werden kann.

Es wurde folglich untersucht, ob durch die Verwendung eines Volumenausschnittes mit dem Metallmarker und eines markerbasierten Maßes eine akzeptable Bewegungskorrektur ohne Verwendung eines Referenzvolumens erreicht werden kann. Das Maß soll so konzipiert sein, dass dieses für einen Ausschnitt ohne Artefakte ein Minimum aufweist. Folglich werden die für die Korrektur benötigten Parameter durch eine Minimierung dieser Funktion ermittelt.

Da für eine solche Vorgehensweise keine genaue Übereinstimmung zwischen den Markerpositionen benötigt wird, kann als Mitte des verwendeten Ausschnitts der Schnittpunkt aller Geraden verwendet werden, welche die Markerpositionen in Projektionen und die Röntgenquelle verbinden. Die einzelnen Schnittpunkte werden bereits für die Detektion der Bewegungspunkte (Aufteilung in die bewegungsfreien Abschnitte) bestimmt, so dass lediglich deren Mittelpunkt bestimmt werden soll. Die vorhandenen Bewegungen führen zwar dazu, dass die ermittelte Position nicht unbedingt in der Mitte des Markers liegt, aber für diese Vorgehensweise ist das auch nicht kritisch, solange der Marker und seine Bewegungsartefakte sich innerhalb des Ausschnittes befinden. Um die Vergleichbarkeit der Ergebnisse zu gewährleisten, wurde auch bei diesem Algorithmus ein $10\,\mathrm{cm} \times 10\,\mathrm{cm} \times 10\,\mathrm{cm}$ großer Ausschnitt verwendet.

Die getesteten Funktionen sind:

$$M_1^{\mathrm{Marker}}(v) = -\sum v(i,j)\,|\,v(i,j) \geq S_1 \tag{7.8}$$

$$M_2^{\mathrm{Marker}}(v) = \frac{\sum v_o(i,j)}{\sum v_u(i,j)} \text{ mit} \tag{7.9}$$

$$v_o(i,j) = v(i,j)\,|\,v(i,j) \geq S_1 \text{ und } v_u(i,j) = v(i,j)\,|\,v(i,j) \leq S_1 \tag{7.10}$$

Dass die Maße zur Bewegungskorrektur angewendet werden können, ist in Abbildung 7.18 anhand der farblich kodierten Maßwerte der simulierten Bewegungen illustriert (analog zu den Tests aus den vorherigen Abschnitten). Oben sind die Querschnitte der M_1^{Marker}- und unten der M_2^{Marker}-Maß dargestellt. In Abhängigkeit von der Stärke der Rotations- (a und c) und Translationsbewegungen (b und d) (jeweils mit drei Bewegungsachsen x, y und z) steigen die Werte beider Maße an. Da Funktionsminima für die Bewegungsparameter, welche der Rekonstruktion ohne Bewegungsartefakte entsprechen, in der Mitte des Volumens liegen, können diese Funktionen zur Bewegungskorrektur verwendet werden.

7.2.3 Ergebnisse

Für die Minimierung der beiden Metriken wurde der in [LRWW98] beschriebene und von Matlab zur Verfügung gestellte Nelder-Mead-Simplex-Algorithmus verwendet. Zwar ist dieser langsamer als das Trust-Region-Gauss-Newton-Verfahren, wurde aber benutzt, da die Funktion nicht als eine Summe der Fehlerquadrate formuliert werden kann. Deshalb ist die Minimierung zeitintensiver als bei der Verwendung der Vorwärtsprojektion eines Referenzvolumens. Es ist möglich auch bei dieser Vorgehensweise einzelne Abschnitte unabhängig von einander zu betrachten und je sechs Bewegungsparameter pro bewegungsfreier Abschnitt zu bestimmen. Bei dieser Vorgehensweise dauerte die Minimierung ca. 10-15 Minuten pro bewegungsfreier

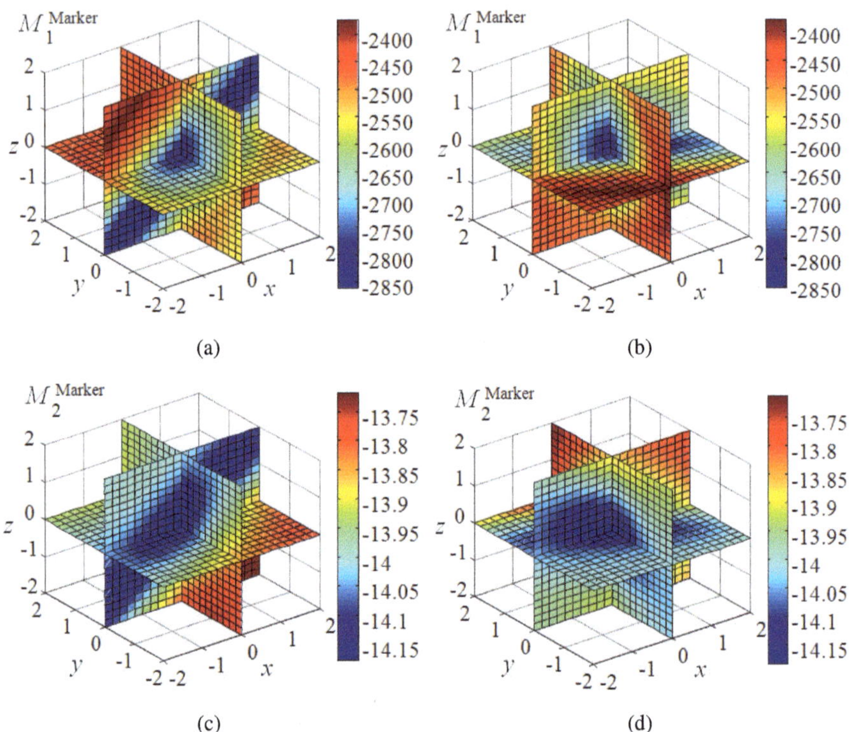

(a) (b)

(c) (d)

Abbildung 7.18: Dargestellt sind die farblich kodierten Werte der M_1^{Marker} (obere Zeile) und M_2^{Marker} (untere Zeile). In der linken Spalte wurden Rotationen um
die Achsen x, y und z mit den Stärken $-2° \leq s \leq 2°$ und in der rechten Spalte
Translationen mit $-2\,\text{mm} \leq s \leq 2\,\text{mm}$ entlang dieser Achsen simuliert.

Abschnitt. Wenn die Bewegungsparameter für alle Abschnitte gleichzeitig ermittelt
werden, dauerte die Bewegungskorrektur ca. 1-2 Stunden.

In den Abbildungen 7.19 und 7.20 sind die Korrekturergebnisse bei Verwendung
des Kreuzkorrelationskoeffizienten und des Maßes M_2^{Marker} dargestellt. Da die durch
Minimierung das Maßes M_1^{Marker} erreichte Korrektur der Korrektur bei Verwendung
des Maßes M_2^{Marker} sehr ähnlich ist, werden lediglich die Ergebnisse eines Maßes
gezeigt. Für die Vergleichbarkeit der Ergebnisse wurden auch hier Bewegungen mit
den Stärken $1°/\text{mm}$ und 10 unterschiedlichen Bewegungsachsen dargestellt. Die
jeweiligen Bewegungsrichtungen sind durch Pfeile verdeutlicht. In der jeweiligen
Spalte links sind die Rekonstruktionen mit den Bewegungsartefakten dargestellt,
wobei in der linken Spalte die Rekonstruktionen mit den Rotations- und in der rechten

Spalte mit den Traslationsbewegungen zu sehen sind. Rechts von der Rekonstruktion mit den Bewegungsartefakten sind die Rekonstruktionen der gleichen Schicht nach der Bewegungskorrektur zu sehen.

Beim Vergleich der dargestellten Ergebnisse mit denen aus Abbildung 7.11 wird es deutlich, dass sowohl durch Verwendung der D^{Korr}-Metrik als auch des M_2^{Marker}-Maßes eine bessere Korrektur erzielt werden kann, als wenn die Vorwärtprojektion eines Metallmarkers verwendet wird. Auch für D^{Korr} wird eine einleitende Anpassung des Referenzvolumens an die Rekonstruktion benötigt. Das Ergebniss der Korrektur hängt auch hier davon ab, wie genau das Referezvolumen zu der Rekonstruktion passt. Da bei den Methoden diesen Abschnittes die Ermittlung der Bewegungparameter direkt anhand der Rekonstruktionen stattfindet, ist es auch nachvollziehbar, dass bei der Verwendung der so ermittelen Parameter eine bessere Rekonstruktion erzielt werden kann, als bei der Verwendung der Parameter, die die Positionen der Projektionen eines Metallmarkers anpassen. Bei manchen Bewegungsarten wurde keine bzw. nicht ausreichende Korrektur erreicht. Der Grund dafür kann sowohl das Erreichen eines lokalen Minimums als auch eine nicht optimale Wahl der Minimierungsparameter (wie die Abbruchkriterien oder Anzahl der Iterationen) sein. Bei der Verwendung der Vorwärtsprojektion kam es in manchen Fällen nach der Anwendung der ermittelten Parameter zu einer Verstärkung der Bewegungsartefakte. Dies war bei den Maßen diesen Abschnittes nicht der Fall. Für alle in den Abbildungen dargestellten Korrekturen konnten bessere Ergebnisse erzielt werden, wenn eine weitere Anpassung der Minimierungsparameter oder der verwendeten Schwellwerte stattfand. Diese werden hier nicht gezeigt, weil vor allem die grundsätzliche Anwendbarkeit der Methoden auch für nicht perfekt passende Parameter wichtig ist.

Auch ohne die Verwendung des Referenzvolumens sind die Ergebnisse der Korrektur besser als bei den Methoden, die auf der Verwendung der Vorwärtsprojektion basieren. Wenn mit M_2^{Marker} und M_1^{Marker} die Bewegungsparameter aller bewegungsfreien Abschnitte ermittelt wurden, war die Güte der Korrekturen sehr vergleichbar. Ein deutlicher Unterschied bestand, wenn jeder bewegungsfreie Abschnitt separat behandelt wurde. In diesem Fall zeigte die M_2^{Marker}-Maß ein deutlich besseres Verhalten: die Parameter wurden schneller ermittelt und es konnte in vielen Fällen eine bessere Korrektur erreicht werden.

7.3 Korrekturen durch Beurteilung der Stärke der Bewegungsartefakte

Mit Hilfe der Methoden des vorherigen Abschnittes können Bewegungsparameter in einer akzeptablen Zeit ermittelt werden, wenn ein Metallmarker vor der Daten-

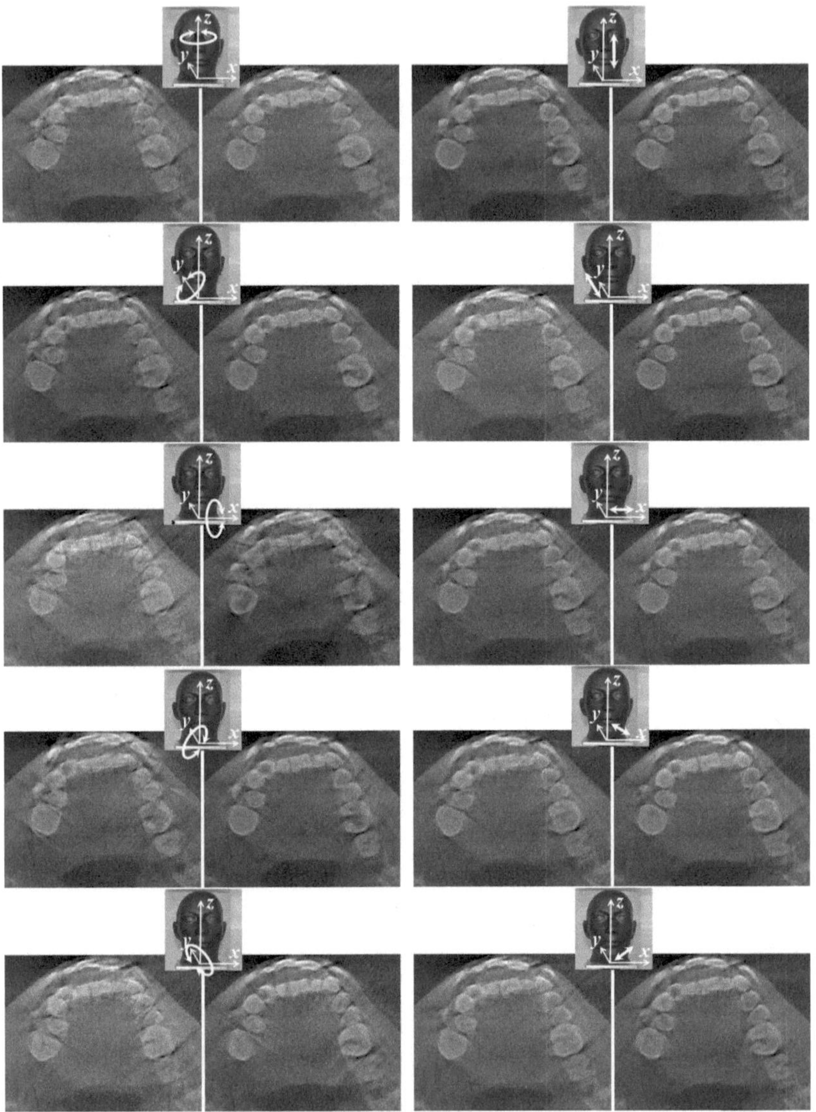

Abbildung 7.19: Dargestellt sind die Ergebnisse der Bewegungskorrektur bei der Verwendung der D^{Korr}-Metrik für fünf Rotations- (linke Spalte) und fünf Translationsbewegungen (rechte Spalte). Für jeden Bewegungstyp sind zu sehen: schematische Darstellung der Bewegungsrichtung, eine Schicht des Volumens ohne Bewegungskorrektur (links) und die gleiche Schicht nach der Korrektur (rechts).

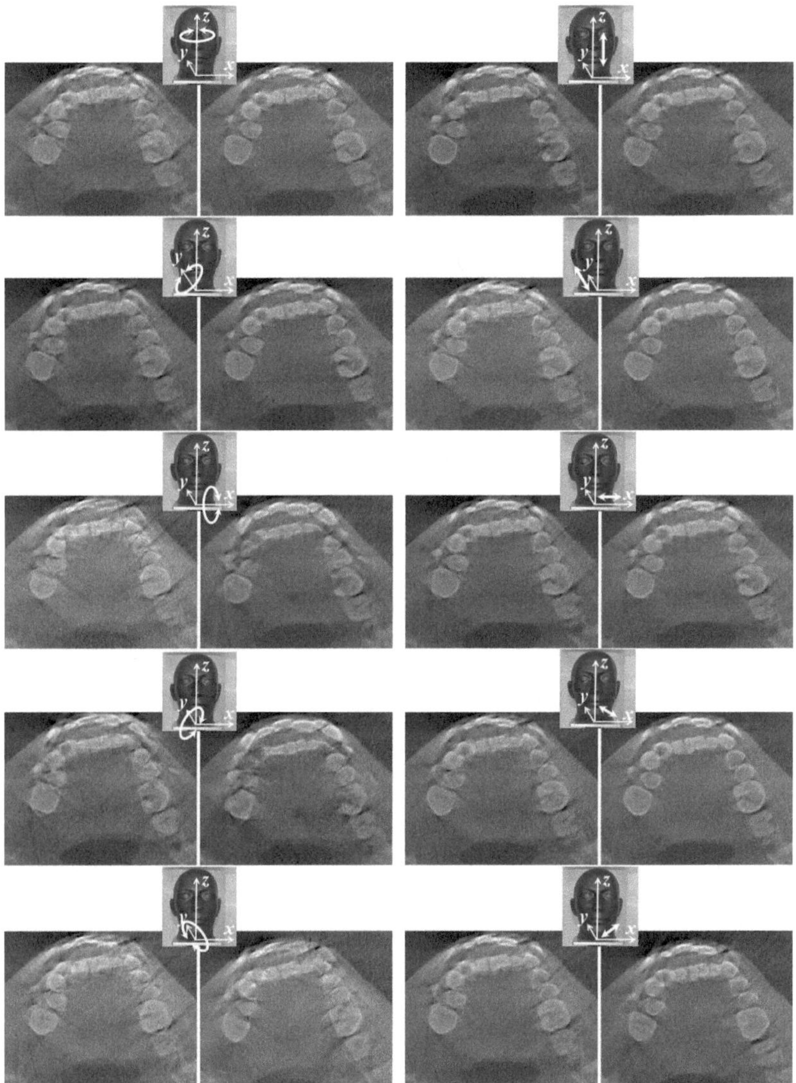

Abbildung 7.20: Korrektur der $1°\,/\,$mm starken Bewegungen durch Verwendung des M_2^{Marker}-Maßes für die zehn unterschiedlichen Bewegungsachsen. In der linken Spalte sind Rotations- und in der rechte Spalte Translationsbewegungen präsentiert. Neben der schematischen Darstellung der Bewegungsrichtung jeder Bewegungsart ist eine Schicht des Volumens ohne Bewegungskorrektur und die gleiche Schicht nach der Korrektur zu sehen.

akquisition an der Haut des Patienten innerhalb des FOV befestigt wurde. Obwohl der zusätzliche Aufwand durch die Anbringung eines Markers minimal ist, wäre eine Methode zur Ermittlung der Bewegungsparameter ohne jegliche Hilfsmittel wünschenswert. Wie bereits beschrieben wurde, kann die Verwendung von Vorwärtsprojektionen vollständiger Projektionen bei einem CT mit dem begrenzten FOV nicht angewendet werden. Da die gemessenen Projektionen die einzigen vorhandenen Daten, die als Referenz verwendet werden können, darstellen, soll eine Bestimmung der Bewegungsparameter ohne Bezug auf jegliche Referenzdaten stattfinden. Die in den nachfolgenden Abschnitten dargestellte Methode basiert auf der Ermittlung der Bewegungsparameter durch eine Minimierung der Anzahl der Bewegungsartefakte in den rekonstruierten Schichten des Objektes.

In der Praxis gibt es meistens keine Möglichkeit, eine CT-Aufnahme des Patienten mit einer entsprechenden CT-Aufnahme des gleichen Patienten, die aber keine Bewegungsartefakte aufweist, zu vergleichen. Das heißt, die Aussage, ob eine Rekonstruktion Bewegungsartefakte enthält und wie stark diese sind, muss anhand einer Rekonstruktion ohne Verwendung von einer Referenz stattfinden. Dafür wurden mehrere referenzlose Maße untersucht. Diese werden im Weiteren abgekürzt als Maße bezeichnet. Die meisten davon sind konstruiert, um Informationen über die Schärfe des Bildes zu geben. Deshalb ist deren Verwendung für die Beurteilung der Bewegungsartefakte nicht direkt übertragbar. In diesem Abschnitt wird untersucht, inwieweit solche Maße für die referenzlose Beurteilung der Bewegungsartefakte verwendet werden können.

Nachdem im nächten Abschnitt die Vorgehensweise für die Ermittlung der Bewegungsparameter vorgestellt wird, werden zuerst mehrere unterschiedliche Maße vorgestellt, die im Rahmen dieser Arbeit auf deren Anwendbarkeit zur Beurteilung der Anzahl und Stärke der Bewegungsartefakte untersucht wurden.

7.3.1 Vorgehensweise

Die Bewegungsparameter können als Minimum einer Funktion Q bestimmt werden, welche die Anzahl der Bewegungsartefakte eines rekonstruierten Volumens widerspiegelt und für eine artefaktfreie Rekonstruktion ein Minimum annimmt. Da der Einfluss einer Projektion auf das rekonstruierte Volumen sehr klein ist, ist auch bei dieser Methode eine Aufteilung in die bewegungsfreien Abschnitte wichtig. Für jeden Abschnitt i wird ein eigener Satz der Bewegungsparameter $m_i = (\alpha_x, \alpha_y, \alpha_z, t_x, t_y, t_z)$, wobei α_x, α_y und α_z Rotations- und t_x, t_y und t_z Translationsparameter bezeichnen, ermittelt. Dies ist auch aus dem Gesichtspunkt der Geschwindigkeit der Minimierung besser, als wenn für jede Projektion eigene Bewegungsparameter betrachtet werden müssen. Wenn mit $r(P_1, \ldots, P_N)$, $r \in \mathbb{R}^3$, das rekonstruierte Volumen bezeichnet wird, bei dessen Bestimmung Projektionsmatrizen von P_1 bis P_N (für N Projektionen) verwendet wurden, kann die zu minimierende Funktion als $Q(m) = Q(r(P_1T(m_1), P_2T(m_1), \ldots, P_iT(m_j), \ldots, P_NT(m_k)))$, $1 \leq i \leq N$, $1 \leq j \leq k$, dargestellt werden. Gesucht sind die Bewegungsparameter $\{m_1, m_2, \ldots, m_k\}$, für die die Funktion Q ein Minimum aufweist. Dabei korreliert der Wert Q mit der Anzahl der Bewegungsartefakte. Die Bewegungsparameter werden bezüglich des gleichen Koordinatensystems ermittelt, bezüglich dessen die Projektionsmatrizen gegeben sind. Entsprechend wird auch hier keine zusätzliche Umrechnung zwischen den Koordinatensystemen benötigt.

Für den Erfolg dieser Vorgehensweise ist entscheidend, dass die verwendete Funktion bzw. das verwendete Maß (referenzlos) bestimmte Eigenschaften wie die Korrelation mit der Anzahl der Bewegungsartefakte und die Glattheit der Funktion aufweist.

7.3.2 Referenzlose Maße

Die meisten in der Literatur beschriebenen Maße werden im Bereich der Bildkompression und Autofokussierung verwendet, wodurch sie auf die Beurteilung der Bildschärfe spezialisiert sind. Da die Bewegungsartefakte, die durch kleine Bewegungen verursacht sind, als Bildunschärfe wahrgenommen werden, wurde untersucht, inwieweit solche Maße für die referenzlose Beurteilung der Bewegungen verwendet werden können. Die Anwendbarkeit eines Maßes für die oben beschriebene Fragestellung wird anhand mehrerer Schichten des Volumens beurteilt, da die Bewegungsartefakte zu den Artefakten verschiedener Stärke in unterschiedlichen Schichten des Volumens führen können. Das heißt für ein Maß $M(v(i, j)) \in \mathbb{R}$, $1 \leq i, j \leq \mathbb{N}$, das eine Aussage über ein Bild bzw. eine Schicht des rekonstruierten Volumens $v(i, j)$ liefert, wird als $Q(r)$ der Mittelwert der Maße der Schichten des Volumens verwendet.

Eine umfangreiche Anzahl an Maße wurde in [MMF$^+$00] vorgestellt. Es wurde untersucht, welche der Maße besser zur Bewegungskorrektur in MR-Aufnahmen geeignet sind. Da sowohl der Bewegunskorrekturschritt, der auf der für MR spezifischen navigatorbasierenden adaptiven Bewegungsdetektion basiert, als auch die Grauwertbilder bei MR und CT sich stark unterscheiden, können die Ergebnisse der Untersuchung nicht übernommen werden. In [MMF$^+$00], wie auch in den meisten Arbeiten, die sich mit Bewegungskorrektur beschäftigen, basierte die Beurteilung der erreichten Bildqualität auf einem visuellen Vergleich der Ergebnisse durch mehrere Testpersonen. Solch eine Evaluierung erlaubt es nicht, eine Aussage über den Zusammenhang zwischen Maßen und Bewegungsartefakten zu treffen. Durch die Simulation von Kopfbewegungen ergibt sich die Möglichkeit einer objektiven Evaluation referenzloser Maße, da die Stärke der Bewegungen in einem Datensatz und damit die Stärke der Bewegungsartefakte in den rekonstruierten Schichtbildern bekannt ist.

Im Folgenden werden mehrere in der Literatur anzutreffenden Maße kurz beschrieben. Dabei gibt es keinen Anspruch auf die Vollständigkeit der Auflistung. Da keine Arbeiten zur referenzlosen Beurteilung der Stärke der Bewegungsartefake in CT-Bildern bekannt sind, wurden die aufgelisteten Maße für andere Anwendungsgebiete konzipiert. Es wäre unmöglich, alle Maße aufzulisten, da es besonders im Bereich Video/Foto-Analyse sehr viele davon gibt. Es werden lediglich die einzelnen Vertreter der anzutreffenden Maße aufgelistet, welche im Kontext CT, MR oder Mikroskopie verwendet wurden und deren Anwendbarkeit hier sinnvoll erscheint.

Kantenbreite: In [MDWE04] wurde ein Maß vorgeschlagen, das nicht die Grauwerte des Bildes oder deren Verteilung, sondern die im Bild vorhandenen Kanten verwendet. Zuerst werden mit Hilfe eines Algorithmus der Kantendetektion, z. B. mit Hilfe des Canny-Detektors, alle Kanten des Bildes bestimmt. Dann wird für jede Zeile des Bildes die Breite aller Kanten als Abstand zwischen zwei Extrema, die nah an einer Bildkante liegen, bestimmt. Bei einem unscharfen Bild sind die Bildkanten verschwommen und weisen deshalb größere Kantenbreiten auf als bei einem scharfen Bild. Als Maß kann die mittlere Kantenbreite dienen. Je schärfer ein Bild ist, desto kleinere Werte liefert ein solches Maß. Bei einer in [OLL$^+$03] vorgeschlagenen Variante dieses Maßes werden die Kanten nicht entlang der Bildzeilen, sondern entlang des Kantengradienten bestimmt und zusätzlich wird für die Bestimmung des Maßes eine exponentielle Funktion verwendet. Diese Funktion beschreibt die Abhängigkeit des menschlichen Wahrnehmens der Bildschärfe vom Kontrast. Die Unschärfe eines Testbildes wurde von mehreren Testpersonen für die verschiedenen Kontraste beurteilt. Die Funktionsparameter werden anhand dieser subjektiven Beurteilung ermittelt. Diese Idee wurde in Arbeiten von R. Ferzli und L. J. Karam weiterentwickelt ([FK06], [FK09]). Die Autoren haben den Algorithmus weiter verfeinert, in dem nicht ein Maß für das komplette Bild bestimmt wird, sondern das Bild in kleinere Blöcke unterteilt wird und für jeden Block ein eigenes Maß mit Berücksichtigung des lokalen Kontrastes bestimmt wird. Die einzelnen Maße werden im Nachhinein zu einem gemeinsamen Maß zusammengefasst.

Summe der Grauwerte: Die Anwendung von Maßen dieser Gruppe auf rekonstruierten CT-, oder auch MR-Bildern basiert auf der Tatsache, dass bei zueinander inkonsistenten Projektionen während des „Rückverschmierens" helle Schleier um die Bildstrukturen entstehen. Das bedeutet, dass mehr helle Bereiche im Bild entstehen und die Summe aller Grauwerte höher wird. Eine ähnliche Situation entsteht, wenn für die Rekonstruktion ein falsches Rotationszentrum verwendet wird. In [DBS06] wurden zwei Maße für die Bestimmung des Rotationszentrums verwendet, gegeben durch

$$M_1^{\text{gws}}(v) = \frac{1}{\iint v_0(x,y)\,dxdy}\iint |v(x,y)|\,dxdy \quad \text{und} \tag{7.11}$$

$$M_2^{\text{gws}}(v) = -\frac{1}{\iint v_0(x,y)\,dxdy}\iint |u[-v(x,y)]\,v(x,y)|\,dxdy, \quad \text{mit} \tag{7.12}$$

$$u(\alpha) = \begin{cases} 1 & : & \alpha \geq 0 \\ 0 & : & \text{sonst} \end{cases} \tag{7.13}$$

Dabei ist $v_0(x,y)$ die entsprechende Rekonstruktion mit korrektem Rotationszentrum. Da bei der Parallelstrahlgeometrie gilt

$$\iint v_0(x,y)\,dxdy = \int p_\gamma(\xi)\,d\xi, \tag{7.14}$$

wobei $p_\gamma(\xi)$ eine der Projektionen der entsprechenden Objektschicht ist, kann $M_1^{\text{gws}}(v)$ und $M_2^{\text{gws}}(v)$ über Aufsummieren der Sinogrammwerte normiert werden. Es wurde gezeigt, dass beide Maße für eine Rekonstruktion mit dem korrekten Rotationszentrum minimale Werte aufweisen. Da die Bewegungsartefakte den Artefakten bei Verwendung eines falschen Rotationszentrums ähneln, sollten diese Maße auch für unsere Aufgabe verwendbar sein. Die Normierung mit $\frac{1}{\iint v_0(i,j)}$ ist bei einer Kegelstrahlgeometrie nicht möglich, da der Strahlenverlauf keine Bestimmung des Wertes $v_0(i,j)$ erlaubt. Eine Annäherung dieses Wertes durch Verwendung der Summe aller Werte des 3D-Sinogramms der Kegelstrahlgeometrie ist wegen des begrenzten FOV nicht möglich. Die weiteren Modifikationen dieser Idee durch Verwendung anderer Normierungen, welche folgendermaßen definiert sind

$$M_3^{\text{gws}}(v) = \frac{1}{\text{mean}(v)}\sum_{i,j}|v(i,j)|, \tag{7.15}$$

$$M_4^{\text{gws}}(v) = \sum_{i,j}\left(\frac{v(i,j)}{\sum_{i,j}v(i,j)}\right)^4 \quad \text{und} \tag{7.16}$$

$$M_5^{\text{gws}}(v) = \sum_{i,j}\left(\frac{v(i,j)}{i\cdot j}\right)^2, \tag{7.17}$$

$$M_6^{\text{gws}}(v) = -\sum_{i,j}\frac{v(i,j)}{\sum_{i,j}v^2(i,j)}\log_2\left(\frac{v(i,j)}{\sum_{i,j}v^2(i,j)}\right) \tag{7.18}$$

wurden in [MMF$^+$00] angewendet.

Autokorrelation: Die Kanten eines unscharfen Bildes sehen verschwommen aus.

Die Korrelation zwischen benachbarten Pixeln ist höher als bei einem scharfen Bild. Dieser Zusammenhang wird bei der Autokorrelationsfunktion abgeleitet. Die Autokorrelationsfunktion verwendet die Wertkombinationen benachbarter Grauwerte in zwei verschiedenen Abständen entlang einer horizontalen und einer vertikalen Achse [Bat00]. Damit nimmt das Maß für scharfe Bilder kleinere Werte an. Die in [MMF$^+$00] getesteten Maße sind folgendermaßen definiert

$$M_1^{\text{autokorr}}(v) = \sum_{i,j} v(i,j)^2 - \sum_{ij} v(i,j)v(i,j+1) \text{ und} \tag{7.19}$$

$$M_2^{\text{autokorr}}(v) = \sum_{i,j} v(i,j)v(i,j+1) - \sum_{i,j} v(i,j)v(i,j+2). \tag{7.20}$$

In [PG94] wurde ein Autokorrelationsmaß als

$$M_3^{\text{autokorr}}(v) = \frac{1}{i \cdot j(i \cdot j - 1)} \left(i \cdot j \sum_{i,j} v(i,j)v(i+1,j) - \left(\sum_{i,j} v(i,j) \right)^2 \right) \tag{7.21}$$

definiert.

Grauwertverteilung: Vor allem die Varianz aller im Bild vorhandenen Grauwerte wird am häufigsten als ein Maß der Schärfe der Bilder verwendet. Ein scharfes Bild besitzt in der Regel eine größere Varianz der Grauwerte, da das Bild meistens hellere und dunklere Bereiche aufweist. Wenn aber ein Bild unscharf ist, sind die Kanten breiter und weisen viele Werte auf, die zwischen den beiden Kantenfarben liegen. Dies führt dazu, dass mehr Grauwerte in der Nähe des Mittelwertes liegen und die Varianz und damit auch Standardabweichung solcher Bilder entsprechend kleiner ist. Mehrere Maße sind darauf ausgerichtet, diese Abhängigkeit auszunutzen. Deshalb wird mit den weiter beschriebenen Maßen beurteilt, wie stark die Grauwerte um den Mittelwert konzentriert sind und wie breit die Verteilung ist.

Für jeden der M vorhandenen Grauwerte W_i, $1 \leq i \leq M$ wird die Wahrscheinlichkeit $p(W_i) = \frac{M_i}{N}$ bestimmt. Dabei bezeichnet M_i wie häufig der Grauwert W_i im Bild vorkommt und N die gesamte Pixelanzahl des Bildes. Diese Wahrscheinlichkeiten für alle Grauwerte W_i, $1 \leq i \leq M$ bilden ein Histogramm

$$H(i) = p(W_i), \, 1 \leq i \leq M. \tag{7.22}$$

Eine Verwendung von einzelnen Schichten des Volumens unabhängig zu einander ist in diesem Fall nicht nötig. Für das gesamte rekonstruierte Volumen wird ein Histogramm erstellt. Da die Anzahl unterschiedlicher Grauwerte des rekonstruierten Volumens sehr groß ist, werden diese in M_b diskrete Intervalle (bins) aufgeteilt. Das Histogramm besteht in diesem Fall aus den Häufigkeiten der Intensitätswerte in M_b

Intervallen:

$$H(k) = p(b_k),\ 1 \le k \le M_b. \tag{7.23}$$

Informationen über die Grauwertverteilung, die in Relation zur Schärfe des Bildes steht, können dem Histogramm durch Bestimmung verschiedener statistischen Parameter entnommen werden [MMF$^+$00]. Die folgenden Parameter haben eine Aussagekraft über die Verteilung:

Mittelwert

$$M_1^{\mathrm{h}}(v) = \bar{b} = \sum_{k=1}^{M} b_k H(k), \tag{7.24}$$

Standardabweichung

$$M_2^{\mathrm{h}}(v) = \sigma = \sqrt{\sum_{k=1}^{M} \left(b_k - \bar{b}\right)^2}, \tag{7.25}$$

Schiefe der Verteilung

$$M_3^{\mathrm{h}}(v) = \frac{1}{\sigma^3} \sum_{k=1}^{M} \left(b_k - \bar{b}\right)^3 H(k), \tag{7.26}$$

Wölbung

$$M_4^{\mathrm{h}}(v) = \frac{1}{\sigma^4} \sum_{k=1}^{M} \left(b_k - \bar{b}\right)^4 H(k) \text{ und} \tag{7.27}$$

Energie

$$M_5^{\mathrm{h}}(v) = \sum_{k=1}^{M} \left(H(k)\right)^2. \tag{7.28}$$

Histogramm-Schwelle-Maß: Das Histogramm-Schwelle-Maß wurde in [FCTP91] als eine gewichtete Summe der Histogrammwerte $H(k)$ definiert. Dabei sollen nur die Werte beachtet werden, die über einem Schwellwert T liegen. Als Schwellwert wird typischerweise ein Wert in der Nähe des mittleren Grauwertes des Bildes verwendet. Als Gewichtung dienen die Grauwerte selber.

$$M_6^{\mathrm{h}}(v) = \sum_{k=1}^{M} b_k H(k)\,|\,b_k \ge T\,. \tag{7.29}$$

Entropie: Die Beurteilung der durch falsche Rotationszentren entstandenen Bildartefakten mit Hilfe von Bildentropie wurde in [DBS06] beschrieben. Für dieses Maß gibt es, im Gegensatz zum Maß 7.11, keinen formalen Beweis, dass das Maß bei der richtigen Wahl des Rotationszentrums ein Minimum aufweist. Trotzdem kann die

Verwendung von Bildentropie durch folgende Überlegungen begründet werden: die Bildartefakte, die meistens für den Fall der CT-Rekonstruktionen als neue Strukturen, Kanten oder helle Grauwertschleier erscheinen, stellen eine zusätzliche Information dar. Entropie ist ein Maß der im Bild enthaltenen Informationen und wird durch

$$M_7^{\mathrm{h}}(v) = -\sum_{k=1}^{M} p(b_k) \log_2\left(p\left(b_k\right)\right) = -\sum_{k=1}^{M} H(k) \log_2\left(H(k)\right) \qquad (7.30)$$

bestimmt.

Frequenz-Schwelle-Maß: Die Existenz vieler steilen Kanten in einem Bild äußert sich im Frequenzbereich durch das Vorhandensein hoher Frequenzen. Aus diesem Grund kann auch die Anzahl der hohen Frequenzen eines Bildes als ein Maß der Schärfe verwendet werden. Dafür werden im Frequenzbereich alle Frequenzen, die größer als eine Schwelle sind, aufsummiert [FCTP91]. Der Schwellwert muss experimentell bestimmt werden und liegt meistens im Bereich $[\pi/4, \pi/2]$. Je schärfer ein Bild ist, desto mehr hohe Frequenzen weist sein Spektrum auf und entsprechend größere Werte nimmt das frequenzbasierte Maß an. Bei der Wahl des Schwellwertes T muss je nach Anwendung ein Kompromiss zwischen der Anzahl der detektierten Kanten und der Rauschempfindlichkeit gefunden werden. Je höher die Schwelle ist, desto mehr Kanten fließen in die Berechnung ein, wobei sich jedoch der Einfluss des Rauschens erhöht.

In [ST05] wurde ein Maß beschrieben, das ein Verhältnis zwischen den hohen Frequenzen (Ergebnisse nach der Anwendung eines Hochpassfilters) und Frequenzen eines bestimmten Bereiches (nach der Anwendung eines Bandpassfilters) als Schärfemaß verwendet. Je schärfer ein Bild ist, desto mehr hochfrequente Anteile enthält das Bild und entsprechend höher ist das Verhältnis zu den mittelstarken Frequenzen. Laut [ZVPL03] kann auch eine Wölbung der Frequenzverteilung als Maß der Bildschärfe dienen.

Nicht nur die Fouriertransformation sondern auch die diskrete Cosinus-Transformation oder die diskrete Wavelet-Transformation werden bei der Bestimmung der Bildschärfe verwendet. Genaueres über solche Maße kann [MMZ99] und [FK05] entnommen werden.

Bildgradient: Manche der oben beschriebenen Maße werden für die Bestimmung der Bildschärfe an die Gradientenbilder statt Intensitätsbilder angewendet. Vor allem die Maße aus der Kategorie „Summe der Grauwerte" mit unterschiedlichen Normierungen und Filter für die Bestimmung des Gradientenbildes, sind in der Literatur oft anzutreffen. Die Verwendung von Summen der Gradienten für die Beurteilung der Bildschärfe basiert auf folgender Überlegung: Ein scharfes Bild weist steile Kanten auf, welche im Gradientenbild hohen Werte aufweisen. Bei den weniger scharfen Bildern sind die Kanten flacher und die Gradienten sind entsprechend

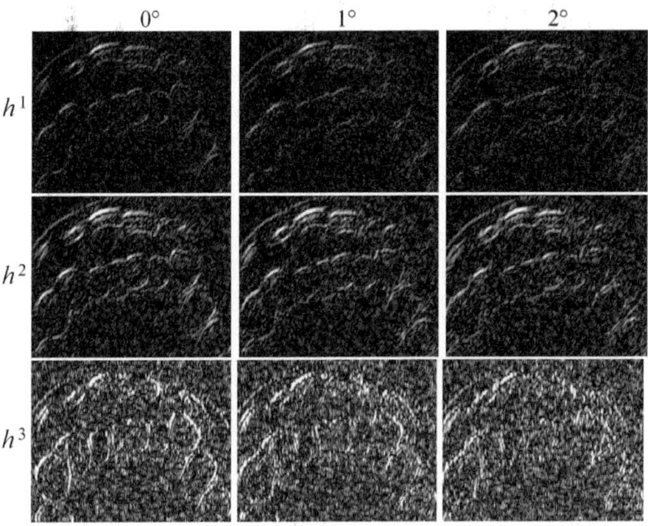

Abbildung 7.21: Gradienten einer rekonstruierten Schicht, bestimmt durch Verwendung des gleichen Filters mit unterschiedlicher Anzahl der Bewegungsartefakte, sind in einer Zeile dargestellt: links ohne Artefakte im Bild, in der Mitte und rechts mit den Bewegungsartefakten. Die Stärke der jeweiligen Bewegung ist oberhalb des Bildes dargestellt. Es handelt sich dabei um Rotationen um die vertikale Achse des Phantomkopfes. In den verschiedenen Zeilen sind die Ergebnisse unterschiedlicher Filter bei der Erstellung der Gradienten zu sehen.

kleiner. In Abbildung 7.21 sind Gradientenbilder einer Schicht des Volumens dargestellt. Für die Erstellung dieser Gradientenbilder wurden in der oberen Zeile Filter $h^1 = [\,1,\,-1]$, in der mittleren Zeile Filter $h^2 = [\,1,\,0,\,-1]$, und in der unteren Zeile Filter $h^3 = [\,-1,\,2,\,-1]$ verwendet. Die Gradientenbilder der linken Spalte sind frei von Bewegungsartefakten. Das entsprechende Intensitätsbild ist in Abb. 7.23 (Mitte) zu sehen. Die restlichen Gradientenbilder der Abbildung 7.21 entsprechen den Rekonstruktionen mit den Bewegungsartefakten, welche durch 1°-Rotation (mittlere Spalte) und 2°-Rotation (rechte Spalte) um die vertikale Achse des Phantoms entstanden sind. Das Intensitätsbild, das den in der rechten Spalte dargestellten Gradienten entspricht, ist ebenfalls in Abb. 7.23 zu sehen. Für alle Gradientenbilder wurde die gleiche Fensterung gewählt: Der Bereich zwischen minimalem und maximalem Wert des Gradientenbildes ohne Bewegungsartefakte, bei dessen Bestimmung der Filter h^1 verwendet wurde (Abbildung 7.21 oben links).

Es ist besonders anhand der rechten Hälften der Bilder deutlich, dass die Kanten bei Rekonstruktionen mit Bewegung kleiner sind. Bei den oberen zwei Zeilen weisen die Gradienten der Rekonstruktionen rechts verdoppelte Kanten an den Grenzen der Zähne auf, welche aber deutlich kürzer und dunkler als die ursprünglichen Kanten sind. Bei der Verwendung des h^3-Filters (untere Zeile) sind bei der Rekonstruktion mit der $2°$ Bewegung keine Kanten an der rechter Seite des Gradientenbildes zu erkennen.

In [MMF$^+$00] und [PG94] sind die Maße M_3^{gws}, M_4^{gws}, M_6^{gws} und M_3^{autokorr} mit den Filtern h^1, h^2 und h^3 aufgelistet. Auch die Filter $h^4 = \begin{bmatrix} -1 & -2 & -1 \\ -2 & 12 & -2 \\ -1 & -2 & -1 \end{bmatrix}$,

$h^5 = \begin{bmatrix} 0 & -1 & 0 \\ -1 & 4 & -1 \\ 0 & -1 & 0 \end{bmatrix}$ und $h^6 = \begin{bmatrix} -1 & 0 & 1 \\ -2 & 0 & 2 \\ -1 & 0 & 1 \end{bmatrix}$ sind im Zusammenhang mit der Verwendung der Gradientenbilder zur Bestimmung der Bildschärfe in der Literatur zu finden.

Die frequenzbasierten und bildgradientbasierten Maße verwenden die gleiche Information, die aber auf unterschiedliche Weise erfasst wird. Deshalb wurden in dieser Arbeit, angelehnt an das Frequenz-Schwelle-Maß, zusätzlich die Maße

$$M^{hp}(v) = \sum g(i,j) \mid g(i,j) \geq S \quad \text{und} \tag{7.31}$$

$$M^{bp}(v) = \sum g(i,j) \mid S_l \leq g(i,j) \leq S_r \tag{7.32}$$

getestet, wobei S, S_l und S_r die vordefinierten Schwellwerte sind.

7.3.3 Ergebnisse

Die Verwendbarkeit der Maße wird zuerst an den Rekonstruktionen erprobt, dessen Artefakte durch Bewegungen mit der gleichen Bewegungsachse aber unterschiedlichen Stärken und unterschiedlichen Bewegungslängen verursacht sind. Dabei werden, analog zum vorherigen Abschnitt, rekonstruierte Schichten verwendet, bei deren Erstellung Bewegungen mit unterschiedlicher Stärke und Länge aber gleichen Typs simuliert wurden (aus den vorhandenen Projektionen zusammengestellt). Es werden Translations- und Rotationsbewegungen mit je fünf Bewegungsachsen (Abschnitt 5.2) getestet. Die Rekonstruktion wird durch die voxelbasierte Methode durchgeführt. Der verwendete Ausschnitt besteht aus 50 Schichtbildern, welche die gleiche Größe wie die in Abbildung 8.1.2(4) dargestellten Rekonstruktionen aufweisen und Rekonstruktion der Zähne des Phantoms enthält. Die Maße, deren Werte für diesen einfacheren Fall nicht mit der Stärke und Länge der Bewegung korrelieren, werden nicht weiter betrachtet. Die Maße, die für diesen einfacheren Fall gute Ergebnisse

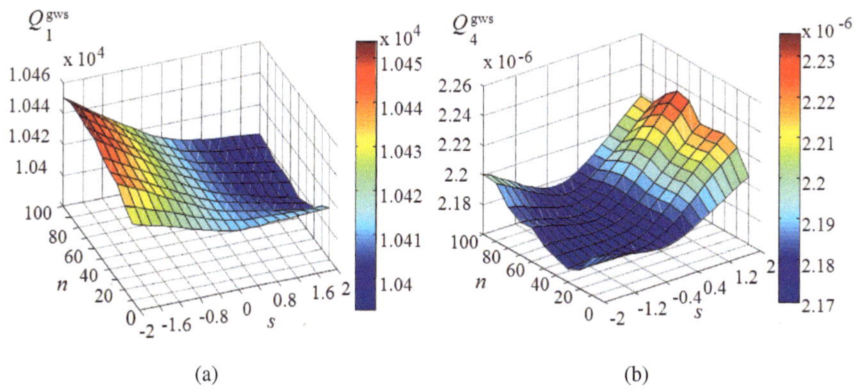

Abbildung 7.22: Q_1^{gws} (in a) und Q_4^{gws} (in b) sind für die Rotationen um die vertikale Achse dargestellt. Die n-Achse entspricht der Länge der simulierten Bewegung, gegeben in Anzahl der Projektionen, und die s-Achse entspricht der Bewegungsstärke, welche hier zwischen -2° und 2° liegt.

zeigen, werden im nächsten Schritt auf den Rekonstruktionen mit gleichzeitiger Anwendung unterschiedlicher Bewegungstypen getestet.

Die Verwendung der Kantenbreiten eines Bildes für die Beurteilung dessen Schärfe bzw. der Stärke der Bewegungsartefakte hat sich nicht bewährt. In [KKEB11] wurden zwar Beispiele gezeigt, bei welchen das Maß aus [FK09] mit der Anzahl der Bewegungsartefakte in Dental-CT-Rekonstruktionen korreliert, die Anwendung dieses Maßes an den Daten mit 10 unterschiedlichen Bewegungstypen (aus Abschnitt 5.2) hat aber keine ausreichende Zuverlässigkeit der Ergebnisse gezeigt. Auch die Autokorrelationsfunktionen haben sich als nicht anwendbar für die Beurteilung der Stärke der Bewegungsartefakte herausgestellt. Der Verlauf der Funktionen M_1^{autokorr}, M_2^{autokorr} und M_3^{autokorr} ähnelt dem der Q_1^{gws} (Abbildung 7.22 a). Dass die Autokorrelation bei starken und langen Bewegungen nicht das gewünschte Verhalten aufweist, kann dadurch erklärt werden, dass diese Bewegungen eher zur Verdopplung der Strukturen und nicht zur Unschärfe, wie das bei kleinen Bewegungen (bis ca. 0.5° oder 1 mm.) der Fall ist, führen. Aber auch kleine und kurze Bewegungen, welche visuell als Unschärfe wahrgenommen werden können, werden durch Autokorrelationsfunktionen nicht widerspiegelt.

Besser sind die Ergebnisse bei der Verwendung des Maßes M_4^{gws}, welches auf einer Aufsummierung der Grauwerte basiert. Die Maße M_1^{gws}, M_1^{gws} und M_3^{gws} ohne Normierung mit $\frac{1}{\iint v_0(i,j)dxdy}$ und M_5^{gws}, M_6^{gws} weisen dagegen nicht das gewünschte

Verhalten auf. In Abbildung 7.22 (a) ist als Beispiel der Verlauf der Q_1^{gws} Funktion dargestellt, welcher der Mittelwert der M_1^{gws}-Werte aller verwendeten Schichten ist. Wenn die einzelnen $v(i, j)$-Werte mit der Summe aller Werte (wie in M_4^{gws}) oder mit dem Mittelwert aller Werte einer rekonstruierten Schicht normiert werden, fallen Funktionswerte bei stärkeren und längeren Bewegungen ab. Damit zeigt sich ein Verhalten, das dem gewünschten invers ist. Bei der Ermittlung der Bewegungsparameter durch Minimieren soll also die Funktion

$$Q_4^{\mathrm{gws}} = \frac{1}{L} \sum_l \frac{1}{M_4^{\mathrm{gws}}(v_l)}, \; 1 \leq l \leq L, \, L \in \mathbb{N} \tag{7.33}$$

verwendet werden, wobei mit L die Anzahl der verwendeten Schichten des rekonstruierten Volumens bezeichnet wird. In 7.22 (b) ist das Maß Q_4^{gws} für die Rotationen um die vertikale Achse dargestellt. Zwar weist die Funktion tendenziell den benötigten Verlauf auf, ihr Minimum erreicht sie aber bei einer 30 Projektionen langen Rotation von $-0.4°$, statt dem benötigten Minimum in $s = 0°$ und $n = 10$.

Die Funktion Q_4^{gws} wies (auch nach der Normierung durch den Mittelwert) in neun von zehn getesteten Bewegungstypen ein Minimum für die Bewegungsparameter $-0.4 \leq s \leq 0.4$ auf. Nur bei der Translation entlang der vertikalen Achse lag das Minimum mit $s = -0.6\,\mathrm{mm}$ weit von der gewünschten Position entfernt. Im rekonstruierten Volumen mit $-0.6\,\mathrm{mm}$ Bewegung für 100 Projektionen sind allerdings keine deutlichen Bewegungsartefakte sichtbar. Durch die Art der Bewegung findet lediglich eine Überlagerung der benachbarten Schichten statt. Es entstehen keine für die Bewegungsartefakte typischen hellen Schleier. Deshalb ist es nachvollziehbar, dass die Funktionen, die auf der Erfassung solcher Schleier basieren, in diesem Fall an einer falschen Stelle ein Minimum aufweisen können. Das Maß Q_4^{gws} korreliert allerdings nicht mit der Länge der Bewegungen. In den meisten Fällen lag das Funktionsminimum bei $80 \leq n \leq 100$.

Obwohl visuell keine deutliche Veränderung der Form der Histogramme festgestellt werden konnte, zeigten alle Maße außer M_1^{h} das gewünschte Verhalten, wenn $M_b = 50$ bei der Bestimmung des Histogramms verwendet wurde. In Abbildung 7.23 sind drei Schichten des Volumens dargestellt, wobei $-2°$- und $+2°$-Rotationen (links bzw. rechts) um die vertikale Achse an drei Stellen der Akquisition simuliert wurden. Es wurde das Standardszenario aus den vorherigen Abschnitten (detailliert beschrieben im Abschnitt 6.1) verwendet. Zum Vergleich ist in der Mitte die gleiche Schicht ohne Bewegungsartefakte dargestellt. Unter jedem Bild ist das entsprechende Histogramm mit Verwendung von $M_b = 50$ zu sehen. Obwohl in den links und rechts dargestellten Rekonstruktionen die Bewegungsartefakte deutlich sichtbar sind, ist kein deutlicher Unterschied zu dem Histogramm des artefaktefreien Bildes erkennbar. Wenn bei der Bestimmung des Histogramms $M_b = 250$ verwendet wird, weisen nur Schiefe und Wölbung des Histogramms das gewünschte Verhalten auf. Die letzteren

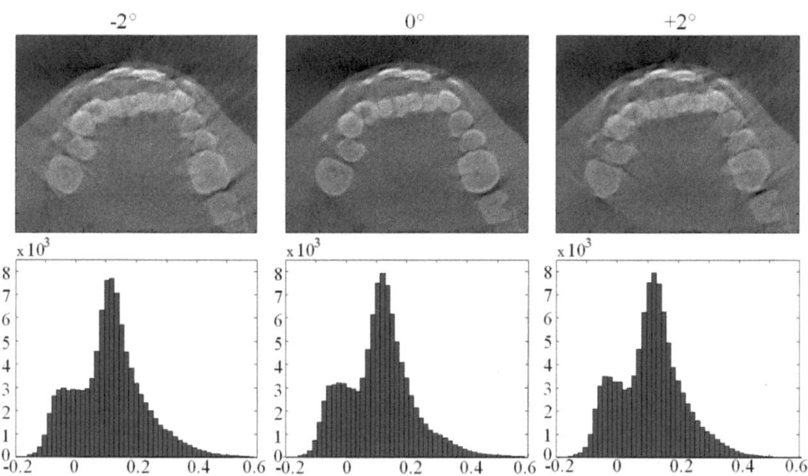

Abbildung 7.23: Für die Rotation um die vertikale Achse sind Rekonstruktionen einer Schicht des Volumens und die dazugehörigen Histogramme dargestellt. In der Mitte sind Rekonstruktion und Histogramm einer bewegungsfreien Akquisition zu sehen. Bei den Akquisitionen links und rechts befindet sich das Kopfphantom in der Hälfte der Projektionen in der Ausgangsposition und in der anderen Hälfte der Projektionen um $-2°$ (links) bzw. $+2°$ (rechts) gedreht.

reagieren somit nicht empfindlich auf die Wahl des Parameters M_b und es kann folglich davon ausgegangen werden, dass sie robuster sind, als die restlichen histogrammbasierten Maße. Die Maße M_3^h und M_4^h sollen im Weiteren genauer getestet werden. Da Maße dieser Gruppe für die Rekonstruktionen mit wenigen Artefakten höhere Werte als bei den Rekonstruktionen mit vielen Artefakten aufweisen, sollte bei der Minimierung $Q_3^h(g) = \frac{1}{M_3^h(g)}$ oder $Q_4^h(g) = \frac{1}{M_4^h(g)}$ verwendet werden. Für alle getesteten Bewegungstypen lag das Minimum der Funktionen Q_3^h und Q_4^h zwischen $-0.2°/\mathrm{mm}$ und $0.2°/\mathrm{mm}$. Allerdings zeigten auch diese Maße keine Abhängigkeit von der Länge der Bewegungen. In den meisten Fällen lag das Funktionsminimum bei $n = 100$. In Abbildung 7.24 ist das Maß Q_4^h für die Rotationen um die vertikale Achse dargestellt. Das Funktionsminimum liegt bei der $0.2°$-Rotation und 100 Projektionen Bewegungslänge.

Bei der Anwendung des M_6^h-Maßes (Histogramm-Schwelle-Maß) hängt das Ergebnis von der Wahl des Schwellwertes ab, wie anhand der Abbildung 7.25 deutlich zu sehen ist. Hier wurden Rotationen des Kopfphantomes um die vertikale Achse betrachtet. Für das Volumen ohne Bewegungsartefakte wurde ein mittlerer Grauwert ermittelt. Ausgehend von diesem wurden verschiedene Schwellwerte festge-

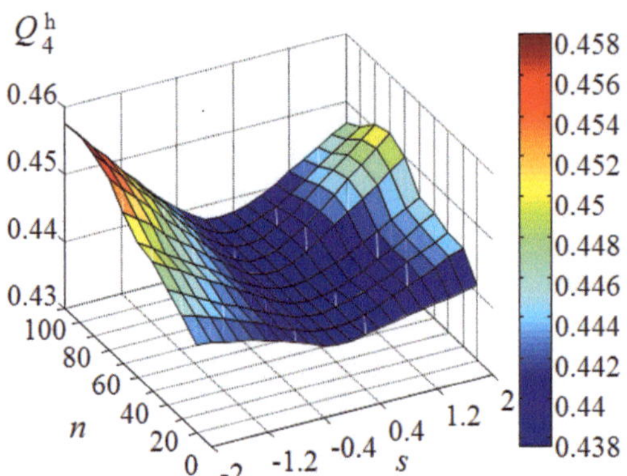

Abbildung 7.24: Die Funktion Q_4^{h} ist für die Rotationen um die vertikale Achse mit Bewegungsstärke s (in Grad) und n Projektionen Bewegungslänge dargestellt.

legt. Bei der Verwendung der Schwellwerte, die größer als der mittlere Grauwert sind, konnte das gewünschte Verhalten des Maßes erzielt werden. Die Verläufe des Histogramm-Schwelle-Maßes waren insgesamt aber schlechter als bei der Verwendung der Funktionen Q_3^{h} und Q_4^{h}. Nur bei zwei von zehn Bewegungstypen lag das Funktionsminimum zwischen $-0.4°\,/\,\mathrm{mm}$ und $+0.4°\,/\,\mathrm{mm}$.

Ähnliche Ergebnisse zeigte die Verwendung der Bildentropie. Bei vier von zehn getesteten Bewegungsarten lag das Funktionsminimum bei $-0.4°\,/\,\mathrm{mm} \leq s \leq 0.4°\,/\,\mathrm{mm}$. In Abbildung 7.26 ist die Entropie für Translationen entlang vertikaler Achse dargestellt. Das Minimum dieser Funktion liegt bei $s = -2\,\mathrm{mm}$ und $n = 90$. Obwohl die Bewegungsartefakte in den entsprechenden Rekonstruktionen deutlich sichtbar sind, weist die Entropie in diesem Fall kleinere Werte auf als bei den artefaktfreien Schichtbildern.

Für das Frequenz-Schwelle-Maß konnte kein Schwellwert bestimmt werden bei dessen Verwendung die Maßwerte mit der Bewegungsstärke und der Bewegungslänge korrelierten. Weder aus der visuellen Beurteilung der Spektren noch aus deren Histogrammen konnte ein Rückschluss auf die benötigte Schwelle gezogen werden.

Es wurden alle vorher dargestellten Maße mit unterschiedlichen Gradientenfilter getestet. In der Tabelle 7.1 sind die Ergebnisse der Auswertung der besten Maße für die sechs verwendeten Filter dargestellt. Die dargestellten Zahlen entsprechen der Anzahl solcher Bewegungstypen, bei welchen Maßwerte mit der Stärke der Bewegungsartefakte (über Bewegungslänge und -stärke gegeben) korrelieren. Bei den Maßen, welche ein inverses Verhalten zu dem gewünschten aufweisen (wie oben für M_4^{gws}) und damit ein Maximum für eine bewegungsartefaktefreie Rekonstruktion erreichen, werden stattdessen $-M$ Werte verwendet. Insgesamt wurden zehn

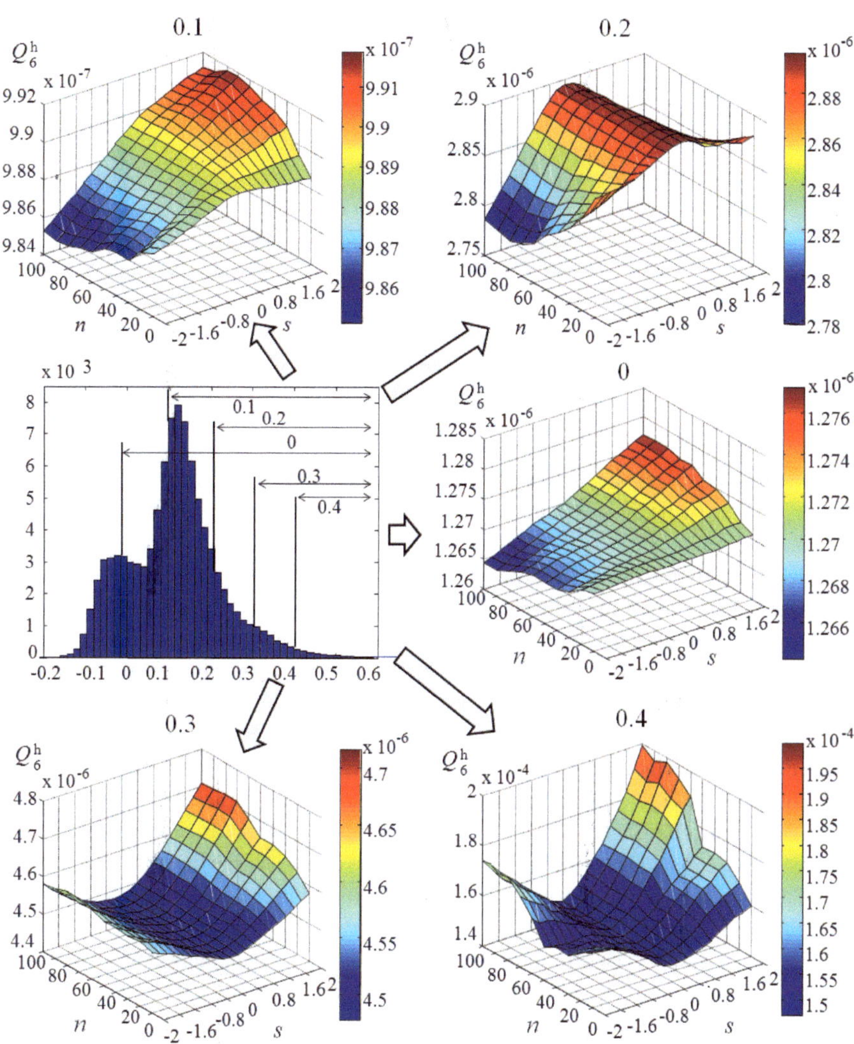

Abbildung 7.25: In der Mitte links ist das Histogramm des artefaktfreien Volumens zu sehen. Die restlichen Bilder zeigen die Verläufe der M_6^{h} für die Rotationen um die vertikale Achse. Die dabei verwendeten Schwellwerte sind oberhalb des Plots angegeben und im Histogramm durch vertikale Linien verdeutlicht.

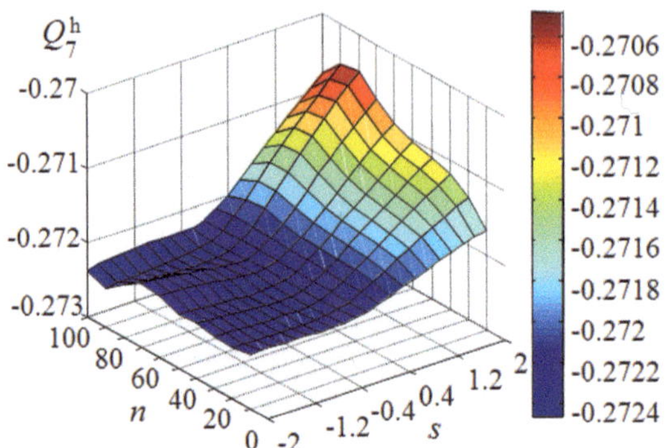

Abbildung 7.26: Q_7^h für die Translationen entlang der vertikalen Achse mit Bewegungsstärke s (in Grad) und n Projektionen Bewegungslänge dargestellt.

Bewegungstypen getestet (5.2). Die Maße, die ein Minimum für $-0.2 \leq s \leq 0.2$ und $n \leq 40$ aufweisen, werden zuerst als für die Bewegungskorrektur anwendbar eingestuft.

Alle Maße zeigen bei der Bestimmung der Gradientenbilder mit Hilfe von Filter h^6 bessere Ergebnisse als bei der Verwendung anderer Filter. Aus diesem Grund wird dieser Filter im Weiteren für die Bestimmung der Gradientenbilder angewendet. Für die in der Tabelle dargestellten Ergebnisse der Verwendung des Maßes $M_6^h(g)$ (Histogramm-Schwelle-Maß) wurde keine Anpassung der Schwellwerte durchgeführt. Der Schwellwert wurde so gewählt, dass dieser im Histogramm an einer der Schwelle 0.3 des Histogramms aus Abbildung 7.25 ähnlichen Stelle liegt.

Es hat sich gezeigt, dass auch bei der Verwendung von Gradientenbilder die getesteten Maße empfindlicher auf die Änderung der Bewegungsstärke reagieren als auf die der Bewegungslänge. Wenn z. B. nur die Bewegungsstärke berücksichtigt wird, liegt das Minimum der Maße $M_1^h(g)$ bis $M_7^h(g)$ mit h^6-Filter für alle Bewegungstypen zwischen $-0.2°/\text{mm}$ und $0.2°/\text{mm}$.

Durch eine visuelle Beurteilung der Gradientbilder kann anhand eines rekonstruierten Volumens ohne Bewegungsartefakte festgelegt werden, welche Werte den scharfen Kanten entsprechen. Die oberen Schwellwerte S und S_r sollen unterhalb der so ermittelten Werten liegen. Auch die Festlegung des unteren Schwellwertes S_l kann durch visuelle Prüfung der Gradientenbilder erfolgen. Auf diese Weise können solche Schwellwerte bestimmt werden, bei deren Verwendung maximal viele Bewegungsartefakte erfasst werden, aber weder die Objektkanten noch das Rauschen das Maß beeinflussen.

Es konnte kein Schwellwert für M^{hp} bestimmt werden, bei dessen Verwendung die Maßwerte mit der Anzahl der Bewegungsartefakte korrelierten. Im Gegensatz

Tabelle 7.1: Für insgesamt zehn Bewegungtypen ist die Anzahl solcher Bewegungstypen, bei welchen Maßwerte mit der Stärke der Bewegungsartefakte korrelieren, für unterschiedliche referenzfreie Maße und sechs Gradientfilter h^1 bis h^6 aufgelistet.

Maß	h^1	h^2	h^3	h^4	h^5	h^6
$M_4^{\text{gws}}(g)$	7	5	2	2	2	10
$M_6^{\text{gws}}(g)$	6	5	2	3	2	9
$M_3^{\text{autokorr}}(g)$	4	2	6	3	6	9
$M_2^{\text{h}}(g)$	7	6	2	5	2	9
$M_3^{\text{h}}(g)$	7	7	2	1	2	8
$M_4^{\text{h}}(g)$	5	7	1	1	1	8
$M_5^{\text{h}}(g)$	7	6	2	5	2	9
$M_6^{\text{h}}(g)$	2	3	2	2	3	8
$M_7^{\text{h}}(g)$	4	3	1	1	1	9

dazu konnten Bewegungsartefakte gut mit Hilfe das Maßes M^{bp} erfasst werden. Für alle getesteten 10 Bewegungstypen korrelierten seine Werte mit der Stärke der Bewegungsartefakte. In [EKB10] wurde von ähnlich guten Ergebnissen für die Verwendung des Maßes M^{bp}, die Bandpass genannt wird, für die Beurteilung von Bewegungs- aber auch Metallartefakten berichtet.

Eine Anwendung aller Maße aus der Tabelle 7.1 für die Rekonstruktionen mit simulierten Bewegungen hat gezeigt, dass Maße, deren Beurteilung anhand der Form der Verteilung (Histogramm) der Gradienten erfolgt, trotz der guten Ergebnisse im vorherigen Test mit Bewegungen gleicher Art zur Beurteilung der Anzahl der Bewegungsartefakte nicht geeignet sind. Als Beispiel ist das Maß $M_5^{\text{h}}(g)$ in Abbildung 7.27 (a) dargestellt. Ausgehend von einem Datensatz ohne Bewegungsartefakte wurden für 15 Projektionen Rotationsbewegungen um die drei Koordinatenachsen (x-, y- und z-Achse) simuliert. Es wurden Rotationen mit $-2° \leq s \leq 2°$ Bewegungsstärken angewendet. Funktion $M_5^{\text{h}}(g)$ weist ein Minimum für die Rotationen von $-0.8°$ um die x-, $-1.2°$ um die y- und $1.4°$ um die z-Achse auf. Im Gegensatz zu den histogrammbasierten Maßen zeigten die Maße $M_4^{\text{gws}}(g)$, $M_3^{\text{autokorr}}(g)$ und M^{bp} das gewünschte Verhalten. Alle drei Maße weisen für $(0, 0, 0)$ ein Minimum auf. In

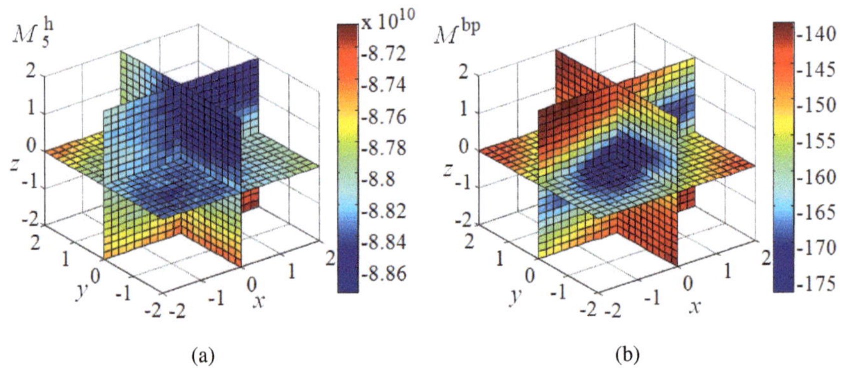

Abbildung 7.27: Farblich kodierte Werte der Maße $M_5^h(g)$ (in a) und M^{bp} (in b) für eine Akquisition mit simulierten Rotationen um die x-, y- und z-Achse.

7.27 (b) sind die farblich kodierten Werte des M^{bp}-Maßes zu sehen. Die gleichen Ergebnisse zeigte die Anwendung der Translationsbewegungen.

Alle drei Maße $M_4^{gws}(g)$, $M_3^{autokorr}(g)$ und M^{bp} zeigen bei den vorherigen Tests gleich gute Ergebnisse. Bei der Bewegungskorrektur durch Minimierung der Maße

$$Q^{gws} = -\frac{1}{L}\sum_l M_4^{gws}(g_l),\ 1 \leq l \leq L,\ L \in N \tag{7.34}$$

$$Q^{autokorr} = -\frac{1}{L}\sum_l M_3^{autokorr}(g_l),\ 1 \leq l \leq L,\ L \in N \tag{7.35}$$

$$Q^{bp} = \frac{1}{L}\sum_l M^{bp}(g_l),\ 1 \leq l \leq L,\ L \in N, \tag{7.36}$$

wobei L die Anzahl der verwendeten Schichten des rekonstruierten Volumens ist, waren Q^{gws} und $Q^{autokorr}$ etwas besser als Q^{bp}. Analog zu dem vorherigen Abschnitt wurde der Nelder-Mead-Simplex-Algorithmus verwendet. In Abbildung 7.28 sind die Ergebnisse der Bewegungskorrektur einer Akquisition mit drei $1°$-Rotationen um die vertikale Achse und in Abbildung 7.29 mit drei 1-mm-Translationen entlang der $[-1, 1, 1]$-Achse dargestellt (in Bild ist die Bewegungsrichtung durch ein Pfeil verdeutlicht). Oben sind die Schichten des Volumens vor der Bewegungskorrektur und unten nach der Korrektur zu sehen. Die durch die Rotationsbewegung verursach-

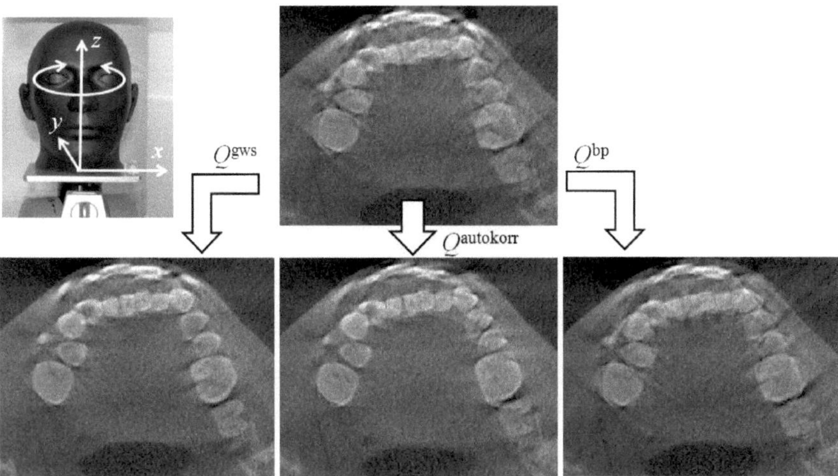

Abbildung 7.28: Oben ist eine Schicht des rekonstruierten Volumens mit den deutlich sichtbaren Bewegungsartefakten dargestellt. Die Artefakte sind durch die Rotation des Kopfphantoms um die vertikale Achse verursacht. Unten sind die gleichen Schichten des Volumens nach der Bewegungskorrektur durch Minimierung der Funktionen Q^{gws}, Q^{autokorr} und Q^{bp} dargestellt.

ten Bewegungsartefakte wurden durch Minimierung der Funktion Q^{bp} schlechter korrigiert als bei der Verwendung der beiden anderen Maße. Die durch die Translationsbewegungen verursachten Artefakte konnten am besten durch die Verwendung der Q^{bp} korrigiert werden. Für die verwendeten zehn Bewegunstypen wurde mit Hilfe von Q^{bp} seltener eine gute Korrektur erreicht als mit Hilfe von Q^{gws} und Q^{autokorr}. Allerdings wurde dabei keine Anpassung der verwendeten Grenzen vorgenommen. Diese wurden anhand der visuellen Inspektion der Bildgradienten eines Bewegungstyps (Rotation um die vertikale Achse) und $\pm 2°$-Bewegungsstärke festgelegt und für alle Akquisitionen verwendet. Deswegen kann es nicht ausgeschlossen werden, dass bei der Verwendung von anderen, präziser ausgewählten Grenzen auch mit diesem Maß die Ergebnisse der Korrektur besser wären. Da mit dem Maß Q^{gws}, welches die normierte Summe aller Gradienten darstellt, gute Ergebnisse erzielt wurden, wurde keine weiteren Anpassungen der Q^{bp}-Schwellwerte vorgenommen.

Die rekonstruierten Schichten nach der Bewegungskorrektur sind für die unterschiedlichen Bewegungstypen und die Rotationen von $1°$ und die 1-mm-Translationen in Abbildungen 7.30 (Verwendung der Q^{gws}) und 7.31 (Verwendung der Q^{autokorr}) zu sehen. In allen dargestellten Beispielen wurde der Nullvektor als Startvektor der Minimierung verwendet. Lediglich bei der Rotation um die x-Achse

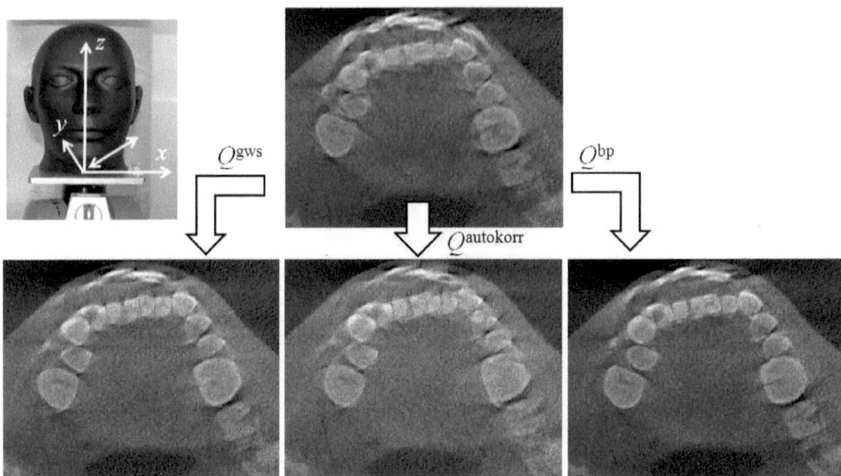

Abbildung 7.29: Für die Translation des Kopfphantoms entlang der links schematisch dargestellten Bewegungsachse sind die Schichten des Volumens vor und nach der Bewegungskorrektur durch Minimierung der Funktionen Q^{gws}, Q^{autokorr} und Q^{bp} präsentiert.

konnte bei der Verwendung der Q^{autokorr} keine Verminderung der Bewegungsartefakte erreicht werden. In allen anderen Fällen wurden die Bewegungsartefakte korrigiert bzw. geschwächt. Vor allem durch die Minimierung des Maßes Q^{gws} konnte eine deutliche Verbesserung der Rekonstruktionen erzielt werden.

Die für die Bewegungskorrektur verwendeten Funktionen Q^{gws}, Q^{autokorr} und Q^{bp} zeigten bei den Tests anhand simulierter Bewegungen (Abbildung 7.27) einen idealen Funktionsverlauf: neben einem globalen Minimum für die bewegungsfreie Rekonstruktion weist die Funktion keine lokalen Minima auf. Allerdings bestand die verwendete Akquisition lediglich aus zwei bewegungsfreien Abschnitten. Wenn mehrere bewegungsfreie Abschnitte gleichzeitig betrachtet werden, wie in dem dargestellten Beispiel, weisen die Funktionen lokale Minima auf. Dies führt dazu, dass in Abhängigkeit von dem verwendeten Startwert ein lokales Minimum, statt dem der idealen Korrektur entsprechenden globalen Minimum erreicht werden kann. Durch eine der Minimierung vorausgehende Bestimmung der Funktionswerte auf einem Gitter und die Wahl der Bewegungsparameter mit dem kleinsten Funktionswert als Startwert der Minimierung könnte vermieden werden, dass ein lokales Minimum erreicht wird und damit die Bewegungskorrektur nicht optimal wird. Während die Rotationsbewegungen bis $\pm 1°$ auch mit dem Nullvektor als Startwert gut korrigiert werden, werden die stärkeren Bewegungen nicht korrigiert. In der mittlere Reihe

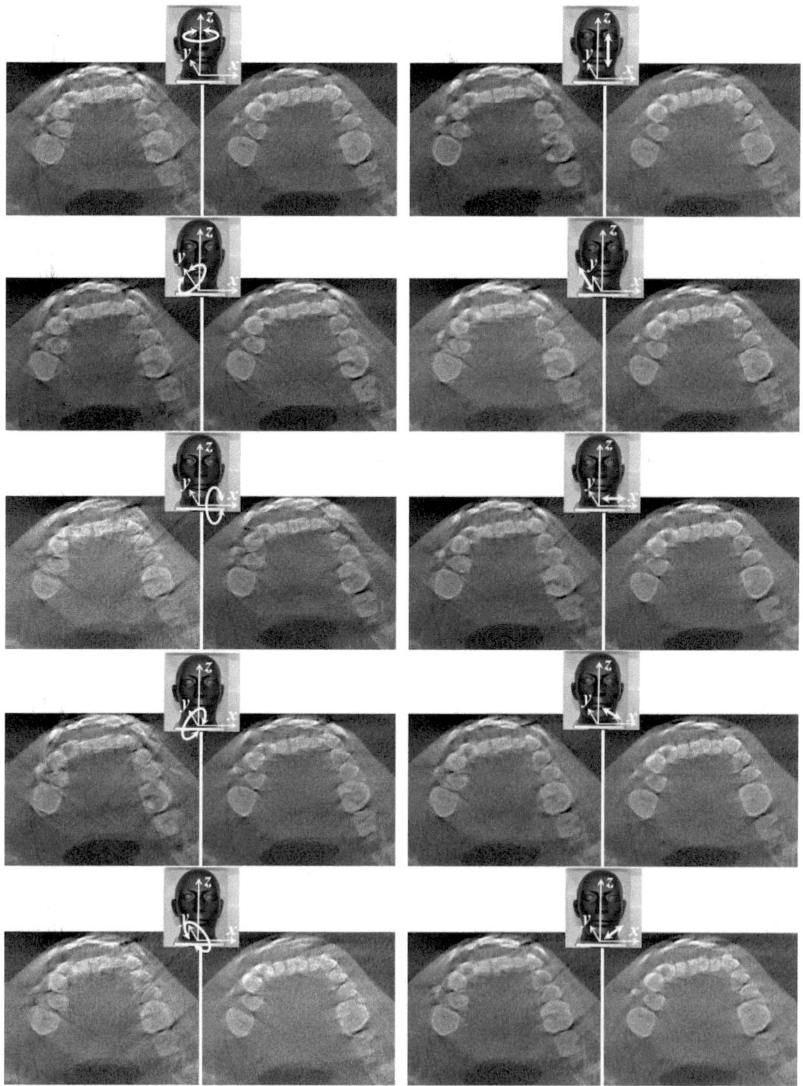

Abbildung 7.30: Dargestellt sind die Ergebnisse der Bewegungskorrektur durch Minimierung des Maßes Q^{gws} für fünf unterschiedliche Bewegungsachsen der Rotations- (links) und Translationsbewegungen (rechts). In jeder Spalte sind die schematischen Verdeutlichungen der Bewegungsart, links die Schichten des Volumens ohne Bewegungskorrektur und rechts die rekonstruirten Schichten nach der Korrektur zu sehen.

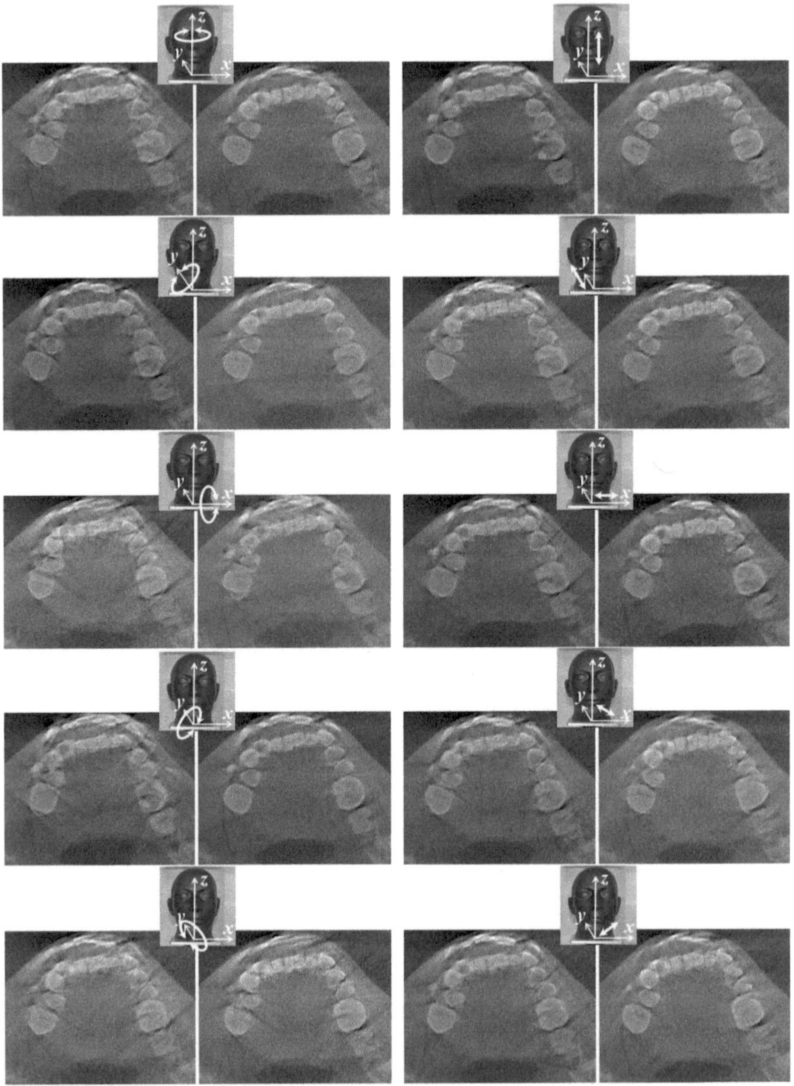

Abbildung 7.31: Präsentiert sind die Ergebnisse der Bewegungskorrektur bei Verwendung des Maßes Q^{autokorr} für fünf unterschiedliche Bewegungsachsen der Rotations- (links) und Translationsbewegungen (rechts). Für jeden Bewegungstyp sind zu sehen: schematische Darstellung der Bewegungsrichtung, eine Schicht des Volumens ohne Bewegungskorrektur (links) und die gleiche Schicht nach der Korrektur(rechts).

der Abbildung 7.32 sind die Ergebnisse der Bewegungskorrektur der 0.8°-, 1.2°-
und 2°-Rotation des Kopfphantoms um die vertikale Achse dargestellt, wobei als
Startwert der Nullvektor verwendet wurde. In der oberen Reihe sind die entsprechenden Rekonstruktionen ohne Bewegungskorrektur zu sehen. Da bei der 2°-Rotation
der Startwert der Minimierung weit von der stattgefundenen Bewegung entfernt
ist, wurde ein lokales Minimum erreicht. Entsprechend konnte in diesem Fall keine
ausreichende Korrektur erreicht werden. In der unteren Reihe wurden die Ergebnisse der Bewegungskorrektur dargestellt, wobei die strahlenbasierte Rekonstruktion
verwendet wurde. Bei den 0.8°- und 1.2°-Rotationen konnten mit der Verwendung
der voxelbasierten Rekonstruktion vergleichbaren Ergebnisse erzielt werden. Bei der
2°-Rotation wurde ebenfalls ein lokales, aber sich von der voxelbasierten Rekonstruktion unterscheidendes Minimum erreicht. Auch bei den anderen Bewegungsarten
wurde beobachtet, dass mit den beiden Rekonstruktionsarten ähnliche Ergebnisse
erreicht werden. Da die voxelbasierte Rekonstruktion wesentlich schneller ist, bietet
sich die Verwendung dieser Rekonstruktionsmethode an.

Da bei dem verwendeten Bewegungsszenario die Akquisition aus vier bewegungsfreien Abschnitten besteht, muss ein Vektor mit 24 Unbekannten bestimmt werden.
Bei der Realisierung der Bewegungskorrektur in Matlab dauerte die Korrektur einer
Akquisition ca. 5-6 Stunden. Schneller ist die sequentielle Minimierung einzelner
bewegungsfreier Abschnitte. Die Ergebnisse der Korrektur waren aber schlechter als
wenn alle Abschnitte gleichzeitig betrachtet werden.

Die Laufzeit der Minimierung kann außerdem durch die Verwendung eines kleineren Ausschnittes verringert werden. Allerdings sollte der Ausschnitt deutliche
Strukturen enthalten und nicht zu klein sein. Um den Einfluss der verwendeten
Anzahl der Rekonstruktionsschichten und der Größe des Ausschnittes innerhalb
einer Schicht zu illustrieren, sind in Abbildungen 7.33 und 7.34 Ergebnisse dargestellt, bei welchen unterschiedlich große Volumenausschnitte verwendet wurden.
Bei den Schichten aus Abbildung 7.33 wurde die gleiche Größe der Ausschnitte
innerhalb der Schichten (dargestellter Ausschnitt) und eine unterschiedliche Anzahl
der Volumenschichten (ist oberhalb der jeweiligen Spalte angegeben) verwendet. In
der linken Spalte sind die rekonstruierten Schichten ohne Bewegungskorrektur zu
sehen. Es ist deutlich, dass in allen dargestellten Fällen eine Korrektur der Artefakte
erreicht werden konnte. In der oberen Zeile ist eine Schicht dargestellt, welche innerhalb des bei der Minimierung verwendeten Volumens liegt und entsprechend ein
Einfluss auf das Ergebnisse der Korrektur hat. Für diese Schicht hat die Verwendung
weniger Projektionen keinen eindeutigen Nachteil. Die Korrektur der Artefakte bei
der Verwendung von 50 und 25 Schichten ist ungefähr gleich gut. Allerdings wurden
die Artefakte auf der rechten Seite der Rekonstruktion (durch eine punktierte Linie
verdeutlichter Bereich 1) mit 50 Schichten besser korrigiert als mit 25 Schichten.
Die Artefakte in den Bereichen 2 und 3 wurden aber bei der Verwendung von 25

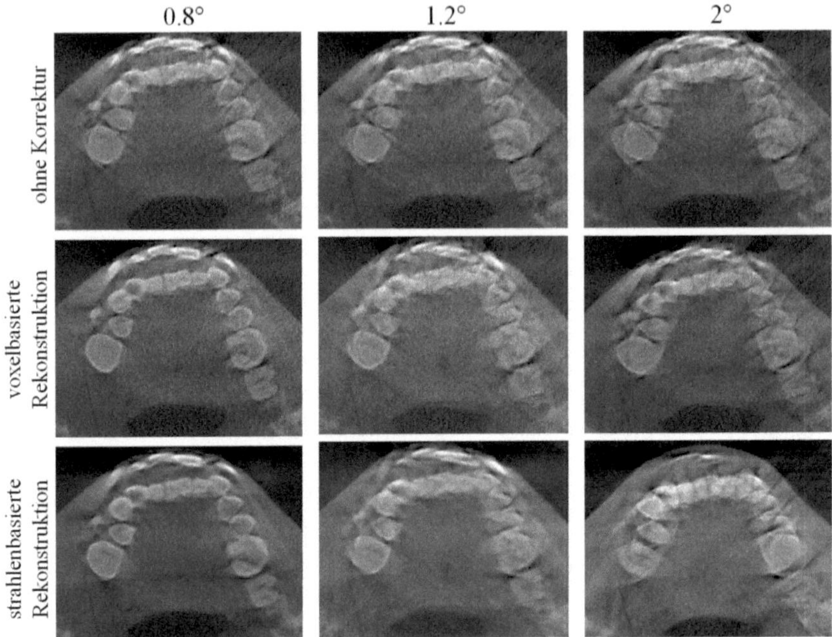

Abbildung 7.32: In der mittleren und unteren Reihe sind die Ergebnisse der Bewegungskorrektur durch Minimierung der Q^{gws} Funktion für die 0.8° (linke Spalte), 1.2°(mittlere Spalte) und 2°(rechte Spalte) starke Rotationen um die vertikale Achse dargestellt. In der oberen Reihe sind die Rekonstruktionen ohne Bewegungskorrektur zu sehen. Bei den in der mittleren Reihe dargestellten Korrekturen wurde die voxelbasierte und bei den in der unteren Reihen dargestellten Korrekturen die strahlenbasierte Rekonstruktion verwendet.

Schichten besser korrigiert. Je weniger Schichten verwendet werden, desto größer ist deren Einfluss und desto genauer passen die ermittelten Bewegungsparameter zu den bei der Minimierung verwendeten Schichten. In der unteren Reihe ist eine Schicht dargestellt, welche außerhalb des bei der Minimierung verwendeten Volumens liegt. Die Bewegungsartefakte dieser Schicht haben entsprechend keinen Einfluss auf den Minimierungsprozess. Entsprechend passen die dabei ermittelten Parameter schlechter, was anhand der vorhandenen Artefakte deutlich zu sehen ist. Bei der Verwendung von einer Schicht konnte keine Bewegungskorrektur erzielt werden. Wahrscheinlich wurde in diesem Fall ein lokales Minimum erreicht, welches nicht

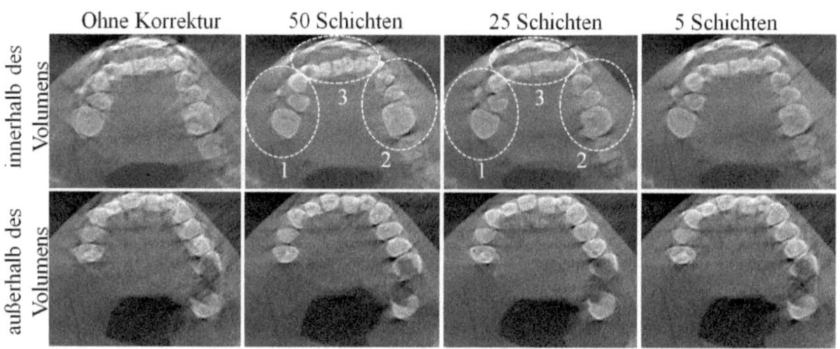

Abbildung 7.33: In der ersten Spalte sind zwei Schichten des rekonstruierten Volumens ohne Bewegungskorrektur dargestellt. Die durch 1° Rotation des Phantoms um die vertikale Achse entstandenen Artefakte wurden durch Minimierung der Funktion Q^{gws} und Verwendung eines aus 50, 25 und 5 Schichten bestehenden Volumens korrigiert. Die in der oberen Zeile dargestellte Schicht befindet sich innerhalb des bei der Minimierung verwendeten Volumens. Die Schicht in der unteren Zeile liegt außerhalb des verwendeten Volumens und hatte entsprechend keinen Einfluss auf die zu minimierende Funktion.

der stattgefundenen Bewegung entspricht (es wurde der Startvektor $(0, 0, \ldots, 0)$ verwendet).

Bei den in Abbildung 7.34 dargestellten Rekonstruktionen wurde die gleiche Anzahl der Volumenschichten (50 Schichten) verwendet, dafür wurde aber die Größe der Volumenausschnitte in der horizontalen Ebene variiert. Die dabei verwendeten Ausschnitten sind durch ein weißes Rechteck gekennzeichnet. Wenn ein großer Bereich, wie im linken Bild der Abbildung 7.34, verwendet wird, werden Artefakte in allen Bereichen des Bildes korrigiert. Dafür aber nicht so gut als wenn einzelne kleinere Bereiche verwendet werden. Links sind die Artefakte im Bereich 1 besser korrigiert als dies in der Abbildung rechts der Fall ist, da der Bereich 1 bei der Rekonstruktion rechts außerhalb des bei der Minimierung verwendeten Bereiches liegt. Im Gegensatz dazu sind die Strukturen im Bereich 2 in der Rekonstruktion rechts deutlicher als links, da diese in dem bei der Minimierung verwendeten Teil des Volumens liegen und deshalb gezielt (ohne Berücksichtigung anderer Bereiche) korrigiert wurden. Da die bei einem Dental-CT stattfindenden Bewegungen global sind, kann nur durch die Verwendung großer Ausschnitte eine Plausibilität der ermittelten Bewegung gewährleistet werden.

Durch die Verwendung des Multiresolutionsansatzes konnten zwar oft gute Ergebnisse erzielt werden, die Gesamtlaufzeit der Minimierung konnte aber dadurch nicht

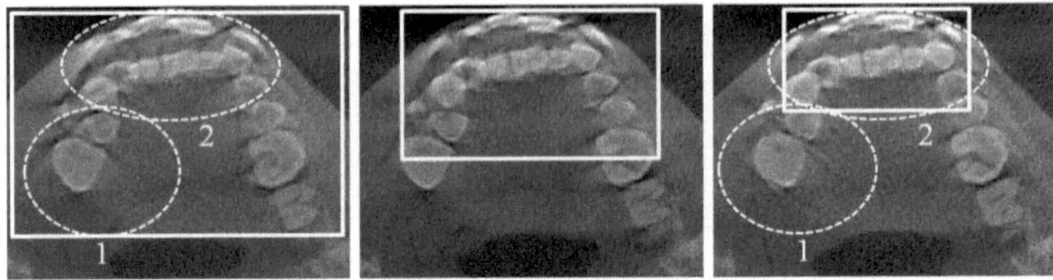

Abbildung 7.34: Ergebnisse der Bewegungskorrektur durch Minimierung der Q^{gws} Funktion für die 1° Rotation um die vertikale Achse, wobei unterschiedlich große Ausschnitte innerhalb der Schicht des Volumens und 50 Schichten verwendet werden. Die entsprechenden Ausschnitte sind durch weiße Rechtecke verdeutlicht. Durch punktierte Kreise wurden zwei Bereiche hervorgehoben, welche in Abhängigkeit von dem verwendeten Ausschnitt unterschiedlich gute Korrekturen aufweisen.

reduziert werden, da die Anzahl der Iterationen der einzelnen Minimierungen für die meisten Auflösungen hoch ist. In Abbildung 7.35 sind die Ergebnisse der Korrektur für die 1°-Rotation um die vertikale Achse und Verwendung von Q^{gws} dargestellt, wobei die Auflösungen von 1 mm / Pixel bis 0.2 mm / Pixel verwendet wurden. Im Vergleich zu der in Abbildung 7.35 oben rechts wiederholt dargestellten Korrektur, bei welcher die 0.4-mm / Pixel-Auflösung verwendet wurde, ist die Korrektur bei der Verwendung des Multiresolutionsansatzes, dessen Zwischenergebnisse in der unteren Reihe dargestellt sind, für die identische Auflösung besser. Bei der weiteren Verkleinerung der Auflösung (unter 0.4 mm / Pixel) wird die Korrektur wieder schlechter.

7.4 Zusammenfassung

Die beste Korrektur der Bewegungsartefakte wurde durch eine Minimierung des Maßes Q^{gws} erreicht. Auch Q^{autokorr} und Q^{bp} sind für die Korrektur gut anwendbar. Dass mit den letzteren etwas schlechtere Ergebnisse beobachtet wurden, könnte daran liegen, dass keine zusätzliche Anpassung der Minimierungsparameter, wie Anzahl der Iterationen oder Abbruchkriterien, für die einzelnen Maße gemacht wurde, um die Vergleichbarkeit der Ergebnisse zu gewährleisten. Da die Wertebereiche dieser drei referenzfreien Maße unterschiedlich sind, könnte dies zu einem frühen Abbruch des Minimierungsprozesses bei Q^{autokorr} und Q^{bp} führen. Da vor allem die Frage der allgemeinen Anwendbarkeit der vorgeschlagenen Vorgehensweise und Identifizierung der dafür verwendbaren Maße im Fokus dieser Arbeit stand, wurde keine detaillierte Anpassung aller möglichen Parameter durchgeführt.

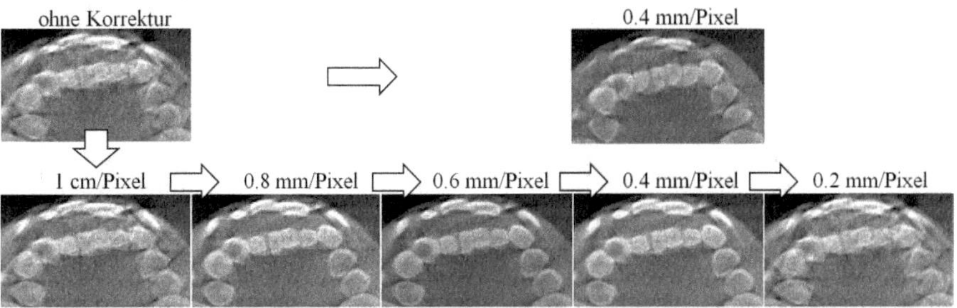

Abbildung 7.35: Die oben links angezeigte Schicht des Volumens mit den durch die Rotation um die vertikale Achse verursachten Bewegungsartefakten wurde mit Hilfe von dem Multiresolutionsansatz mit den Bildauflösungen von 1 cm/Pixel, 0.8 cm/Pixel, 0.6 cm/Pixel, 0.4 cm/Pixel und 0.2 cm/Pixel korrigiert. Die in den einzelnen Schritten erreichten Korrekturen sind in der unteren Reihe gezeigt. Zum Vergleich der Ergebnisse ist oben rechts die Korrektur dargestellt, welche ohne Multiresolutionansatz erreicht wurde.

Der Vorteil bei der Verwendung eines Metallmarkers besteht in der Möglichkeit, die Parameter jedes bewegungsfreien Abschnittes unabhängig von den Parametern anderer Abschnitte zu bestimmen. Dies führt zu einer drastischen Reduzierung der Minimierungslaufzeit. Auch die Größe des verwendeten Volumens spielt für die Laufzeit der Minimierung eine große Rolle. Gerade bei der Implementierung der Algorithmen in Matlab ist die Bestimmung der Maße Q^{gws}, Q^{autokorr} und Q^{bp} zeitintensiver als bei der Verwendung andere Programmiersprachen, da bei der Bestimmung der Bildgradienten und Funktionswerte eine Schleife über die Anzahl der Rekonstruktionsschichten verwendet werden muss. Die Laufzeit aller Methoden dieses Kapitels kann durch Parallelisierung oder Implementierung in anderen Programmiersprachen verbessert werden.

Bei der Verwendung eines Metallmarkers wurden mit den Maßen M_1^{Marker} und M_2^{Marker} bessere Ergebnisse erzielt als mit D^{Korr}. Dies könnte daran liegen, dass in manchen Fällen keine optimale Übereinstimmung zwischen der Position des Markers innerhalb des Referenzvolumens und innerhalb des zu korrigierenden Volumens gefunden wird. Die Überlagerung der Bewegungs- und Metallartefakte führt zu der Verstärkung dieser Diskrepanz.

Bei den rigiden Bewegungen des Kopfes gibt es nicht viele Bewegungsarten, bei welchen ein Metallmarker unbewegt bleibt. Deshalb ist davon auszugehen, dass die meisten Bewegungen durch die Verwendung der vorgeschlagenen Methoden korrigiert werden können.

Da durch die Minimierung der Maße M_1^{Marker} und M_2^{Marker} eine schnelle Ermittlung der Bewegungsparameter möglich ist, können diese als Startpunkte der Minimierung der Q^{gws}, Q^{autokorr} und Q^{bp} Maße verwendet werden, wenn die erzielte Korrektur nicht ausreichend ist. Auch die Verwendung des Vorwissens, ermittelt anhand des optischen Flusses oder einer Registrierung der Projektionsbilder (Abschnitte 6.2.2 und 6.2.3), kann zur Beschleunigung der Minimierung und Vermeidung des Erreichens eines lokalen Minimums beitragen. Sowohl durch die Wahl des Startwertes als auch durch Ausschließen mancher Bewegungsparameter während des Minimierungsprozesses kann eine bessere Korrektur erzielt werden. Um die Möglichkeiten der Algorithmen unabhängig von diesem Vorwissen zu zeigen, wurde dieses bei den dargestellten Ergebnissen nicht verwendet.

8

Diskussion

8.1 Zusammenfassung

In dieser Arbeit wurde die Problematik der Patientenbewegungen während einer CT-Akquisition behandelt. Nach der Einführung in die Grundlagen der Bildrekonstruktion und Entstehung der Bewegungsartefakte wurde der in dieser Arbeit verwendete Dental-CT vorgestellt. Dieser weist eine Reihe von Eigenschaften auf, die bei der Rekonstruktion beachtet werden müssen. Einige dieser Eigenschaften (wie begrenztes FOV) führen dazu, dass die bekannten Bewegungsdetektion- und Bewegungskorrekturmethoden nicht angewendet werden können. Im Rahmen dieser Arbeit wurden eine Reihe von Verfahren entwickelt, mit denen sowohl die Detektion der Bewegungspunkte als auch die Korrektur der Bewegungsartefakte trotz der besonderen Eigenschaften des verwendeten Dental-CTs möglich ist. Die vorgestellten Methoden sind aber von den besonderen Eigenschaften des Dental-CTs unabhängig und können auch für die Detektion und Korrektur rigider Bewegungen bei anderen CT-Typen verwendet werden.

Als Grundlage für manche der neuentwickelten Verfahren, die im Abschnitt 7.1 vorgestellt wurden, diente ein Algorithmus, der auf der Verwendung der Vorwärtsprojektion basiert und bei SPECT-Aufnahmen vielversprechende Ergebnisse zeigt. Dieser Algorithmus ist in seiner bekannten Form für die vorliegenden Daten nicht anwendbar, wie im Abschnitt 7.1.1 gezeigt und begründet wurde. Im Gegensatz dazu kann dieser Ansatz bei der Verwendung eines Metallmarkers erfolgreich angewendet werden. Insbesondere die vorgestellte Verwendung des Markermittelpunktes bietet eine sehr schnelle und deutliche Korrektur der Bewegungsartefakte an. Wenn nach der Verwendung dieses Algorithmus die korrigierten Schichtbilder noch gewisse Artefakte enthalten, bietet sich die Verwendung der durch Vorwärtsprojektion eines Punktes ermittelten Bewegungsparameter als Startwert für weitere in dieser Arbeit vorgestellte Bewegungkorrekturmethoden an. Dadurch kann sowohl eine bessere Korrektur als auch die Verkürzung der Korrekturzeiten erreicht werden.

Falls eine Bewegung entweder vom oder zum Detektor stattfand, kann diese nicht durch Verwendung der Vorwärtsprojektion eines Markers korrigiert werden. Eine in dieser Arbeit entwickelte Modifikation des Korrekturalgorithmus liefert bei solchen Bewegungen deutlich bessere Ergebnisse. Dabei findet die Ermittlung der Bewegungsparameter anhand der Rekonstruktionen des Ausschnitts des Volumens statt, der einen Metallmarker beinhaltet. Wenn die Korrektur über unterschiedliche Bewegungsarten betrachtet wurde, wurde festgestellt, dass mit Hilfe der beiden metallmarkerbasierten Methoden (mit Vorwärtsprojektion und ohne) vergleichbare Korrekturergebnisse erreicht werden. Auch die Laufzeit der beiden Algorithmen ist vergleichbar: Bei dem vorgeschlagenen auf der Vorwärtsprojektion basierten Algorithmus können die Parameter jedes bewegungsfreien Abschnittes unabhängig von den Parametern der anderen Abschnitte bestimmt werden. Bei dem rekonstruktionsbasierten Algorithmus ist die hohe Geschwindigkeit der benötigten Rekonstruktionen von Vorteil.

Zusätzlich wurde ein neuer Ansatz vorgestellt, bei welchem die Ermittlung der Bewegungsparameter durch Minimieren einer Funktion stattfindet, welche die Anzahl der Bewegungsartefakte einer Rekonstruktion widerspiegelt. Die auf diesem Prinzip basierende Korrektur ist zeitaufwändiger, als wenn Vorwärtsprojektionen eines metallmarkerenthaltenden Referenzvolumens oder eines Markermittelpunktes verwendet wird, da hier die Bewegungsparameter aller Bewegungsabschnitte gleichzeitig betrachtet werden müssen. Allerdings ist die vorgeschlagene Methode schneller als die Methoden des Stands der Wissenschaft, die Vorwärtsprojektionen des kompletten Volumens verwenden. Statt Rekonstruktionen und Vorwärtsprojektionen werden hier nur Rekonstruktionen benötigt. Da die Rekonstruktionsalgorithmen sich gut parallelisieren lassen und bei der Implementierung auf der Grafikkarte sehr schnell sind, kann die Laufzeit des vorgestellten Ansatzes deutlich reduziert werden. In dieser Arbeit stand vor allem die Frage der allgemeinen Anwendbarkeit der vorgeschlagenen Vorgehensweise und der Identifizierung der dafür verwendbaren Maße im Fokus.

Die in dieser Arbeit vorgeschlagenen Methoden benötigen eine der Korrektur vorhergehende Bestimmung der Bewegungspunkte und damit die Aufteilung der Projektionen einer Akquisition in die Sets, deren Projektionen jeweils gleichen Positionen des Objektes entsprechen. Für jedes Projektionsset werden während der Korrektur eigene Bewegungs- bzw. Korrekturparameter ermittelt. Die besten Ergebnisse konnten dann erzielt werden, wenn bei dem vorgeschlagenen Algorithmus, welcher auf dem Vergleichen der aufeinander folgenden Projektionen basiert, als Metrik SSIM verwendet wurde. Noch besser ist die Detektion der Bewegungspunkte, wenn ein Metallmarker verwendet wurde. Es wurde ein Algorithmus vorgestellt, mit dessen Hilfe nicht nur abrupte sondern auch langsame Bewegungen mit sehr hoher Sicherheit detektiert werden können.

Zusätzlich wurde untersucht, ob durch die Verwendung der Bildregistrierung und des optischen Flusses, bestimmt zwischen zwei zu unterschiedlichen Objektpositionen gehörenden Projektionen, Informationen über die stattgefundene Bewegung ermittelt werden können. Diese Informationen können während der Bewegungskorrektur als Vorwissen verwendet werden, um Minimierung zu beschleunigen und lokale Minima zu vermeiden. Bei dem verwendeten Dental-CT kann wegen des begrenzten FOV nur optischer Fluss verwendet werden, wie im Abschnitt 6.2.3 begründetet wurde.

Alle in dieser Arbeit vorgestellten Methoden wurden anhand realer Dental-CT-Daten getestet. Die Bewegungen wurden mit Hilfe eines Roboterarms durchgeführt. Durch Erstellung einer Datenbank mit Akquisitionen des Kopfphantoms in unterschiedlichen Positionen und Orientierungen, konnten solche Kombinationen der Projektionen erstellt werden, in denen für alle Bewegungen deren Richtung, Stärke und Position bekannt ist.

8.2 Ausblick

Eine weitere Untersuchung der Informationen, die durch die Verwendung der Bildregistrierung und des optischen Flusses zur Verfügung stehen, könnte weitere Erkenntnisse über die Möglichkeiten derer Anwendbarkeit bringen. Auch der in manchen der Algorithmen verwendete Block-Matching-Algorithmus könnte verfeinert bzw. durch eine andere Methode ersetzt werden, um die Genauigkeit der Positionierung eines Metallmarkers enthaltenen Volumenausschnittes zu verbessern.

Es wurden über 30 Metriken auf deren Anwendbarkeit für die Bewegungskorrektur getestet. Da die drei erfolgreichsten Metriken Gradienten der Schichtbilder verwenden, ist es naheliegend, dass die frequenzbasierten Metriken die Anzahl der Bewegungsartefakte am besten widerspiegeln können. Weitere frequenzbasierte Metriken könnten untersucht werden, um die Korrektur zu verbessern.

Vor allem die Beschleunigung der Rekonstruktionen und der Minimierung ist für die Anwendbarkeit der Algorithmen wichtig. Die der Implementierung in Matlab geschuldete Laufzeit von mehreren Stunden ist für den klinischen Alltag nicht akzeptabel. Die Verlagerung der Rekonstruktion auf die Grafikkarte, Verwendung schnellerer Minimierungsalgorithmen und Einbeziehen des Vorwissens über die Bewegung würden zu deutlicher Verkürzung der Laufzeit der Korrektur beitragen.

Des weiteren ist die Übertragung der vorgestellten Methoden in andere Bereiche wie Micro-CT, SPECT oder C-Bogen-Aufnahmen interessant.

9

Literaturverzeichnis

[APK95]   L. K. ARATA, P. H. PRETORIUS und M. A. KING. *Correction of organ motion in SPECT using reprojection data. IEEE Nucl Sci Symp Medical Imaging Conf*, 3:1456–1460, 1995.

[AW87]   J. AMANATIDES und A. WOO. *A Fast Voxel Traversal Algorithm for Ray Tracing. In Proc Eurographics'87, Elsevier, North-Holland, Amsterdam*, Seiten 3–10, 1987.

[Bat00]   C. F. BATTEN. *Autofocusing and Astigmatism Correction in the Scanning Electron Microscope.* Doktorarbeit, Faculty of the Department of Engineering, University of Cambridge, 2000.

[BBC$^+$08]   M. BONTEMPI, M. BETTUZZI, F. CASALI, A. PASINI, A. ROSSI und M. ARIU. *Relevance of head motion in dental cone-beam CT scanner images depending on patient positioning. Int J Computer Assisted Radiology and Surgery*, 3(3-4):249–255, 2008.

[Bes99]   G. BESSON. *CT image reconstruction from fan-parallel data. Med Phys*, 26(3):415–426, 1999.

[BHT$^+$03]   M. BETKE, H. HONG, D. THOMAS, C. PRINCE und J. P. KO. *Landmark detection in the chest and registration of lung surfaces with an application to nodule registration. Med Image Anal*, 7(3):265–281, 2003.

[BKNR09]   M. BLUME, A. KEIL, N. NAVAB und M. RAFECAS. *Blind motion compensation for positron-emission-tomography. In Proc SPIE Phys Med Imaging*, 72580T:1–8, 2009.

[BMVA06]   C. BLONDEL, G. MAL, R. VAILLANT und N. AYACHE. *Reconstruction of coronary arteries from a single rotational X-ray projection sequence. IEEE Trans Med Imag*, 25:653–663, 2006.

[Bou00]   J. Y. BOUGUET. *Pyramidal implementation of the Lucas Kanade feature tracker. OpenCV Document, Intel, Microprocessor Research Labs*, Seiten 1–9, 2000.

[BR96]   M. J. BLACK und A. RANGARAJAN. *On the unification of line processes, outlier rejection, and robust statistics with applications in early vision. Int J Comput Vis*, 19(1):57–91, 1996.

[Bro00]   A. V. BRONNIKOV. *Reconstruction of attenuation map using discrete consistency conditions. IEEE Trans Med Imag*, 19(5):451–62, 2000.

[Bro01]   A. BROMILEY. *Attenuation Correction in PET using Consistency Conditions and a Tree-Dimensional Template. IEEE Trans Nucl Sci*, 48:1371–1377, 2001.

[Bru02]   P. P. BRUYANT. *Analytic and Iterative Reconstruction Algorithms in SPECT. J Nucl Med*, 43(10):1343–1358, 2002.

[Bru09]   R. BRUNELLI. *Template Matching Techniques in Computer Vision: Theory and Practice.* John Wiley & Sons, New York, 2009. ISBN 9780470517062.

[BS96a]   H. H. BARRETT und W. SWINDELL. *Radiological Imaging: The Theory of Image Formation, Detection, and Processing*, Band 1. Elsevier Science, 1996. ISBN 9780120796038.

[BS96b]   H. H. BARRETT und W. SWINDELL. *Radiological Imaging: The Theory of Image Formation, Detection, and Processing*, Band 2. Elsevier Science, 1996. ISBN 9780120796038.

[BSR$^+$03]   P. M. BLOOMFIELD, T. J. SPINKS, J. REED, L. SCHNORR, A. M. WESTRIP, L. LIVIERATOS, R. FULTON und T. JONES. *The design and implementation of a motion correction scheme for neurological PET. Phys Med Biol*, 48(8):959–978, 2003.

[Buz04]   T. M. BUZUG.   *Einführung in die Computertomographie, Mathematisch-physikalische Grundlagen der Bildrekonstruktion.* Springer Verlag, Berlin/Heidelberg, 2004. ISBN 3540208089.

[Buz08]   T. M. BUZUG. *Computed Tomography: From Photon Statistics to Modern Cone-Beam CT.* Springer Verlag, Berlin/Heidelberg, 2008. ISBN 9783540394075.

[CFD+93]   Q. S. CHEN, P. R. FRANKEN, M. DEFRISE, M. H. JONCKHEER und F. DECONINCK. *Detection and correction of patient motion in SPECT imaging. J Nucl Med Technol,* Seiten 198–205, 1993.

[CGT00]   A. R. CONN, N. I. M. GOULD und P. L. TOINT. *Trust Region Methods.* MPS-SIAM Series on Optimization. SIAM, Philadelphia, 2000. ISBN 0898714605.

[CK90]   C. R. CRAWFORD und K. F. KING. *Computed tomography scanning with simultaneous patient translation. Med Phys,* 17(6):967–82, 1990.

[CTZ+06]   G. H. CHEN, R. TOKALKANAHALLI, T. ZHUANG, B. E. NETT und J. HSIEH. *Development and evaluation of an exact fan-beam reconstruction algorithm using an equal weighting scheme via locally compensated filtered backprojection (LCFBP). Med Phys,* 33(2):475–81, 2006.

[DBS06]   T. DONATH, F. BECKMANN und A. SCHREYER. *Automated determination of the center of rotation in tomography data. J Opt Soc Am,* 23(5):1048–1057, 2006.

[EB09]   S. ENS und T. M. BUZUG. *Automatische Detektion von abrupten Patientenbewegungen in der Cone-Beam-Computertomographie. 39 Jahrestagung der Gesellschaft für Informatik, Lecture Notes in Informatics (LNI),* Seiten 1223–1232, 2009.

[EBU+09]   S. ENS, R. BRUDER, J. ULRICI, E. HELL und T. M. BUZUG. *A Validation Framework for Head-Motion Artifacts in Dental Cone-Beam CT. World Congress on Medical Physics and Biomedical Engineering,* 25/II:658–661, 2009.

[EJHB10]   S. ENS, J.ULRICI, E. HELL und T. M. BUZUG. *Automatic Detection of Patient Motion in Cone-Beam Computed Tomography. IEEE Int Symp on Biomedical Imaging: From Nano to Macro,* Seiten 1257–1260, 2010.

[EKB10]   S. ENS, B. KRATZ und T. M. BUZUG. *Automatische Beurteilung von Artefakten in tomographischen Bilddaten*. *Biomed Tech*, 55(Suppl. 1):550–554, 2010.

[EMKB08]   S. ENS, J. MÜLLER, B. KRATZ und T. M. BUZUG. *Sinogram-Based Motion Detection in Transmission Computed Tomography*. In Proc. 4th European Congress for Medical and Biomedical Engineering, Springer IFMBE Series, 22:505–508, 2008.

[ENN$^+$87]   R. L. EISNER, T. NOEVER, D. NOWAK, W. CARLSON, D. DUNN, J. OATES, K. CLONINGER, H. A. LIBERMAN und R. E. PATTERSON. *Use of cross-correlation function to detect patient motion during SPECT imaging*. *J Nucl Med*, 28(1):97–101, 1987.

[Ens08]   S. ENS. *Sinogrammbasierte Bewegungsdetektion in der Transmissions-Computertomographie*. Diplomarbeit, Universität zu Lübeck, 2008.

[EWC$^+$00]   V. EDWARD, C. WINDISCHBERGER, R. CUNNINGTON, M. ERDLER, R. LANZENBERGER, D. MAYER, W. ENDL und R. BEISTEINER. *Quantification of fMRI artifact reduction by a novel plaster cast head holder*. *Hum Brain Mapp*, 11(3):207–13, 2000.

[Fah99]   R. FAHRIG. *Computed rotational angiography: Use of a C-arm-mounted XRII for 3D imaging of intracranial vessels during neuro-interventional procedures*. Doktorarbeit, University Western Ontario, London, 1999.

[FCTP91]   L. FIRESTONE, K. COOK, N. TALSANIA und K. PRESTON. *Comparison of autofocus methods for automated microscopy*. *Cytometry*, 12(3):195–206, 1991.

[FDK84]   L. A. FELDKAMP, L. C. DAVIS und J. W. KRESS. *Practical cone-beam algorithm*. *J Opt Soc Am A*, 1(6):612–619, 1984.

[FK05]   R. FERZLI und L. J. KARAM. *No-reference objective wavelet based noise immune image sharpness metric*. In Proc. IEEE Int. Conf. Image Processing, 1:405–408, 2005.

[FK06]   R. FERZLI und L. J. KARAM. *A Human visual system-based model for blur/sharpness perception*. In Proc IEEE Int Conf Image Processing, Seiten 2949–2952, 2006.

[FK09]   R. FERZLI und L. J. KARAM. *A No-Reference Objective Image Sharpness Metric Based on the Notion of Just Noticeable Blur (JNB).* IEEE Trans Image Processing, 18(4):717–728, 2009.

[FMH97]   R. FAHRIG, M. MOREAU und D. W. HOLDSWORTH. *Three-dimensional computed tomographic reconstruction using a C-arm mounted XRII: correction of image intensifier distortion. Med Phys,* 24(7):1097–106, 1997.

[GBWS07]   J. S. GODDARD, J. S. BABA, A. G. WEISENBERGER und M. F. SMITH. *Improved Pose Measurement and Tracking System for Motion Correction of Awake, Unrestrained Small Animal SPECT Imaging.* IEEE Nucl Sci Symp Conf Rec, 4:2937–2940, 2007.

[GDD06]   G. VAN GOMPEL, M. DEFRISE und D. VAN DYCK. *Elliptical Extrapolation of Truncated 2D CT Projections using Helgason-Ludwig consistency conditions. In Proc SPIE Phys Med Imaging,* 6142B:1408–1417, 2006.

[GDWGE97]   S. R. GOLDSTEIN, M. E. DAUBE-WITHERSPOON, M. V. GREEN und A. EIDSATH. *A head motion measurement system suitable for emission computed tomography. IEEE Trans Med Imag,* 16(1):17–27, 1997.

[Hal95]   R. HALMSHAW. *Industrial Radiology: Theory and Practice.* Non-Destructive Evaluation Series. Chapman & Hall, 1995. ISBN 9780412627804.

[Hel06]   S. HELDMANN. *Non-Linear Registration Based on Mutual Information.* Logos Verlag, Berlin, 2006.

[Her80]   G. T. HERMAN. *Image reconstruction from projections: the fundamentals of computerized tomography.* Computer science and applied mathematics. Academic Press, 1980. ISBN 9780123420503.

[HKL⁺02]   B. F. HUTTON, A. Z. KYME, Y. H. LAU, D. W. SKERRETT und R. R. FULTON. *A hybrid 3-D reconstruction/registration algorithm for correction of head motion in emission tomography. IEEE Trans Nucl Sci,* 49:188–194, 2002.

[HL80]   G. T. HERMAN und R. M. LEWITT. *Evaluation of a Preprocessing Algorithm for Truncated CT Projections.* Medical Image Processing Group technical report. State University of New York at Buffalo, Department of Computer Science, 1980.

[HM05]   E. HABER und J. MODERSITZKI. *Beyond Mutual Information: A simple and robust alternative*. In *H. P. Meinzer and H. Handels and A. Horsch and T. Tolxdorff (Eds.), Bildverarbeitung für die Medizin*. Springer Verlag, 2005.

[HM06]   E. HABER und J. MODERSITZKI. *Intensity gradient based registration and fusion of multi-modal images*. In *Proc. MICCAI, Lecture Notes in Computer Science*, 4191:726 –733, 2006.

[HSDG08]   E. HANSIS, D. SCHÄFER, O. DÖSSEL und M. GRASS. *Projection-based motion compensation for gated coronary artery reconstruction from rotational x-ray angiograms*. *Phys Med Biol*, 53(14):3807 –3820, 2008.

[Hsi04]   J. HSIEH. *A novel reconstruction algorithm to extend the CT scan field-of-view*. *Med Phys*, 31(9):2385–2391, 2004.

[HZ03]   R. HARTLEY und A. ZISSERMAN. *Multiple View Geometry in Computer Vision*. Cambridge University Press, New York, USA, 2 Auflage, 2003. ISBN 0521540518.

[IPBW⁺00] M. IVANOVIC, C. PELLOT-BARAKAT, D. A. WEBER, S. LONCARIC und D. K. SHELTON. *Effects of patient motion in coincidence studies on hybrid-PET/SPECT system*. *IEEE Nucl Sci Symp Conf Rec*, 3:1649–1653, 2000.

[JS07]   M. W. JACOBSON und J. W. STAYMAN. *Head motion tracking in cone beam CT by tomographic extraction of fiducials*. In *Proc Intl Mtg on Fully 3D Image Recon in Rad and Nuc Med*, Seiten 143–146, 2007.

[JS08]   W. JACOBSON und J. W. STAYMAN. *Compensating for Head Motion in Slowly-Rotating Cone Beam CT System with Optimization Transfer based Motion Estimation*. *IEEE Nucl Sci Symp Conf Rec*, Seiten 5240–5245, 2008.

[JS09]   M. W. JACOBSON und J. W. STAYMAN. *Motion Correction for CT using Marker Projections*. Patentnummer: 8055049, Anmeldenummer: 12/174855, USA, 2009.

[JW01]   M. JIANG und G. WANG. *Development of iterative algorithms for image reconstruction*. *J X-ray Sci Technol*, 10(1-2):77–86, 2001.

[Kam09]   M. KAMEL. *Simulation Framework für Cone-Beam CT.* Diplomarbeit, Universität zu Lübeck, 2009.

[KHH⁺03]   A. Z. KYME, B. F. HUTTON, R. L. HATTON, D. W. SKERRETT und L. R. BARNDEN. *Practical Aspects of a Data-Driven Motion Correction Approach for Brain SPECT. IEEE Trans Med Imag,* 22(6):722–729, 2003.

[KKEB11]   C. KAETHNER, B. KRATZ, S. ENS und T. M. BUZUG. *No-Reference Quality Assessment for CT-Images. DGBMT Jahrestagung, Biomed Tech,* 56(1):3–5, 2011.

[Kli06]   L. KLINGBEIL. *Fourier Methods in 3D-reconstruction from Cone-beam Data.* Doktorarbeit, Universitä Bonn, 2006.

[KS88]   A. C. KAK und M. SLANEY. *Principles of computerized tomographic imaging.* IEEE Press, New York, 1988. ISBN 9780879421984.

[Kub08]   A. KUBIAS. *Effiziente, adaptive 2D/3D-Registrierung: Überblick und neue Ansätze zu Registrierungsverfahren in der medizinischen Bildverarbeitung.* VDM Publishing, 2008. ISBN 9783639027259.

[Kym04]   A. Z. KYME. *Fourier Methods in 3D-reconstruction from Cone-beam Data.* Doktorarbeit, University of Wollongong, 2004.

[KYST⁺00]   R. KHADEM, C. C. YEH, M. SADEGHI-TEHRANI, M. R. BAX, J. A. JOHNSON, J. N. WELCH, E. P. WILKINSON und R. SHAHIDI. *Comparative tracking error analysis of five different optical tracking systems. Comput Aided Surg,* 5:98–107, 2000.

[LB98]   K. J. LEE und D. C. BARBER. *Use of forward projection to correct patient motion during SPECT imaging. Phys Med Biol,* 43(1):171–187, 1998.

[LB10]   Y. M. LEVAKHINA und T. M. BUZUG. *Distance Driven Projection and Backprojection for Spherically Symmetric Basis Functions. In Proc IEEE Nuc Sci Symp Med Im Conf,* Seiten 2894–2897, 2010.

[LC84]   K. LANGE und R. CARSON. *EM reconstruction algorithms for emission and transmission tomography. J Comput Assist Tomogr,* 8:306–316, 1984.

[Lew92]   R. M. LEWITT. *Alternative to voxels for image representation in iterative reconstruction algorithms. Phys Med Biol,* 37(3):705–716, 1992.

[LM02]   W. LU und T. R. MACKIE. *Tomographic motion detection and correction directly in sinogram space.* Phys Med Biol, 47(8):1267–1284, 2002.

[Lou89]   A. K. LOUIS. *Inverse und schlecht gestellte Probleme.* Teubner, Stuttgart, 1989. ISBN 9783519020844.

[LRJ$^+$99]   B. J. LOPRESTI, A. RUSSO, W. F. JONES, T. FISHER, D. G. CROUCH, D. E. ALTENBURGER und D. W. TOWNSEND. *Implementation and performance of an optical motion tracking system for high resolution brain PET imaging.* IEEE Trans Nucl Sci, 46(6):2059–2067, 1999.

[LRWW98]   J. C. LAGARIAS, J. A. REEDS, M. H. WRIGHT und P. E. WRIGHT. *Convergence Properties of the Nelder-Mead Simplex Method in Low Dimensions.* SIAM J Optimiz, 9:112–147, 1998.

[Lud66]   D. LUDWIG. *The Radon Transformation on Euclidean Space. Comm Pure Appl Math*, Seiten 49–81, 1966.

[Man92]   S. H. MANGLOS. *Truncation artifact suppression in cone-beam radionuclide transmission CT using maximum likelihood techniques: evaluation with human subjects.* Phys Med Biol, 37(3):549–562, 1992.

[MB02]   B. DE MAN und S. BASU. *Distance-driven projection and backprojection.* IEEE Nucl Sci Symp Conf Rec, 3:1477–1480, 2002.

[MB04]   B. DE MAN und S. BASU. *Distance-driven projection and backprojection in three dimensions.* Phys Med Biol, 49(11):2463–2475, 2004.

[MDWE04]   P. MARZILIANO, F. DUFAUX, S. WINKLER und T. EBRAHIMI. *Perceptual blur and ringing metrics: application to JPEG2000. Signal Processing: Image Communication*, 19(2):163–172, 2004.

[MFJ$^+$07]   J. E. MCNAMARA, B. FENG, K. JOHNSON, S. GU, M. A. GENNERT und M. A. KING. *Motion capture of chest and abdominal markers using a flexible multi-camera motion-tracking system for correcting motion-induced artifacts in cardiac SPECT. IEEE Nucl Sci Symp Conf Rec*, 6:4289–4293, 2007.

[ML96]   S. MATEJ und R. M. LEWITT. *Practical considerations for 3-D image reconstruction using spherically symmetric volume elements. IEEE Trans Med Imag*, 15(1):68–78, 1996.

[MMF⁺00]   K. P. MCGEE, A. MANDUCA, J. FELMLEE, S. RIEDERER und R. L. EHMAN. *Image Metric-Based Correction (Autocorrection) of Motion Effects: Analysis of Image Metrics. J Magn Reson Imaging*, 11:174–181, 2000.

[MMRK90]   P. MEER, D. MINTZ, A. ROSENFELD und D. Y. KIM. *Robust regression methods for computer vision: A review. Int J Comput Vis*, 6(1):59–70, 1990.

[MMZ99]   X. MARICHAL, W. MA und H. J. ZHANG. *Blur determination in the compressed domain using DCT information. In Proc IEEE Int Conf Image Processing*, 2:386–390, 1999.

[Mod04]   J. MODERSITZKI. *Numerical Methods for Image Registration.* Numerical Mathematics and Scientific Computation. Oxford University Press, 2004. ISBN 0198528418.

[MYW99]   K. MUELLER, R. YAGEL und J. J. WHELLER. *Fast Implementations of Algebraic Methods for Three-Dimensional Reconstruction from Cone-Beam Data. IEEE Trans Med Imag*, 18:538–548, 1999.

[Nap80]   A. NAPARSTEK. *Short-scan fan-beam algorithms for CT. IEEE Trans Nucl Sci*, 27:1112–1120, 1980.

[Nat01]   F. NATTERER. *The Mathematics of Computerized Tomography.* Classics in Applied Mathematics. SIAM and IEEE Press, New York, 2001. ISBN 9780898714937.

[NBhM⁺96]   N. NAVAB, A. BANI-HASHEMI, M. MITSCHKE, D. W. HOLDSWORTH, R. FAHRIG, A. J. FOX und R. GRAUMANN. *Dynamic geometric calibration for 3D cerebral angiography. In Proc SPIE Phys Med Imaging*, 2708:361–370, 1996.

[NBHN⁺98]   N. NAVAB, A. R. BANI-HASHEMI, M. S. NADAR, K. WIESENT, P. DURLAK, T. BRUNNER, K. BARTH und R. GRAUMANN. *3D Reconstruction from Projection Matrices in a C-Arm Based 3D-Angiography System. In Proc MICCAI*, 1496:119–129, 1998.

[NW01]   F. NATTERER und F. WÜBBELING. *Mathematical Methods in Image Reconstruction.* Siam Monographs on Mathematical Modeling and Computation. SIAM, New York, 2001.

[OFS⁺00]   B. OHNESORGE, T. FLOHR, K. SCHWARZ, J. P. HEIKEN und K. T. BAE. *Efficient correction for CT image artifacts caused by objects* extending outside the scan field of view. Med Phys, 27(1):39–46, 2000.

[OLL+03]   E. P. ONG, W. S. LIN, Z. K. LU, S. S. YAO, X. K. YANG und L. F. JIANG. *No-reference quality metric for mesuring image blur*. In Proc IEEE Int Conf Image Processing, 1:469–472, 2003.

[Pan99]   X. PAN. *Optimal noise control in and fast reconstruction of fan-beam computed tomography image*. Med Phys, 26(5):689–97, 1999.

[Par82]   D. L. PARKER. *Optimal short scan convolution reconstruction for fanbeam CT*. Med Phys, 9(2):254–7, 1982.

[PBL+02]   G. PANDOS, L. BARNDEN, H. LINEAGE, T. SMITH und S. UNGER. *A Survey of Head Movement during Clinical Brain SPECT using an Optical Tracking System*. Annual Scientific Meeting of the Australian and New Zealand Society of Nuclear Medicine, Cairns, 2002.

[Pet81]   T. M. PETERS. *Algorithms for Fast Back- and Re-Projection in Computed Tomography*. IEEE Trans Nucl Sci, 28(4):3641–3647, 1981.

[PFTV92]   W. PRESS, B. FLANNERY, S. TEUKOLSKY und W. VETTERLING. *Numerical Recipes in C: The Art of Scientific Computing*. Cambridge University Press, 1992. ISBN 0521431085.

[PG94]   J. H. PRICE und D. A. GOUGH. *Comparison of Phase-Contrast and Fluorescence Digital Autofocus for Scanning Microscopy*. Cytometry, 16(4):283–297, 1994.

[PVP+07]   B. PERRENOT, R. VAILLANT, R. PROST, G. FINET, P. DOUEK und F. PEYRIN. *Motion correction for coronary stent reconstruction from rotational x-ray projection sequences*. IEEE Trans Med Imag, 26(10):1412–1423, 2007.

[PY03]   X. PAN und L. YU. *Image reconstruction with shift-variant filtration and its implication for noise and resolution properties in fan-beam computed tomography*. Med Phys, 30(4):590–600, 2003.

[RL71]   G. N. RAMACHANDRAN und A. V. LAKSHMINARAYANAN. *Three-dimensional reconstruction from radiographs and electron micrographs: application of convolutions instead of Fourier transforms*. In Proc Natl Acad Sci U S A, 68(9):2236–2240, 1971.

[RPTP93] A. ROUGÉE, C. PICARD, Y. TROUSSET und C. PONCHUT. *Geometrical calibration for 3D X-ray imaging. SPIE Image Capture, Formatting, and Display*, 1897:161–169, 1993.

[RRZ07] A. RAHMIM, O. ROUSSET und H. ZAIDI. *Strategies for Motion Tracking and Correction in PET. PET Clinics*, 2(2):251–266, 2007.

[RSF07] E. RÖHL, H. SCHUMACHER und B. FISCHER. *Automatic detection of abrupt patient motion in spect data acquisition. In Proc SPIE Med Imaging, Image Process*, 6512:65120C–8, 2007.

[RSH+99] D. RUECKERT, L. I. SONODA, C. HAYES, D. L. G. HILL, M. O. LEACH und D. J. HAWKES. *Non-rigid registration using free-form deformations: Application to breast MR images. IEEE Trans Med Imag*, 18(8):712–721, 1999.

[RT06] C. RIDDELL und Y. TROUSSET. *Rectification for Cone-Beam Projection and Backprojection. IEEE Trans Med Imag*, 25(7):950–962, 2006.

[SBRG06] D. SCHAFER, J. BORGERT, V. RASCHE und M. GRASS. *Motion-Compensated and Gated Cone Beam Filtered Back-Projection for 3-D Rotational X-Ray Angiography. IEEE Trans Med Imag*, 25(7):898–906, 2006.

[SDB10] S. SIMBT, F. DENNERLEIN und J. BOESE. *Markerbasiertes Online Kalibrierverfahren für die CT-Rekonstruktion. In T. M. Deserno and H. Handels and H. Meinzer and T. Tolxdorff (Eds.), Bildverarbeitung für die Medizin*, Band 574 von *CEUR Workshop Proceedings*, Seiten 157–161. 2010.

[Sie02] D. SIEBERT. *Ein Meßsystem zur präoperativen Planung und intraoperativen Kontrolle von Dysgnathieoperationen*. Doktorarbeit, FU Berlin, 2002.

[Sil00] M. D. SILVER. *A method for including redundant data in computed tomography. Med Phys*, 27(4):773–774, 2000.

[SMF09] H. SCHUMACHER, J. MODERSITZKI und B. FISCHER. *Combined Reconstruction and Motion Correction in SPECT Imaging. IEEE Trans Nucl Sci*, 56(1):73–80, 2009.

[SOM+06] D. L. SNYDER, J. A. O'SULLIVAN, R. J. MURPHY, D. G. POLITTE, B. R. WHITING und J. F. WILLIAMSON. *Image reconstruction for* transmission tomography when projection data are incomplete. *Phys Med Biol*, 51(21):5603–5619, 2006.

[SPH08]   C. SCHALLER, J. PENNE und J. HORNEGGER. *Time-of-flight sensor for respiratory motion gating*. *Med Phys*, 35(7):3090–3093, 2008.

[SRQ$^+$01]   J. A. SCHNABEL, D. RUECKERT, M. QUIST, J. M. BLACKALL, A. D. CASTELLANO SMITH, T. HARTKENS, G. P. PENNEY, W. A. HALL, H. LIU, C. L. TRUWIT, F. A. GERRITSEN, D. L. G. HILL und D. J. HAWKES. *A generic framework for non-rigid registration based on non-uniform multi-level free-form deformations*. *In Fourth Int. Conf. on Medical Image Computing and Computer-Assisted Intervention*, 2208:573–581, 2001.

[SS06]   G. STRASSACKER und R. SÜSSE. *Rotation, Divergenz und Gradient: Einführung in die elektromagnetische Feldtheorie*. Vieweg+Teubner Verlag, 2006. ISBN 3835100483.

[ST05]   D. SHAKED und I. TASTL. *Sharpness mesure: Towards automatic image enhancement*. *IEEE Int Conf Image Processing*, 1:937–940, 2005.

[THGC91]   A. F. THORNTON, R. K. TEN HAKEN, A. GERHARDSSON und M. CORRELL. *Three-dimensional motion analysis of an improved head immobilization system for simulation, CT, MRI, and PET imaging*. *Radiother Oncol*, 20(4):224–8, 1991.

[Tik95]   A.N. TIKHONOV. *Numerical Methods for the Solution of Ill-Posed Problems*. Mathematics and Its Applications. Kluwer Academic Publishers, 1995. ISBN 9780792335832.

[TMP$^+$94]   R. H. TAYLOR, B. D. MITTELSTADT, H. A. PAUL, W. HANSON, P. KAZANZIDES, J. F. ZUHARS, B. WILLIAMSON, B. L. MUSITS, E. GLASSMAN und W. L. BARGAR. *An image-directed robotics system for precise orthopedic surgery*. *IEEE Trans Robot Automat*, 10(3):261–275, 1994.

[Tof96]   P. TOFT. *The Radon Transform - Theory and Implementation*. Doktorarbeit, Department of Mathematical Modelling, Technical University of Denmark, 1996.

[TV98]   E. TRUCCO und A. VERRI. *Introductory techniques for 3-D computer vision*. Prentice Hall PTR, Upper Saddle River, New Jersey, 1998. ISBN 9780132611084.

[Vio95] P. A. VIOLA. *Alignment by Maximization of Mutual Information.* Doktorarbeit, Massachusetts Institute of Technology, 1995.

[Vog02] C. R. VOGEL. *Computational Methods for Inverse Problems*, Band 23. SIAM Frontiers in Applied Mathematics, Philadelphia, 2002. ISBN 9780898715507.

[VW97] P. A. VIOLA und W. WELLS. *Alignment by Maximization of Mutual Information. Int J Comput Vis*, (2):137–154, 1997.

[WBN$^+$00] K. WIESENT, K. BARTH, N. NAVAB, P. DURLAK, T. BRUNNER, O. SCHUETZ und W. SEISSLER. *Enhanced 3-D-reconstruction algorithm for C-arm systems suitable for interventional procedures. IEEE Trans Med Imag*, 19(5):391–403, 2000.

[WBSS04] Z. WANG, A. C. BOVIK, H.R. SHEIKHET und E. P. SIMONCELLI. *Image Quality Assessment: From Error Visibility to Structural Similarity. IEEE Trans Image Processing*, 13(4):600–612, 2004.

[WCNMS98] T. WARNKE, F. R. CARLS, M. NÜBLER-MORITZ und H. F. SAILER. *A new device for reproducible computerized tomography in improved diagnosis of surgical maxillofacial conditions. Mund Kiefer Gesichtschir*, 2(Suppl 1):S135–8, 1998.

[WEB02] S. WESARG, M. EBERT und T. BORTFELD. *Parker weights revisited. Med Phys*, 29(3):372–8, 2002.

[Wel03] A. WELCH. *Accurate Attenuation Correction in PET using short Transmission Scans and Consistency Information. IEEE Trans Nucl Sci*, 50(3):427–432, 2003.

[Wie07] J. WIEGERT. *Scattered Radiation in Cone-beam Computed Tomography: Analysis, Quantification and Compensation.* Doktorarbeit, RWTH Aachen, Lehrstuhl für Bildverarbeitung, 2007.

[WLLC94] G. WANG, Y. LIU, T. H. LIN und P. C. CHENG. *Half-scan cone-beam x-ray microtomography formula. Scanning*, 16(4):216–20, 1994.

[Woo07] O. J. WOODMAN. *An introduction to inertial navigation.* Technical report 696, university of cambridge, 2007.

[WSK$^+$03] A. WAGNER, K. SCHICHO, F. KAINBERGER, W. BIRKFELLNER, S. GRAMPP und R. EWERS. *Quantification and clinical relevance of head motion during computed tomography. Invest Radiol*, 38(11):733–741, 2003.

[XM07]   F. XU und K. MUELLER. *Real-time 3D computed tomographic reconstruction using commodity graphics hardware.* Phys Med Biol, 52(12):3405–3419, 2007.

[YN06]   D. YANG und R. NING. *FDK Half-Scan with a Heuristic. Weighting Scheme on a Flat Panel Detector-Based Cone Beam CT (FDKHSCW).* Int J Biomedical Imaging, 2006(ID 83983):1–8, 2006.

[YW07]   H. YU und G. WANG. *Data Consistency Based Rigid Motion Artifact Reduction in Fan-Beam CT.* IEEE Trans Med Imag, 26(2):249–260, 2007.

[YWHW06]   H. YU, Y. WEI, J. HSIEH und G. WANG. *Data consistency based translational motion artifact reduction in fan-beam CT.* IEEE Trans Med Imag, 25(6):792–803, 2006.

[Zen10]   G. L. ZENG. *Medical Image Reconstruction: A Conceptual Tutorial.* Springer Verlag, 2010. ISBN 9783642053672.

[Zer98]   DETLEF ZERFOWSKI. *Motion artifact compensation in CT. In Proc SPIE Med Imaging, Image Process*, 3338(416):416–424, 1998.

[ZFBT06]   A. ZAREMBA, D. MAC FARLANE, R. BRIGGS und W. C. TSENG. *Optical Head-Tracking for fMRI Using Structured Light. In Proc Organic Photonics and Electronics*, Seite JThA5, 2006.

[ZG93]   G. ZENG und G. GULLBERG. *A ray-driven backprojector for backprojection filtering and filtered backprojection algorithms. IEEE Nucl Sci Symp Med Imag Conf Rec (San Francisco)*, Seiten 1199–201, 1993.

[ZGH94]   W. ZHUANG, S. GOPAL und T. J. HEBERT. *Numerical evaluation of methods for computing tomographic projections. IEEE Trans Nucl Sci*, 41(4):1660–1665, 1994.

[ZKNP06]   A. ZIEGLER, T. KÖHLER, T. NIELSEN und R. PROKSA. *Efficient projection and backprojection scheme for spherically symmetric basis functions in divergent beam geometry. Med Phys*, 33(12):4653–63, 2006.

[ZLNC04]   T. ZHUANG, S. LENG, B. E. NETT und G. H. CHEN. *Fan-beam and cone-beam image reconstruction via filtering the backprojection image of differentiated projection data. Phys Med Biol*, 49(24):5489, 2004.

[Zöf03]   P. ZÖFEL. *Statistik für Psychologen im Klartext.* Pearson Studium, Band 7063, 2003. ISBN 9783827370631.

[ZVPL03]   N. ZHANG, A. VLADAR, M. POSTEK und B. LARRABBE. *A kurtosis-based statistical measure for two-dimensional processes and its application to image sharpness. in Proc. Section of Physical and Engineering Science of American Statistical Society*, Seiten 4730–4736, 2003.

Aktuelle Forschung Medizintechnik - Latest Research in Medical Engineering

Herausgeber: Prof. Dr. Thorsten M. Buzug

Institut für Medizintechnik, Universität zu Lübeck

Themen

Werke aus folgenden Themengebieten werden gerne in die Reihe aufgenommen: Biomedizinische Mikro- und Nanosysteme, Elektromedizin, biomedizinische Mess- und Sensortechnik, Monitoring, Lasertechnik, Robotik, minimalinvasive Chirurgie, integrierte OP-Systeme, bildgebende Verfahren, digitale Bildverarbeitung und Visualisierung, Kommunikations- und Informationssysteme, Telemedizin, eHealth und wissensbasierte Systeme, Biosignalverarbeitung, Modellierung und Simulation, Biomechanik, aktive und passive Implantate, Tissue Engineering, Neuroprothetik, Dosimetrie, Strahlenschutz, Strahlentherapie.

Autorinnen und Autoren

Autoren der Reihe sind in der Regel junge Promovierte und Habilitierte, die exzellente Abschlussarbeiten verfasst haben.

Leserschaft

Die Reihe wendet sich einerseits an Studierende, Promovenden und Habilitanden aus den Bereichen Medizintechnik, Medizinische Ingenieurwissenschaft, Medizinische Physik, Medizinische Informatik oder ähnlicher Richtungen. Andererseits stellt die Reihe aktuelle Arbeiten aus einem sich schnell entwickelnden Feld dar, so dass auch Wissenschaftlerinnen und Wissenschaftler sowie Entwicklerinnen und Entwickler an Universitäten, in außeruniversitären Forschungseinrichtungen und der Industrie von den ausgewählten Arbeiten in innovativen Gebieten der Medizintechnik profitieren werden.

Begutachtungsprozess

Die Qualitätssicherung erfolgt in drei Schritten. Zunächst werden nur Arbeiten angenommen die mindestens magna cum laude bewertet sind. Im zweiten Schritt wird ein Mitglied des Editorial Boards die Annahme oder Ablehnung des Werkes empfehlen. Im letzten Schritt wird der Reihenherausgeber über die Annahme oder Ablehnung entscheiden sowie Änderungen in der Druckfassung empfehlen. Die Koordination übernimmt der Reihenherausgeber.

Kontakt

Prof. Dr. Thorsten M. Buzug
Institut für Medizintechnik
Universität zu Lübeck
Ratzeburger Allee 160
23538 Lübeck, Germany

Tel.: +49 (0) 451 / 500-5400
Fax: +49 (0) 451 / 500-5403
E-Mail: buzug@imt.uni-luebeck.de
Web: http://www.imt.uni-luebeck.de

Stand: Januar 2014. Änderungen vorbehalten.
Erhältlich im Buchhandel oder beim Verlag.

Abraham-Lincoln-Straße 46
D-65189 Wiesbaden
Tel. +49 (0)6221. 345 - 4301
www.springer-vieweg.de